普通高等教育"十四五"系列教材·资源与环境大类

岩石物性概论

杨正华 编著

西安交通大学出版社
XI'AN JIAOTONG UNIVERSITY PRESS

内容提要

本书突出了岩石物性内容的系统性、简明性和通俗性。阐述了岩石十一个方面的基本物理性质(包括密度、孔隙度、渗透率、强度、弹性、波速与衰减、电性、磁性、热学性质和放射性)的概念、室内和野外测试计算方法、主要影响因素、常见岩石物性参数特征以及各种物性在地质学和地球物理学方面的研究应用等。另外,本书还以较少的篇幅介绍了矿物岩石学的主要基础内容,可作为地球物理学、地质学等学科的本科生及研究生和工程技术人员的基础课教材和参考书。

图书在版编目(CIP)数据

岩石物性概论 / 杨正华编著. — 西安 ：西安交通大
学出版社,2021.4
ISBN 978 - 7 - 5693 - 1524 - 0

Ⅰ. ①岩… Ⅱ. ①杨… Ⅲ. ①岩石物理性质—高等
学校—教材 Ⅳ. ①P584

中国版本图书馆 CIP 数据核字(2019)第 291710 号

书　　名	岩石物性概论
编　　著	杨正华
责任编辑	杨　璠
出版发行	西安交通大学出版社
	(西安市兴庆南路 1 号　邮政编码 710048)
网　　址	http://www.xjtupress.com
电　　话	(029)82668357　82667874(发行中心)
	(029)82668315(总编办)
传　　真	(029)82668280
印　　刷	西安日报社印务中心
开　　本	787 mm×1092 mm　1/16　印张 14.5　字数 363 千字
版次印次	2021 年 4 月第 1 版　2021 年 4 月第 1 次印刷
书　　号	ISBN 978 - 7 - 5693 - 1524 - 0
定　　价	48.00 元

如发现印装质量问题,请与本社发行中心联系、调换。
订购热线:(029)82665248　(029)82665249
投稿热线:(029)82668818
读者信箱:phoe@qq.com

序

　　地壳内部介质是由各类岩石组成的,岩石的物理性质主要包括密度、孔隙度、渗透率、强度、弹性、波速与衰减、电性、磁性、热学性质和放射性等,它是学习地质学和地球物理学并对其深入研究的基础,是研究各类地质问题的重要桥梁。

　　对于地质学研究来说,在不同的地质时期、不同的构造部位、不同的成因和影响因素下产出的岩石有着自己特定的物性。因此,岩石的物性对其形成的地质过程和赋存状态研究均可提供一定的直接或间接的重要信息。对于地球物理学研究来说,在场源(或无场源)作用下,许多岩石物性可以形成特定的物理场或物理特性,而这些物理场或特性可以用地球物理或其他方法来测量,从而达到探测和研究地下地质体,甚至研究地球深部结构和物质形态的目的。在国民经济应用方面,地壳岩石物性与地球内部构造及运动的研究、能源和资源的勘探开发、地质灾害成因和减灾研究、环境保护和检测研究等有着极为密切的关系。故而,凡是对地质学、地球物理学、地球化学、油储地球物理学、地热学、工程地质学、灾害学、环境科学等领域进行研究时,都离不开对岩石物性的深刻理解和熟练掌握,对岩石物性的研究越来越引起国内外地学界的普遍重视。

　　该书比较系统地阐述了岩石十一个方面的岩石物性,并配有岩石物性的相关研究应用,既简明易懂,又具有工程应用价值。对实验室和野外测试方法的论述比较系统,对物性影响因素的阐述比较全面,对常见岩石物性参数的介绍具有实用性,可作为地质学和地球物理学专业本科生及研究生教材和相关工程技术人员的参考书。

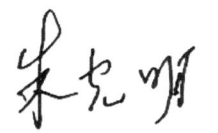

2020 年 10 月 10 日

前　言

岩石物性是地球物理学的重要组成部分，它与材料物理学和岩石学关系极其密切。其重要性主要体现在两方面：一方面在岩石的众多物性中，在场源作用下，许多物性可以形成自己特定的物理场，而这些物理场可以用地球物理方法来测量，使得利用航空地球物理测量、地面地球物理测量和井中地球物理探测等手段来测定地下天然状态的各种地质体成为可能，扩大了地球物理应用领域及其能够解决问题的范畴。另一方面，地壳岩石物性与地球内部构造及运动的研究、能源和资源的勘探开发、地质灾害成因和减灾研究、环境保护和检测研究等有着极为密切的关系。因此，岩石物性是进行地质问题研究的重要桥梁，岩石物性特征也能体现诸多地质作用和过程。

岩石物性与诸多地球科学分支有着密切的联系，如地质学、地球物理学、地球化学、油储地球物理学、地热学、工程地质学、灾害学、环境科学等。对上述领域进行研究时，都离不开对岩石物理性质的深刻理解和熟练掌握。随着地球物理研究的深入发展，尤其是区域和深部地球研究工作的广泛开展，以及资源地球物理勘探难度增大，对岩石的物理性质研究，特别是接近自然赋存状态的岩石物性研究具有重要意义，已经越来越多地引起地球物理学界的重视。

关于岩石物性的论著，早期的译本有 1983 年由托鲁基安、贾德、罗伊等著的《岩石与矿物的物理性质》，1982 年由多尔特曼主编的《岩石和矿物的物理性质》，这些著作的数据手册性很强。国内虽然有一些物性应用方面的论著，如 1994 年万明浩等编著的《岩石物理性质及其在石油勘探中的应用》、1988 年中国地球物理学会主编的《岩石和矿物物理性质论文集》等，但关于岩石物性系统的论著还比较缺少。本书是在前人研究的基础上，参考近些年诸多学者的研究成果，结合作者多年从事岩石物性教学和科研工作的经验，以每种岩石物性的概念、测试方法、影响因素、参数特征及研究应用等内容为框架，比较系统地从十一个方面的岩石物性撰写而成，旨在为地球物理学和地质学专业本科生、研究生以及相关工程技术人员提供指导和参考。全书共有 9 个章节，第 1 章为绪论，第 2 章介绍了矿物学与岩石学的基础知识，第 3 章到第 9 章分别介绍了岩石密度、岩石孔隙度、岩石渗透率、岩石强度、岩石弹性、岩石地震波速及衰减、岩石磁性、岩石热学性质和核物理性质。本书由长安大学地质工程与测绘学院邵广周副教授进行初稿审阅，地球物理系王飞和孙乃泉博士完成详细校阅，地球物理系王卫东教授进行终稿审阅，长安大学李庆春教授也给予了有关指导，在此对这些学者一并表示衷心感谢。另外，此处对本书引用或涉及的作者也表示衷心感谢。限于作者水平，书中难免存在疏漏之处，敬请读者批评指正。

作者于中国·西安

2020 年 6 月 28 日

目　录

第1章　绪论 ……………………………………………………………………… (1)
  1.1　岩石物性及其研究进展 …………………………………………………… (1)
  1.2　自然界岩石的基本特征 …………………………………………………… (4)
  1.3　岩石物性的一般影响因素 ………………………………………………… (5)
  1.4　岩石物性的尺度问题 ……………………………………………………… (7)
第2章　矿物与岩石学基础 ……………………………………………………… (10)
  2.1　矿物学基础 ………………………………………………………………… (10)
    2.1.1　矿物学基本概念 ……………………………………………………… (10)
    2.1.2　矿物的鉴定方法 ……………………………………………………… (16)
    2.1.3　矿物的分类 …………………………………………………………… (16)
    2.1.4　自然界常见造岩矿物 ………………………………………………… (17)
  2.2　岩石学基础 ………………………………………………………………… (22)
    2.2.1　岩石成因及成岩旋回 ………………………………………………… (22)
    2.2.2　岩浆岩 ………………………………………………………………… (23)
    2.2.3　沉积岩 ………………………………………………………………… (27)
    2.2.4　变质岩 ………………………………………………………………… (31)
第3章　岩石的密度、孔隙度和渗透率 ………………………………………… (35)
  3.1　岩石的密度 ………………………………………………………………… (35)
    3.1.1　密度的有关定义 ……………………………………………………… (35)
    3.1.2　岩石密度的主要影响因素 …………………………………………… (36)
    3.1.3　岩石密度的测量 ……………………………………………………… (37)
    3.1.4　岩石矿物的密度特征 ………………………………………………… (40)
  3.2　岩石的孔隙度 ……………………………………………………………… (44)
    3.2.1　孔隙度概念及测量方法 ……………………………………………… (45)
    3.2.2　岩石孔隙度的主要影响因素 ………………………………………… (48)
    3.2.3　常见岩石的孔隙度 …………………………………………………… (49)
  3.3　岩石的渗透率 ……………………………………………………………… (50)
    3.3.1　渗透率概念及达西定律 ……………………………………………… (51)
    3.3.2　岩石渗透率的测量 …………………………………………………… (53)
    3.3.3　岩石渗透率的影响因素 ……………………………………………… (55)
    3.3.4　常见岩石的渗透率 …………………………………………………… (57)
第4章　岩石的强度 ……………………………………………………………… (60)
  4.1　岩石的强度概念 …………………………………………………………… (60)
  4.2　岩石强度的主要影响因素 ………………………………………………… (60)

    4.3　岩石的抗压强度……………………………………………………（62）
        4.3.1　单轴抗压强度及一般特征…………………………………（62）
        4.3.2　点载荷抗压强度……………………………………………（63）
        4.3.3　围限抗压强度………………………………………………（65）
    4.4　岩石的抗张强度……………………………………………………（68）
        4.4.1　直接抗张强度………………………………………………（68）
        4.4.2　间接抗张强度………………………………………………（68）
        4.4.3　岩石抗张强度的一般特征…………………………………（70）
    4.5　岩石的抗剪强度……………………………………………………（71）
        4.5.1　四种典型非限制性抗剪强度………………………………（71）
        4.5.2　四种典型限制性抗剪强度…………………………………（72）
        4.5.3　岩石抗剪强度的一般特征…………………………………（73）
    4.6　岩石的疲劳和蠕变…………………………………………………（74）
        4.6.1　岩石的疲劳…………………………………………………（74）
        4.6.2　岩石的蠕变…………………………………………………（75）
    4.7　岩石的强度理论（强度准则）……………………………………（76）
        4.7.1　岩石的破裂类型……………………………………………（76）
        4.7.2　常用的破裂准则……………………………………………（77）
第 5 章　岩石的弹性………………………………………………………（83）
    5.1　弹性的基本概念及主要参数………………………………………（83）
        5.1.1　应力与应变及其关系………………………………………（83）
        5.1.2　各向同性介质的五个常用弹性参数………………………（86）
    5.2　岩石弹性的各向异性………………………………………………（89）
    5.3　岩石弹性参数的测量………………………………………………（91）
        5.3.1　实验室测量方法……………………………………………（91）
        5.3.2　岩体弹性参数的原位测量…………………………………（98）
    5.4　常见岩石和其他材料的弹性参数…………………………………（100）
第 6 章　岩石的波速及衰减………………………………………………（103）
    6.1　岩石的波速…………………………………………………………（103）
        6.1.1　波速与弹性参数……………………………………………（103）
        6.1.2　波速与波的反射和透射……………………………………（104）
        6.1.3　波速与波动方程……………………………………………（107）
        6.1.4　地震勘探中几种波速的概念………………………………（108）
    6.2　岩石波速的测量……………………………………………………（110）
        6.2.1　岩石波速的实验室测量……………………………………（111）
        6.2.2　岩体速度的原位测量………………………………………（112）
    6.3　岩石的波速特征……………………………………………………（113）
        6.3.1　化学元素和矿物的波速特征………………………………（114）
        6.3.2　岩石的波速及影响因素……………………………………（117）

6.3.3 岩石的纵、横波速度比(波速比) ················· (122)

6.4 岩石对地震波的衰减 ···································· (124)

6.4.1 地震波衰减的表征 ································· (124)

6.4.2 地震波衰减的影响因素 ···························· (127)

6.5 波速和衰减的理论模型分析方法 ························· (131)

6.5.1 计算岩石波速的空间平均模型 ······················ (132)

6.5.2 计算岩石波速的时间平均模型 ······················ (133)

6.5.3 计算岩石波速的其他模型 ·························· (134)

6.5.4 岩石的地震波衰减模型 ···························· (135)

第7章 岩石的电学性质 ······································ (136)

7.1 岩石电学性质的基本参数 ······························ (136)

7.1.1 导电特性参数 ··································· (136)

7.1.2 极化特性参数 ··································· (138)

7.1.3 矿物的其他电性 ································· (140)

7.2 岩石导电性分类及导电机理 ···························· (140)

7.2.1 岩石导电性分类 ································· (140)

7.2.2 岩石导电机理概述 ······························· (140)

7.3 岩石电性参数的测量 ·································· (143)

7.3.1 电性参数的实验室测量 ···························· (143)

7.3.2 电性参数的原位测量 ····························· (146)

7.4 岩石的电性参数特征 ·································· (147)

7.4.1 矿物的电性 ···································· (147)

7.4.2 岩石的电性及影响因素 ···························· (150)

7.5 岩石电导率计算与有关应用研究 ························· (158)

第8章 岩石的磁性 ·· (161)

8.1 有关磁性的基本概念 ·································· (162)

8.1.1 磁性体的磁场 ··································· (162)

8.1.2 介质的磁化 ···································· (164)

8.1.3 磁性类型 ······································ (166)

8.1.4 磁性的临界温度 ································· (168)

8.1.5 剩余磁化强度类型 ······························· (169)

8.1.6 消磁场 ·· (171)

8.2 岩石磁性参数的测量方法 ······························ (171)

8.2.1 实验室测量 ···································· (171)

8.2.2 野外磁测资料的原位测量 ·························· (175)

8.3 岩石矿物的磁性特征 ·································· (176)

8.3.1 岩石磁化强度的构成 ····························· (176)

8.3.2 矿物的磁性 ···································· (177)

8.3.3 岩石的磁性 ···································· (180)

　　8.3.4　岩石磁性的主要影响因素 ···（182）
　8.4　岩石磁性的应用概述 ··（184）
第9章　岩石的热学和核物理性质 ··（187）
　9.1　岩石的热学性质 ··（187）
　　9.1.1　热场和热学性质的主要参数 ···（187）
　　9.1.2　热传递方式 ··（190）
　　9.1.3　岩石热学性质参数的测量方法 ··（192）
　　9.1.4　岩石热学性质参数的一般特征 ··（195）
　　9.1.5　地球深部的热参数特征 ···（199）
　　9.1.6　地球的热源问题 ··（200）
　9.2　岩石的核物理（放射性）性质 ···（201）
　　9.2.1　放射性核素及其衰变规律 ··（202）
　　9.2.2　放射性系列及放射平衡 ···（203）
　　9.2.3　射线与物质的相互作用 ···（204）
　　9.2.4　放射性的主要测量方法 ···（205）
　　9.2.5　放射性核素的分布特征 ···（207）
　　9.2.6　人工核辐射 ··（209）
附录　岩石物性复习参考大纲 ···（211）
参考文献 ···（216）

第1章 绪 论

众所周知,在人类进化和文明发展的历程中,岩石的各种物理性质始终发挥着重要的作用。当人类能够利用岩石的硬度性质做出石刀的时候,便跨出了从猿到人这一历史性转变的决定性一步。斗转星移,在漫漫的历史长河中,随着人们对岩石的物理性质(简称岩石物性)的不断认识,岩石在生产和生活中的应用不断深化,人们对其的依赖程度也不断提高。

地球外层(岩石圈)由各种岩石构成,岩石的结构构造和成分特征、成因特征、演变特征等均可以通过岩石的物性得到不同程度的反映。因此,为了对地球科学领域进行深入全面的研究,了解和掌握岩石物性是十分重要的。岩石物性具有可测量性,通过岩石物性可以有效地研究和解决有关地质问题。对于地球物理学以及地球物理勘探来说,岩石物性及空间分布特征决定着各种地球物理场特征,利用各种岩石物性在空间上分布的差异性,可实现地球物理勘探与测量,以达到解决有关地质问题的目的。

1.1 岩石物性及其研究进展

岩石物性目前属于岩石物理学范畴,而岩石物理学既是物理学的一个独立分支,又是地球物理学的一个重要组成部分。岩石物性是联系地球物理学、岩石学、水文地质学、工程地质学、岩土力学等学科的纽带和桥梁。除此之外,岩石物性还涉及矿物岩石有关的其他学科,目前常用的岩石物性主要涉及电学、磁学、力学、断裂学、波动学、热学、核物理学等方面的物理性质及参数,这些岩石物性及参数的研究与应用,正在不断地发展与深化,方兴未艾。

1. 岩石物性研究发展简史

岩石物性是人类最早的研究应用对象,在距今约 1 万年的旧石器时代,人类就是利用岩石的硬度性质打制各种石器用于捕猎生活,完成了从猿到人的历史性转折,后来人类又学会了利用岩石的强度性质修建房屋和大型建筑物。17 世纪末以前,对岩石物性的研究主要集中在对其力学性质的研究上。1946 年,Bridgeman 因对高压下岩石性质的出色实验研究,而获得诺贝尔物理学奖,岩石物性研究开始逐渐走进人们的视野。

20 世纪后,岩石物理学有了长足发展,主要标志性研究如下:

(1)弹性波在岩石中传播特性的研究,不仅为油气勘探提供了有力工具,并发现了地球岩石圈内的部分熔融现象和低速带的存在。

(2)岩石断裂和摩擦性质的研究,提出了关于地球岩石圈应力状态的新认识,成为解释地震和滑坡等自然灾害机理的理论基础,并开拓了岩石断裂力学的新领域。

(3)岩石输运特性的研究,讨论了地下流体在多孔岩石中的输运特性,已成为环境分析和油气开采等方面的主要理论基础。

现代勘探地球物理学理论和技术高度发展,给地球物理学提出了越来越新和越来越复杂的挑战。当前,主要任务之一就是岩石物性方面的研究。如在石油勘探方面,由于勘探难度的不断增大,要对油气藏进行深入了解,首先要对其岩石物性有充分了解,这对于有效地解决地质问题具有很重要的意义。

目前国内外对岩石物性的研究十分重视,每年都会有很多与岩石物性有关的国际会议召开,并且发表在主要期刊上的关于岩石物性的文章也在逐年增多。我国也建立了专门用于岩石物性测试研究的国家重点实验室,中科院等单位也都配备了许多用于测试的先进仪器设备,此外,国家自然科学基金项目也经常有涉及岩石物性研究方面的专题。

2. 岩石(矿物)物性的分类

岩石物性按照所表现的特性关系,可分为以下类别。

成分结构性质:与岩石的矿物成分和结构构造有关的性质,如密度、硬度、黏性、吸水性、吸附性等。例如花岗岩密度为 $2.6\sim2.7$ g/cm^3,砂岩密度为 $2.1\sim2.5$ g/cm^3,大理岩密度为 $2.5\sim2.8$ g/cm^3。

运输性质:与多孔岩石运输和储藏地下流体有关的性质,如孔隙度、渗透率等。例如闪长岩孔隙度为 0.5%,页岩孔隙度为 $7\%\sim25\%$。

力学性质:与岩石受力时的强度和破裂特性有关的性质,如抗压强度、抗张强度、抗剪切强度、抗弯强度、破裂特性、蠕变特性和疲劳特性等。例如花岗岩的抗压强度为 $200\sim300$ MPa,抗拉强度为 $4\sim7$ MPa。

地震波传播性质:与地震波在岩石中的传播速度和衰减有关的性质,如纵波波速、横波波速、波速比、衰减系数、品质因子等。例如岩浆岩的纵波波速为 $4\,500\sim8\,000$ m/s,沉积岩的纵波波速为 $1\,500\sim6\,000$ m/s。

弹性性质:与岩石弹性有关的性质,如杨氏模量、泊松比、体变模量、剪切模量等。例如花岗岩的杨氏模量为 $2\times10^4\sim6\times10^4$ MPa,泥岩的杨氏模量为 $2\times10^4\sim5\times10^4$ MPa。

电学性质:与岩石的导电、导磁和极化等有关的性质,如电阻率、电导率、磁导率、介电常数、极化率、压电性、荧光性等。例如片麻岩的电阻率为 $10^2\sim10^4$ Ω·m,砂岩的电阻率为 $10^{-1}\sim10^3$ Ω·m。

磁学性质:与岩石具有的磁性有关的性质,如磁化率、磁化强度、剩磁强度等。例如沉积岩的磁化率为 $0\sim7\,500\times10^{-6}$ SI,岩浆岩的磁化率为 $30\times10^{-6}\sim400\,000\times10^{-6}$ SI。

热学性质:与岩石导热和储热有关的性质,如热导率、比热、热容、热扩散系数等。例如砂岩的热导率为 $0.38\sim5.17$ W/(m·K),黏土的热导率为 $0.38\sim3.02$ W/(m·K),玄武岩的热导率为 $0.51\sim2.03$ W/(m·K)。

放射性质:与岩石中所含的放射性元素特征有关的性质,如放射性核素的含量、α 衰变、β 衰变、γ 衰变等。例如花岗岩中 U^{238} 平均质量分数含量为 3.5×10^{-4},玄武岩中 U^{238} 的含量为 5.0×10^{-5},沉积岩中 U^{238} 的含量为 3.2×10^{-5}。

3. 地质和地球物理学涉及的主要岩石物性

在地球物理学和地质学的相关研究中,都要涉及一种或几种岩石物性。岩石物性在许多领域的研究中,都具有基础性和前提性的地位,现将几个主要研究领域所涉及的岩石物性简列如下:

磁法勘探——磁化率、剩余磁化强度、感应磁化强度、磁导率等。

重力勘探——密度、孔隙度等。

电法勘探——电导、电导率、介电特性、磁导率、孔隙度、渗透率等。

地震勘探——密度、孔隙度、渗透率、地震波速度、衰减、弹性、黏性等。

地热勘探——密度、孔隙度、渗透率、热导率、比热、热扩散系数等。

核法勘探——放射性参量,如 γ 强度、γ 能谱、半衰期、放射平衡等。

工程地质——密度、孔隙度、渗透率、强度、破裂、摩擦等。

水文地质——密度、孔隙度、渗透率、放射性、热学性质等。

石油地质——密度、孔隙度、渗透率、破裂、电性、磁性、波速、衰减等。

煤田地质——密度、孔隙度、渗透率、强度、破裂、电性、磁性、波速等。

构造地质——密度、孔隙度、渗透率、强度、破裂、热学性质、波速和衰减等。

矿产地质——密度、孔隙度、渗透率、电性、磁性、热学性质、波速和衰减等。

灾害地质——密度、孔隙度、渗透率、强度、破裂、电性、磁性、热学性质、波速和衰减等。

4. 岩石物性的研究重点

岩石物性的主要研究重点是与地球内部构造与运动、能源和资源的勘探开发、地质灾害的成因与减灾、环境保护和检测存在密切关系的性质。例如高温高压下岩石与矿物的波速、导电性、密度、磁性等的关系;石油勘探中孔隙度、饱和性和含油性与波速、衰减及电性等的关系;金属矿产勘探中矿体与密度、磁性、电性和地震波传播特征的关系;地质构造研究中地震波传播、电性、磁性、密度等与地质构造的关系,等等。或者说,是与地质学、地球物理学、地球化学、油储地球物理学、地热学、地质工程和环境科学等密切相关的物性。

5. 岩石物性的研究意义

岩石是构成地壳最基本的物质,研究地球上的诸多现象和过程,都离不开对岩石物理性质的理解和认识。岩石物性与地球内部构造与运动、能源和资源的勘探开发、地质灾害成因与减灾、环境保护与检测等有着极为密切的关系。各种岩石物性是进行地质问题研究的重要桥梁,同时也是许多地质现象的体现。地质科学发展与岩石物性研究有着密切的联系,地质学、地球物理学、地球化学、油储地球物理学、地热学、工程地质学、灾害学、环境科学等领域的研究都离不开对岩(矿)石物理性质的深刻理解和掌握。

岩石物性研究是地球物理学不可分割的组成部分,它与材料物理学和岩石学关系极其密切。岩石本身的某种物性在场源作用下(或无场源)可以形成自己的物理场,而这些物理场可以用地球物理方法来测量,这就使得利用航空地球物理测量、地面测量和井中探测等手段测定天然条件下各种地质体的产状等成为可能,扩大了地球物理应用领域及其能够解决问题的范畴。

随着地球物理研究的深入发展,尤其是区域和深部地质研究工作的广泛开展,以及资源地球物理勘探难度的增大,岩石和矿物的物理性质研究,特别是对接近自然赋存状态的岩石物性的研究具有重要意义,已经引起地球物理学界越来越多的重视。

例如,在反演地球深部构造时,虽然通过地震方法得到了关于地下深处结构的弹性波速度分布的地震走时图,但在解释时却存在多解性的难题。通过对岩石物性与波速和衰减以及传播特征的研究,我们就能设法知道地球内部岩石的物理性质,这不仅为反演提供了物性资料基础,也可以大大减少反演结论的不确定性。

6. 基本研究方法

岩石物性的基本研究方法有实验研究、模型研究和理论研究 3 种。

实验研究:实验研究是岩石物性的基本研究方法。一是采集各种具有地质意义的岩石样品,在实验室中分别研究各种因素对其物理性质的影响,如不同温度、压力对岩石物性的影响、不同电场和磁场对岩石物性的影响等,将大量的实验结果进行统计归纳分析,总结有关科学认识。二是对同类一定数量的岩石样品,实验测量其某种物性,并进行统计分析,得出其物性与岩石密度等因素的经验关系式,为实际应用提供经验方法。三是通过不同构造单元或岩体样品物性的实验测量数据对比,利用不同岩体或构造单元物性的差异,研究解决某些地质问题。

模型研究:建立合理而简化的数学和物理模型,进行模拟计算和测量分析,取得有关岩石物性一般关系的认识,再将由模型研究得到的经验关系外推到实际地质问题中去。这方面的研究已取得很大的进展,例如时间平均模型、空间平均模型、裂隙模型、球堆模型、Boit 模型等。

理论研究:从微观和宏观上对岩石物性进行理论探讨,研究物性机理和影响因素。例如用广义的非线性弹性波方程研究衰减问题、用不同的流变方程描述岩石、从岩石的微观机理研究岩石物性等。岩石物性的理论研究与应用不但涉及地质学、地球物理学,也涉及众多的基础学科,如力学、声学、流体力学和电磁学等。

1.2 自然界岩石的基本特征

岩石作为地壳的特殊组成材料,在所处的环境、规模大小、复杂性、内部结构等方面和一般材料学中研究的对象有很大的不同,地下(地壳中的)岩石具有以下主要特点。

1. 处于高温高压环境

在地壳范围内,乃至整个地球内部环境中,绝大部分岩石处于高温高压状态中,环境温度可达几百摄氏度甚至上千摄氏度,静岩压力在莫霍面附近约为 1 200 MPa。在这种状态下,不但岩石的很多物性与处于地表环境时有一定的差别,而且会出现许多特殊性质。因此,利用地表岩石的物性研究地下地质问题时要特别注意。如 $\tau = \sigma\mu$(常温常压下),$\tau = 0.85\sigma$(高压下)(τ、σ 和 μ 分别为剪切力、介质上的压应力和摩擦系数)。

2. 具有多孔多裂隙性

自然界中的岩石大部分都具有各种空隙(包括裂隙、裂纹、孔隙等),完全完整没有空隙的岩石是很少的,而且在空隙中往往含有地下水(或其他流体)。因此,地下自然状态的岩石和理论意义上的岩石,其物性具有一定的差别。岩石中固体部分的结构、空隙特征以及流体特性,都对岩石的许多物性有很大影响。如岩石孔隙体积增加 1%,会使岩石弹性变化 10 倍或更多,也会使渗透率发生几个数量级的变化。

3. 受应力的长期作用

地下岩石自形成到现在长期受地质应力作用,包括地层静压力和水平作用力。因此,即使同种岩石,在不同的深度下其岩石物性不同;在不同构造环境下其岩石物性不同;在不同地质时期其岩石物性也不尽相同。如在正常沉积岩地区,地震波速度随深度的增加而增大;在受静压力作用的地区,岩石的孔隙度会发生变化,其电性也随之而变。另外,岩石在短时间的外力作用下,表现为弹性性质和脆性,但在外力长时间的缓慢作用下,则表现为非弹性(塑性)性质。

4. 最广泛的天然材料

自然界各种岩石的储量巨大，由于岩石具有特定的物理性质、矿物成分和化学成分，因此是工农业生产和建设中应用最广泛的天然材料。有的利用了岩石的矿物或化学成分，如各类岩盐等；有的利用了岩石的化学稳定性和力学强度性质，如建筑材料中的石灰岩、花岗岩、大理岩等；还有人们最熟悉的水泥，其主要原料为石灰岩，也是应用非常广泛的天然材料。

5. 岩石物性的可变性

虽然不同的岩石，在一定的条件下，有着自己特定的矿物组合和结构构造，但是岩石物性比矿物物性的变化范围大得多。如石灰岩的矿物成分为方解石，但石灰岩的物性变化范围要比方解石大得多。这是由于受地质作用的影响，岩石中矿物成分的变化、内部结构及各向异性、孔隙和裂隙发育程度、裂隙分布状态、含流体性质与饱和度以及温压条件等因素影响，使岩石物性的变化范围增大。

1.3　岩石物性的一般影响因素

岩石与矿物的物性是各种各样参数和外部因素的函数。影响岩石与矿物物性的因素一般有五类：取样因素、地球化学因素、结构因素、环境因素和测量仪器方面因素。

1. 取样因素

在岩石物性的取样测试研究中，最困难的任务是在特殊地质环境、构造区域、典型矿床或其他特定地质背景的部位点，获取具有代表意义的岩石样品，且保证取样方法合理可行。主要难点有以下 4 个方面：

1）样品分布

一个样品往往不具代表性，在一个部位一般要取多个样品。常用的方式有 3 种，如图 1-1 所示，一是线状取样（A），在一条线上按一定的间隔取样；二是面状取样（B），在一个面上按一定的二维点距取样；三是体积取样（C），在空间内按一定的三维点距取样。其中，取样点距称为取样频率。

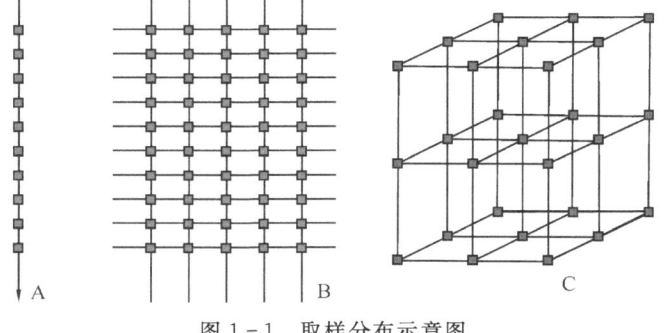

图 1-1　取样分布示意图

2）样品定位

样品定位时，首先要在地质图或其他图件上标明所取得样品的具体位置，其次对于定向样品要在样品上标记样品的方向。一般样品定位的方法是，取样时在样品侧面画上水平线，在上顶面标注出磁北方向,如图 1-2 所示。

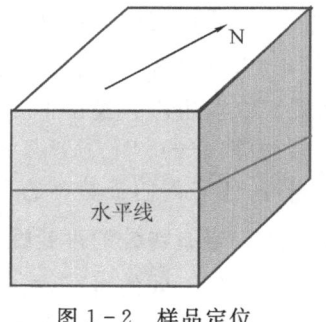

3)取样方式

常用的取样方式有刻槽法、钻芯法、切割法和敲块法等。包装方式有蜡封法、塑料包封和自然裸露等方法。样品处理与制备过程包括样品的清洗、切割等。样品尺度上,要选择一定大小的样品,以适合测量。另外,每个样品要有样品档案,即每个样品要有完整记录资料,包括取样位置、野外产状、野外岩石特征等。

图 1-2　样品定位

4)其他问题

在取样时,还要观察记录样品岩石的各向异性特征、黏土含量、湿度、岩石的新鲜程度、风化程度、构造破碎程度等。

2. 地球化学因素

对于许多岩石物性来说,样品的地球化学状态和地球化学环境是很重要的,在样品测量分析时要给予考虑。

1)平衡问题

原位的岩石经历漫长的地质时期,它和周围的岩石,在内部可流动性组分、矿物成分和温压等条件上,处于一定的平衡状态。当岩石样品取出后,就会破坏这种平衡,岩石样品又有趋向新的平衡的作用过程。因此,严格来说,取出后的样品和原位岩石有一定的差别,其物性也会有一定的差别。

2)流体性状

岩石中高活度化学成分的状态与含量对岩石物性具有较大的影响。如地震波速与水的酸碱度(pH 值)及氧化还原电位(E_h)无关,但 pH 值和 E_h 对电学性质的影响则很大。电阻率也取决于岩石湿度和所含流体的矿化度,湿度大、矿化度高时导电性强。另外,高活度的化学组分也会影响矿物和胶结物的变化,从而降低岩石强度。

3)岩石构造

岩石的结构构造也会影响岩石的许多物性。例如岩石中的分散矿物为良导体,基质为绝缘体时,浸染状和树枝状或网状构造的岩石,导电性就有较大不同,后者的电阻率远小于前者。

3. 结构因素

1)颗粒参数

岩石中矿物颗粒的粒度大小、粒度分布、粒形及分布、颗粒连接性、结晶程度等对许多岩石物性都有着直接而复杂的影响。例如沉积岩中矿物颗粒分布均匀比不均匀时产生的孔隙度大。

2)孔隙结构与分布

岩石中孔隙的大小、形态、分布和孔喉,以及孔隙连通性等,不但对孔隙度和渗透率有着直接的影响,也对其他物性有着直接和间接的影响。如岩石孔隙度增大会使岩石体密度降低,地震波速度降低;孔隙的大小与分布会影响岩石的力学性能;渗透率的大小通过影响岩石中流体的流动性,进而影响到岩石的电性性质。

3)各向异性

岩石中矿物的组构方式,沉积岩层理和沉积旋回,裂纹和裂隙的定向性等,会导致岩石具有各向异性,致使岩石在不同的空间位置和不同方向上具有一定的物性差异。这种差异,有时非常显著,例如沉积岩横向一般表现为各向同性,纵向则表现为各向异性的特征。岩石在定向应力作用下产生裂隙,使得不同方向物性有所差异,如在不同方向上产生波速的差异,还会影响到波的分裂。不仅如此,不同方向上岩石的其他物性也会有所差异。

4. 环境因素

1)温度

温度对许多岩石物性都有不同程度的影响,是岩石物性很敏感的影响因素之一,如温度与地震波速、导电性、弹性、力学性能、磁性、导热性等都具有非线性关系。一般来说,随温度增高,除导电性外,上述岩石的其他物性特征的强度都要降低。

2)压力

岩石中存在的压力包括流体静压、上覆岩石压力、周围岩石围压、差异压力和残余压力等。压力对许多岩石物性也有不同程度的影响,例如,静压力增大,岩石的波速增大;围压增大,岩石强度增大。

3)时间

对于同种岩石来讲,早期形成的老岩石和后期形成的新岩石在物性上也有一定的差异。这是岩石形成以后在各种地质作用的长期影响下,其成分和结构构造会发生一定变化所造成的。如岩石的风化作用,会导致其物性发生变化。

5. 测量仪器方面因素

1)线性或非线性激发与响应

测量源激发的幅度,作用时间,激发频率、周期和波形,以及接收器的响应关系等,都对样品物性的测量值有一定的影响。

2)测量体积和样品座偏畸性

在样品物性测量前,对样品体积、尺寸大小和密度等参数的测量误差,样品在仪器中位置的体系误差等对样品物性测量值有一定的影响。

3)样品的特殊制备

对某些岩石物性进行测量时,测量仪器对样品的形状和大小等有严格要求。因此,对测试样品需要进行加工制备,其加工过程(如切割、加热、加压、摩擦、清洗等)很有可能对样品物性产生一定的影响。

总的来说,岩石样品的物性会受到上面介绍的一种或多种因素的影响。其中,取样因素几乎影响每种物性特征,其他因素则对各种物性有着不同程度的影响。例如,电性几乎对所有因素敏感,弹性只对少数因素敏感,岩石波速显著受压力、温度和孔隙特征等因素的影响。

1.4　岩石物性的尺度问题

1. 岩石物性的尺度效应

岩石的各种物性与岩石尺度有很大的关系,同一岩石在不同尺度下其物性或有很大差异,岩石物性随其尺度变化的现象称为尺度效应。

若在观测范围内只有若干个矿物颗粒的尺度时,岩石则呈现不均匀性或各向异性,显示各矿物的性质;若在观测范围内包含大量矿物颗粒的尺度时,岩石则是均匀的,表现出的是各种矿物统计平均意义上的性质;如果在观测范围内包括各种间断面或不连续面的尺度时,则表现出的是岩石和间断面共同影响下的性质;如果在更大尺度上来观测,还会表现出岩石构造和岩性的影响。因此,在不同观测尺度下,岩石物性或有很大的差异,不能一概而论,要有区分。所以,我们只把远大于矿物颗粒尺度,而小于间断面或不连续面的尺度定义为岩石尺度,或者说岩石尺度的下限是包括足够多的矿物颗粒,上限是不包括任何间断面或不连续面,在此尺度下测得的物性为岩石物性。

包括各种间断面或不连续面的岩石称为岩体,在此尺度下测得的物性为岩体物性。在自然界,往往由于各种地质作用(如构造作用、沉积作用、变质作用和分离作用等),整块岩体不可避免的会产生裂隙、裂纹、断层、解理、层理和面理等。这些大小不一、性质各异的间断面使岩体具有明显的不连续性。间断面的存在会影响岩石整体的物性,如岩体的强度一般会低于岩石,岩体的渗透性则一般远大于岩石。

2. 岩石物性尺度分级

岩石从构成它的微观粒子到组成宏观地层和地壳,其物性尺度可分为以下 6 个级别。

1)元素尺度

在数埃米(埃,符号 Å,$1\ \text{Å}=10^{-1}\ \text{nm}=10^{-10}\ \text{m}$)范围的尺度下,矿物呈现出的是各种元素的组合。在不同点上显示的是各化学元素的物理性质,各元素不但物性不同,而且其排列方式在各方向上也有可能不同,或具有各向异性特征。

2)矿物尺度

矿物尺度为呈现若干个矿物的范围,在此尺度下,可以研究各矿物的物性、矿物颗粒形态、结晶程度、胶结物,以及矿物之间的结合方式等。在此范围内,不仅各种矿物的分布可能具有各向异性,而且许多矿物本身也会具有各向异性的特征。

3)岩石尺度

如上所述,在众多矿物集合体范围内(不包括不连续面和间断面),岩石显示的是由许多矿物集合而成的整体物性,其物性不是某一种矿物的性质,是统计意义上平均化了的物性。在这一尺度范围内,岩石物性是均匀的,一般不具有各向异性。当矿物出现定向排列时,才会出现各向异性特征。

4)岩体尺度

岩体尺度是包括间断面或不连续面的范围。在此尺度下,岩石显示的是本身物性和受岩石中间断面或不连续面影响了的综合物性。所以岩体物性取决于岩石和各种间断面的特征。在自然界,由于各种地质作用的影响,往往会使岩体中出现各种不连续面和间断面,必然会影响到岩石物性,甚至出现各向异性特征。

5)地层尺度

地层尺度是由多套沉积旋回形成的沉积岩地层、多期岩浆作用形成的岩浆岩组合或由多期变质作用形成的变质岩组合等范围。在这一尺度下,往往包括了不同的岩石种类和不同的构造特征。因此,此尺度下显示的是各种岩石和构造综合影响下的物性,一般具有各向异性。地层尺度下的物性整体可视为均匀的,类似于岩石尺度下的整体均匀性。

6)地壳尺度

地壳尺度指的是整个地壳范围,即将地壳看作一个整体,是最宏观的地质尺度。在此尺度内,包括多种地层或岩浆岩的组合,各种构造断裂组合,显示的是整个地壳或板块的宏观物性和大区域性物性,也是各级尺度物性的高度且复杂的综合。

在图 1-3 中进一步表述了各尺度的划分与特征。可以看出,在地壳尺度下看,其整体是均匀的,但其中一点在地层尺度下却不均匀。在地层尺度下,虽然每个岩层或岩浆岩体是均匀的,同样,其中一点在岩体尺度下来看,内部还存在小断裂和节理等,表现出不均匀性。同理,岩石尺度下的每点看似均匀,但在矿物尺度下,也是不均匀的。

综上所述,岩石的各种物性,在不同尺度下观测,应是不同的,甚至有很大差异。因此,在地球物理理论研究和应用中要特别考虑岩石物性的尺度效应。

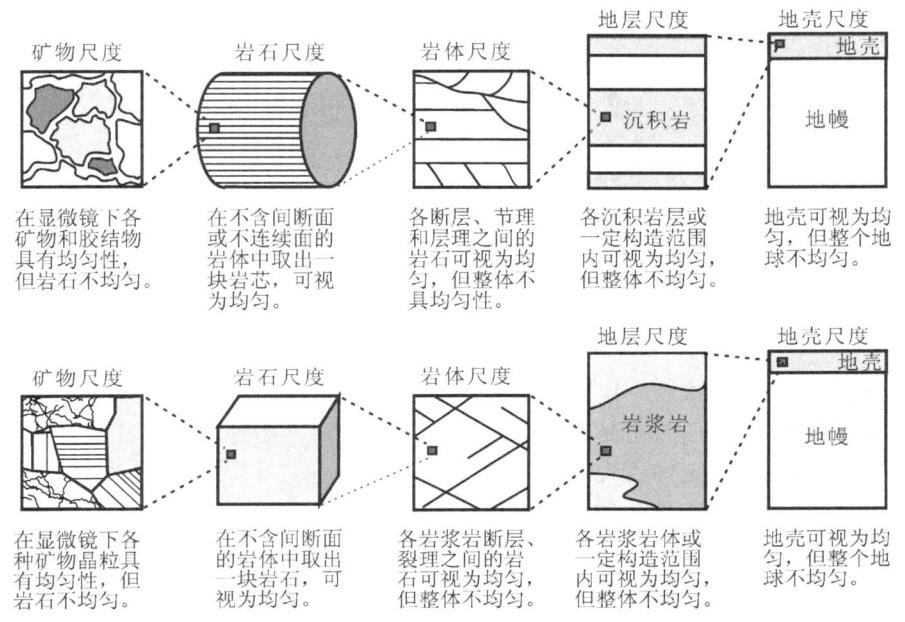

图 1-3 物性尺度级别划分与特征

第 2 章　矿物与岩石学基础

矿物与岩石学是学习和研究岩石物性的基础,掌握矿物学和岩石学的基本概念和主要内容,对于岩石物性的研究与应用是非常有必要的。本章简要地介绍了矿物学和岩石学的最基本内容,并对常见的 25 种造岩矿物以及常见岩石种类进行了简要介绍。

2.1　矿物学基础

矿物是构成岩石的基本单位,不同的矿物组合和结构构成了不同的岩石,矿物的物性直接影响着岩石的物性。因此,在学习岩石学之前有必要了解和掌握矿物学的一些基本概念、基本性质和常见造岩矿物。

2.1.1　矿物学基本概念

矿物定义:具有确定的或在一定范围内变化的化学成分,其内部原子按一定的结合方式在三维空间中周期性重复排列,具有特定晶体结构的化合物。矿物外部形态往往具有规则的几何多面体特征,且有比较稳定的物理和化学性质。

矿物和岩石:矿物是物理性质和化学性质均一的化合物,而岩石是一种或几种矿物的混合物。矿物是由各种元素组成的,而岩石是由矿物组成的。例如,花岗岩主要由石英、长石、云母等组成。矿物中的元素有规律的排列,一般形成晶体,而岩石不是晶体,它是矿物的集合体。绝大部分矿物都是结晶状态,仅仅少数是非晶态或者无定形态。

2.1.1.1　矿物晶体的基本概念

1. 晶体结构

晶体中的质点(即同类原子、离子或分子所占据的点)严格按照一定的次序和规律在三维空间排列。质点的这种排列,构成所谓几何空间格子,如图 2-1 所示。同类原子、离子或分子按空间格子排列了就构成了矿物晶体。

例如在食盐晶体结构中,每一个 Cl^- 离子的前后、左右、上下都是 Na^+ 离子,而每一个 Na^+ 离子的前后、左右、上下都是 Cl^- 离子,所有 Cl^- 离子中心点周围的物质环境和几何环境都相同,Na^+ 离子也是如

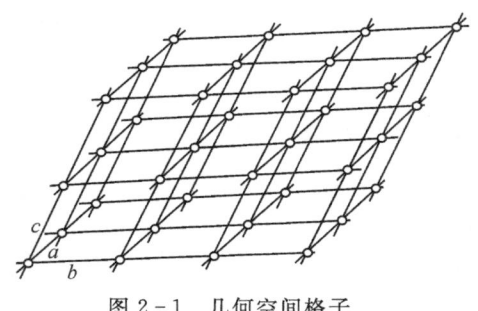

图 2-1　几何空间格子

此。因此,所有 Na^+ 离子中心点属于一类等同点,所有 Cl^- 离子中心点属于另一类等同点,这两类等同点的格子类型(立方面心)完全一样,不论是 Na^+ 或 Cl^- 都以这种格子类型在三维空间无限重复排列形成食盐晶体,如图 2-2 所示。

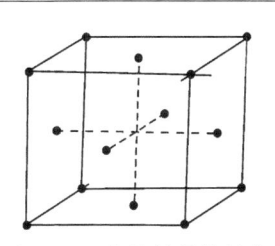

图 2-2　食盐的晶体结构

2. 矿物晶体的基本性质

矿物的基本性质由晶体结构和化学成分决定,晶体结构特征决定了矿物具有以下的基本性质。

均一性:在晶体的任何部位,物理化学性质都是一样的。

对称性:在晶体形态及各项性质上的相同部分具有规律的重复性。

自范性:在合适生长的条件下,一切晶体都能自发地形成规则的封闭几何多面体形态。

各向异性:由于格子在不同方向上的质点排列方式不同,因而晶体的各种性质会随方向不同而异,如蓝晶石不同方向硬度不一样。

稳定性:由于晶体中质点都规律排列且处于平衡位置,内能最小,因此,相对于同种物质的不同物态来说,它是最稳定的。

3. 晶体的对称性

自然界有几千种矿物,但只有 7 个晶系;虽然晶形多种多样,但只有 47 种几何单形。自然界的矿物晶体,呈单形出现的比较少,大多数都是聚形。但是单形相聚时要遵守对称性一致的原则,即对称性相同的单形才能在一起组成聚形,7 个晶系及其对称特点如下:

(1)三斜晶系(无 2 次对称轴和对称面);

(2)单斜晶系(2 次对称轴和对称面均不多于 1 个);

(3)斜方晶系(2 次对称轴和对称面的总数不少于 3 个);

(4)三方晶系(有唯一的 3 次对称轴);

(5)四方晶系(有唯一的 4 次对称轴);

(6)六方晶系(有唯一的 6 次对称轴);

(7)立方晶系(有 4 个 3 次对称轴)。

4. 类质同象和同质多象

1)类质同象

在矿物晶体形成的过程中,两种或两种以上性质相近的质点(离子或原子)占据晶格中的同类位置,随着这些占位质点间相对量的改变,只引起晶格常数及物理、化学性质的规律变化而不引起晶体结构发生质变的现象,叫作类质同象。类质同象可分为完全类质同象和不完全类质同象,等价类质同象和异价类质同象。

如橄榄石:$Fe_2[SiO_4]-Mg_2[SiO_4]\xrightarrow{\text{类质同象}}(Fe,Mg)_2[SiO_4]$(镁铁橄榄石)

2)同质多象

化学成分完全相同,但晶体结构不同,形成不同矿物的现象。

如石墨(C,六方晶系)—金刚石(C,立方晶系);α 石英(SiO_2,三方晶系)—β 石英(SiO_2,六方晶系)—方石英(SiO_2,斜方晶系)—柯石英(SiO_2,立方晶系)。

5. 矿物晶体定向

用一定的数字关系来具体表达晶面、晶棱和晶形在空间方位上的分布状况。由于表达空间位置的方法不同,其符号也有不同的形式。其中,米氏符号是应用最广泛的符号。对于晶面来说,一般形式为(hkl),h,k,l称为晶面指数,具体数值等于该晶面在三个晶轴上的截距用相应的轴单位去度量时,所得截距系数的倒数比。晶棱和晶形符号形式为$\langle hkl \rangle$,$\{hkl\}$,一般为三轴定向x,y,z。其公式见式(2-1)。

$$h:k:l = \frac{a}{ox} : \frac{b}{oy} : \frac{c}{oz} \tag{2-1}$$

其中,a,b,c为轴单位;ox,oy,oz为截距。

2.1.1.2　矿物的物理性质

1. 矿物的光学性质

1)颜色

颜色是矿物的重要光学性质之一。矿物的颜色是矿物对白光中不同波长的光波吸收的结果。如果对各种波长的光波有选择性地吸收,则呈现各种较鲜艳的颜色。由矿物本身成分和结构所决定的颜色为自色,由外来杂质或包裹体所决定的颜色为他色,由某些物理原因造成的与本质无关的颜色为假色。

2)条痕

矿物的条痕色是矿物粉末的颜色。矿物的条痕色可以与其本身的外观颜色一致,也可以不一致。条痕可消除假色,减弱他色,因此常用条痕来识别深色矿物。

3)透明度和光泽

矿物的透明度是指矿物透过可见光波的能力,分为透明、半透明和不透明。矿物的光泽是指矿物表面反光的能力,可分为金属光泽、半金属光泽、金刚光泽和玻璃光泽等。

4)发光性

某些矿物受紫外线、阴极射线、X射线等能量刺激时发光的性质,称发光性。若刺激时发光,刺激源消失后,发光立即停止,称为荧光(如白钨矿受紫外线照射发出天蓝色的荧光);若刺激消失后,矿物仍可在一段时间内继续发光则称为磷光(如萤石受紫外线照射发出紫色的磷光)。这些性质是鉴定发光矿物的重要特征,一般鉴定中常用荧光灯(紫外线)作为刺激源。

2. 矿物的力学性质

1)解理、断口、裂开

矿物在外力作用下会发生破裂。有的矿物(如云母、方解石等)可沿一定结晶方向破裂成平坦光滑的平面,称为解理,光滑的破裂面叫作解理面。有的矿物(如石英)则产生不规则的破裂,破裂面凹凸不平,称为断口。而有的矿物可破裂成大致平整的平面(不是光滑平面),称为裂开(如刚玉)。这些破裂特性,亦是鉴定矿物的重要依据。为什么矿物会产生解理或断口呢?主要是由于矿物内部质点间的联结强度不同。一般破裂最容易发生在联结力弱的质点间,若矿物内部质点各方向的联结力强度相等,则破裂无一定方向,而形成断口。质点间联结力的差异程度,决定矿物解理发育的程度。根据解理发育的程度(如解理片的厚薄、大小、光滑程度等)可将解理分为以下四个等级。

①极完全解理：矿物沿一定方向极易裂成薄片或叶片。解理面易见，大而平整、光滑，如云母类矿物，辉钼矿等。

②完全解理：常裂成规则的解理块，解理面平滑、较大。如方铅矿、方解石等。

具有以上两种类型解理的矿物，破裂面总是闪闪发亮。

③中等解理：解理面不大，平坦光滑程度也略差。碎块上往往既有解理面又有断口，如角闪石、白钨矿以及方铅矿的立方体解理，萤石的八面体解理等。

④不完全解理：解理面小且不太光滑平坦，碎块上主要是断口，仔细观察才能见到解理面，如磷灰石、绿柱石、锡石等。

断口：破裂时不发育解理的则为断口，按其形状有贝壳状断口（如石英）、参差状断口（如黄铁矿）、锯齿状断口（如自然铜）等。

2）硬度

硬度是指矿物抵抗外来机械作用（如刻划、加压、研磨等）的能力。矿物的硬度比较固定，是鉴定矿物的重要依据之一。在鉴定中，我们常选用十种矿物作为测定标准，这就是所谓的摩氏硬度计。摩氏硬度分为 10 级：1 滑石，2 石膏，3 方解石，4 萤石，5 磷灰石，6 正长石，7 石英，8 黄玉，9 刚玉，10 金刚石。在实际工作中，常用一些简单的日常生活用品（如指甲、小刀等）来测试。指甲的摩氏硬度小于 2.5，硬币或铜具的硬度相当于 3，小刀或玻璃的硬度为 5.5～6，瓷器碎片的硬度为 6～6.5。多数矿物的硬度在 2～6 之间，硬度为 7 以上的矿物较少见。

3）比重

比重是指矿物在空气中的重量与 4 ℃时同体积水的重量之比。每种矿物都有一定的化学成分和晶体结构，所以每种矿物都有一定的比重，它是鉴定矿物的一个重要特征，同时也是重力找矿、选矿的重要依据。矿物的比重决定于组成矿物元素的相对原子质量及单位体积内的质点数。

4）其他力学性质

如脆性、韧性、延展性、可塑性、弹性、挠性等，仅是某些矿物所特有的，不具普遍意义。脆性：锤击之易粉碎，如硫磺、方铅矿等。韧性：很难击碎或压碎，如软玉。延展性：可锤成薄片，拉成细丝，以刀刻之留下光亮的痕迹，如自然铜、自然银、辉铜矿。可塑性：可塑成任意形状，如高岭石。弹性：受力变形，外力取消后能恢复原状，如云母。挠性：受力变形，外力取消后不能恢复原状，如石棉、绿泥石等。

3. 矿物的电学性质

1）导电性

矿物的导电性是矿物对电流的传导能力，它在很大程度上依赖于化学键的类型。具有金属键的矿物，因为在晶体结构中有自由电子存在，所以导电性强；离子键或共价键矿物导电性弱或不导电。由于成分和结构的不同，矿物的导电性差异较大。如黄铜矿等金属硫化物具有传递自由电子的性质（即具导电性），称为导体；而云母不能导电，称为绝缘体；介于二者之间的为半导体。矿物的导电性不仅能用于鉴定矿物，而且是电法勘探的重要依据。另外，还能直接为国民经济所利用，如云母在电器工业中作绝缘材料，石墨用作电极原料等。

2）压电性

某些矿物晶体，在机械作用的压力或张力作用下，因变形效应而呈现的荷电性质。在压缩时产生正电荷的部位，在伸张时就产生负电荷，压-张力不断作用，就产生交变电场。反过来，在交变电场中也会产生伸缩的机械振动。如石英、电气石等矿物就具有压电性。这种特性在无线电工业中,被广泛用于各种换能器中,是制作侦听仪器、电视机、定向无线电信号发送机、雷达等不可缺少的原料。

3)介电性

矿物的介电性是指某些矿物在电场中被极化的性质。介电性的大小通常用介电常数(电容率)来判断。一般情况下,在平板电容器中,加入非导体(或介电质),能使其电容量 C 增加若干倍,此时的电容量大小为 $C=\varepsilon C_0$。其中 ε 为介电常数,C_0 为真空时的电容量。

4)焦电性

当温度变化时,在矿物晶体的某些结晶方向上产生荷电的性质。如电气石晶体加热到一定温度时,其 Z 轴的一端带正电,另一端则带负电。若将已加热的晶体进行冷却,则两端的电荷变号。晶体的焦电性已在红外探测中得到广泛应用。

4. 矿物的磁学性质

矿物的磁性是指矿物能被永久磁铁或电磁铁吸引,或矿物本身能够吸引铁质物体的性质。矿物的磁性,主要是由于矿物成分中含有铁、钴、镍、钛、钒等元素所致。磁性的强度与矿物中含有这些元素的多少,特别是与含铁的多少有关。其磁性从根本上讲,都是起源于电流。在物质的原子、分子或分子团等微粒内部,存在着一种环形电流(即由于电子绕核转动及自身绕轴线旋转产生的电流),这种环形电流就像导线中的电流一样,在它们的周围空间形成磁场,使每个物质微粒都成为一个微小的磁体。一般矿物通常不显示出磁性,是因为其中的微小磁体的磁矩无序分布,磁性互相抵消。如果微小磁体的磁矩不完全无序分布,则可显示出磁性。

根据磁化率的大小,矿物的磁性可分为逆磁性、顺磁性及铁磁性三种。

逆磁性是指矿物在外磁场作用下,产生很弱的感应磁性,磁化率很小,其磁化方向与外磁场方向相反,磁化率为负值,外磁场消失其磁性即消失,如方解石和石盐等。

顺磁性是指矿物在外磁场作用下,产生的感应磁性稍大,其方向与外磁场方向一致,磁化率为正值,如角闪石和辉石等。

铁磁性指矿物的磁化率较大,很易磁化,在不是很强的磁场下就可磁化到饱和,磁化强度也很大,其磁化强度和外磁场不是线性关系。铁磁性与温度有关,当温度增加时,磁化强度逐渐减小,当高于某一温度时,铁磁性消失,转变为顺磁性,此温度称为居里温度。具有铁磁性的矿物很少,如磁铁矿和磁黄铁矿等。矿物的磁性对鉴定这些矿物具有重要意义,并且是磁力探矿和磁力选矿的依据。

5. 矿物的放射性

矿物的放射性是指含有铀(U)、钍(Th)、镭(Ra)等放射性元素的矿物,因放射性元素的蜕变特性,而放射出各种射线,要用专门仪器进行测定。根据放射性可以寻找国防工业迫切需要的放射性元素矿床,还可用于测量计算矿物、岩石的绝对年龄。

6. 矿物的导热性和熔点

矿物晶体的导热性常高于相应的非晶体。晶体的导热性随温度的升高而降低,非晶体的导热性随温度的升高而升高。矿物的熔点高低与其化学成分及内部结构有关,一般地说,具有离子键的矿物熔点最高,共价键的矿物熔点较高,金属键次之,分子键矿物熔点最低。

2.1.1.3　形成矿物的地质作用

形成矿物的地质作用根据作用的性质和能量来源分为内生作用、外生作用与变质作用。

内生作用的能量来自地球内部,主要指与岩浆活动有关的作用(包括深成岩浆、伟晶、热液、火山等作用)。外生作用为太阳能、水、大气和生物所产生的作用(包括风化、沉积作用)。变质作用是已形成的岩石、矿物在岩浆、热液作用或在一定温度、压力下发生改变的作用。

矿物结晶的方式主要有:由气体结晶,由液体(溶液或熔融体)结晶和由固态的非晶体结晶,这些结晶方式在以下地质作用中普遍存在。

1. 岩浆作用

指从岩浆熔融体中结晶而形成矿物的作用。在地壳深处高温和高压条件下,矿物自岩浆中直接结晶,形成的主要矿物按结晶析出顺序依次为:Mg、Fe 硅酸盐——橄榄石、辉石、角闪石、黑云母;K、Na、Ca 硅酸盐——斜长石、正长石以及石英等造岩矿物。深成岩浆作用中的矿物一般为等粒状结构和块状或浸染状构造。

2. 伟晶作用

指形成伟晶岩及其有关矿物的作用。它是在主体侵入岩(如花岗岩)形成后,由残余岩浆冷凝而成。或者与交代作用有关,即深部岩浆在上升过程中与围岩发生交代作用而成。伟晶作用的温度在 700～400 ℃左右,几乎所有的深成侵入岩都有自己相应的伟晶岩,如辉长伟晶岩、闪长伟晶岩、伟晶辉石岩等。

3. 热液作用

地壳中的热液是多种多样的,按成因不同可分为岩浆后期热液、火山热液、变质热液和地下水热液等。对于岩浆后期热液而言,温度多在 400～50 ℃,作用深度从数千米到近地表范围。矿物从热液中直接结晶或围岩再结晶或经交代而成。

4. 接触变质作用

接触变质作用是指岩浆侵入与围岩接触时,围岩受到岩浆高温的影响而发生变质作用,包括热变质作用和接触交代作用。接触交代作用后期伴随而至的是热液矿化交代作用,形成 Cu、Fe、W、B 等多种矿物并产生热液蚀变。

5. 区域变质作用

在造山运动地带,由于大规模的地壳升降、褶皱和断裂作用,原有岩石和矿物所处的物理化学条件发生了很大的变化,形成新的矿物,由于这种作用的范围具有区域性,故称区域变质作用。

6. 风化作用

风化作用包括物理风化、化学风化和生物风化三种。在风化作用下,易溶解矿物的部分元素如 K、Na、Ca 等会形成真溶液,被地表水带走。部分元素如 Si、Al、Fe、Mn 等则残留地表,生成氧化物、氢氧化物矿物,如褐铁矿、硬锰矿、高岭石等。风化作用形成的矿物多呈多孔状、蜂窝状、钟乳状、土状等。如黄铜矿风化生成孔雀石,其化学式如下所示:

$$CuFeS_2 + O_2 \rightarrow CuSO_4 + FeSO_r \quad (黄铜矿分解成硫酸铜和硫酸亚铁)$$

$$CuSO_4 + CO_2 + H_2O \rightarrow Cu_2[CO_3](OH_2) + H_2SO_4 \quad (硫酸铜风化形成孔雀石)$$

7. 沉积作用

沉积作用按沉积机理和方式的不同分为机械沉积、化学沉积、胶体沉积和生物沉积。机械沉积主要是物理和化学性质相对稳定的矿物或碎屑的搬运和沉积。化学沉积是由于氧化还原条件的变化,离子由溶液中直接结晶出矿物,如方解石等。胶体沉积是风化作用产生的胶体溶液被带入湖、海盆内,受到电介质的作用发生凝聚而沉淀,形成氧化物和氢氧化物矿物,如赤铁矿、铝土矿等。生物沉积则是生物有机体作用的结果,常由生物的骨骼和遗骸堆积而成,如硅藻土、煤、油页岩和石油等。

2.1.2　矿物的鉴定方法

鉴定识别矿物、了解矿物的结构和成分,对于岩石物性的深入研究是必要的,也是基础性的。一般有标本外表特征分析、显微镜下光学特征分析和较复杂的仪器分析等方法,常用的矿物分析方法如下所示。

(1)外表特征分析,包括光泽、颜色、条痕、硬度、形态、解理、断口、比重等。

(2)在显微镜下分析矿物成分和结构构造等特征。

(3)利用扫描和透射电子显微镜进行矿物表面特征及结构分析。

(4)利用 X 射线衍射进行物相分析、结构分析,利用 X 射线荧光光谱进行成分分析。

(5)利用热分析(热重和差热分析)进行矿物热变化过程中的特征分析。

(6)化学成分分析,分析矿物各种元素的氧化物含量。

(7)利用原子吸收光谱分析矿物中的元素成分。

(8)利用红外光谱和拉曼光谱分析矿物晶体的结构和成分。

(9)利用核磁共振法分析矿物的微观结构和元素成分。

(10)利用穆斯堡尔谱分析矿物中铁的价态和占位特征。

(11)通过矿物包裹体分析,研究矿物的成因。

(12)通过稳定同位素分析,研究矿物的形成年龄等。

2.1.3　矿物的分类

为了系统、全面地研究矿物,从矿物的本质及各种矿物的相互关系中寻找系统规律,就必须对矿物进行科学分类。按矿物的化学成分和晶体结构特征,将矿物分为大类(按化合物类型和化学键特征划分)、类(亚类)(类按阴离子或络阴离子种类划分,亚类按络阴离子结构划分)、族(亚族)(族按晶体结构类型和阳离子性质划分,亚族按阳离子种类划分)、种(亚种、变种)(种按一定的晶体结构和一定的化学成分划分;亚种按完全类质同象中所含端元组分的比例划分;变种按晶体结构相同,成分或物性稍异划分)。其中硅酸盐类矿物在岩石中占有重要地位,也是最常见的造岩矿物。

1. 大类

第一大类:自然元素矿物,如自然金、银、铂、铋、硫、金刚石、石墨等。

第二大类:硫化物及其类似化合物,如黄铁矿、闪锌矿、方铅矿、黄铜矿等。

第三大类:氧化物和氢氧化物,如赤铁矿、刚玉、石英、水镁石、针铁矿等。

第四大类:含氧盐,如橄榄石、长石、辉石、角闪石、方解石、高岭石等。

第五大类:卤素化合物,如钾盐、石盐、萤石、光卤石等。

2. 类(亚类)

每个大类又分为类和亚类。如第四大类含氧盐又分为八类:第一类:硅酸盐;第二类:碳酸盐;第三类:硫酸盐;第四类:铬酸盐;第五类:钨酸盐;第六类:磷酸盐和砷酸盐;第七类:硝酸盐;第八类:硼酸盐。其中自然界最常见是硅酸盐类、碳酸盐类和硫酸盐类。

硅酸盐类又分为以下五个亚类。

第一亚类:岛状结构硅酸盐,如锆石、石榴子石、橄榄石等。

第二亚类:环状结构硅酸盐,如电气石、绿柱石、堇青石等。

第三亚类:链状结构硅酸盐,如辉石、角闪石、矽线石等。

第四亚类:层状结构硅酸盐,如云母、高岭石、滑石等。

第五亚类:架状结构硅酸盐,如长石、霞石、沸石等。

3. 族(亚族)

每个类和亚类又分为族和亚族。如硅酸盐类中的石榴石族、辉石族、角闪石族、云母族、长石族、沸石族等;氧化物类中的刚玉族和石英族等;硫化物类中的黄铜矿族和黄铁矿族等;碳酸盐类中的方解石族和文石族等;卤化物类中的萤石族和石盐族等。

至于亚族,如辉石族中的斜方辉石亚族,云母族中的白云母亚族,长石族中的钾长石亚族和斜长石亚族等。

4. 种(亚种)

族和亚族又分为种和亚种。如石英族中的 α -石英、β -石英、柯石英、方石英、鳞石英等;长石族中的透长石、正长石、微斜长石、斜长石等;辉石族中的顽火辉石、紫苏辉石、透辉石、普通辉石和硬玉等;角闪石族中的直闪石、透闪石、阳起石、普通角闪石等。其中,斜长石又分为六个亚种,即钠长石、奥长石、中长石、拉长石、培长石、钙长石。

2.1.4　自然界常见造岩矿物

地球上已知的矿物有 3 300 多种,在岩石中常见的只有 20 多种,如长石、石英、辉石、角闪石、云母、橄榄石、方解石、磁铁矿和黏土矿物等,它们是构成岩石的基本单位。不同的矿物组合和结构构成不同的岩石,岩石中矿物的物性和组合方式影响着岩石的各种物性。下面简述一些最常见的造岩矿物和金属矿物。

1. 石英（SiO_2）

α -石英是地壳中分布最广泛的矿物之一,三方晶系,通常呈六方柱形和菱形体的聚形,玻璃光泽,断口油脂光泽,无解理,贝状断口,硬度 7,比重 2.65,具压电性和焦电性。其成因多种多样,在三大岩中都有分布,是一种典型的造岩矿物。

无色透明者为水晶,具有颜色的水晶有:紫水晶(含 Mn),蔷薇水晶(含 Ti、Mn),烟水晶,黑水晶(含有机质)。隐晶质石英根据构造可分为纤维状和块状两类,纤维状者有玉髓、玛瑙,块状者有碧玉、燧石等。

2. 长石

长石是地壳里分布最广的硅酸盐矿物,同时也是典型的造岩矿物,长石族各种矿物的主要特征在于它们都具有较完全解理,晶体上的平直断口明显地表现在两个方向。在地表条件下,长石易被风化,形成一些次生矿物,如高岭石。

1)正长石(K[$AlSi_3O_8$])

正长石属单斜晶系,晶体常呈短柱状或板状,常为肉红色、褐黄或浅黄色,玻璃光泽,两组

解理交角为 $90°$，硬度 $6\sim6.5$，比重 2.57。正长石为酸性岩、中性岩以及碱性岩的主要造岩矿物之一，在某些变质岩中也是主要造岩矿物之一。受到风化作用后，常变化为高岭石和绢云母等。

2）斜长石（$(Na_{1-x}Ca_x)[(Al_{1+x}Si_{3-x})O_8]$，$x=0\sim1$）

斜长石可以看作是由端元矿物钠长石和钙长石组成的类质同象系列矿物的总称，三斜晶系，绝大多数的斜长石都具有双晶，一般为白色、无色或灰色，玻璃光泽，硬度 $6\sim6.5$，比重 $2.6\sim2.76$。斜长石为岩浆岩和变质岩中的主要造岩矿物，也是岩石分类命名的重要依据。斜长石成分的变化，往往能有规律地反映出岩石在形成过程中物质成分的演变特点。

3. 云母（$X\{Y_{2\sim3}[Z_4O_{10}](OH)_2\}$）（X、Y、Z 代表阳离子）

云母为层状结构硅酸盐矿物，单斜晶系，硬度 $2\sim3$，比重 $2.8\sim3.4$，一组极完全解理。云母常为片状，沿解理易剥离，种类很多，化学成分比较复杂，并且常常变化不定，通常含有多种杂质而表现出不同的颜色。浅色云母：钾云母、钠云母、锂云母、白云母（分布较多）。深色云母：铁镁云母，主要代表为黑云母（成分复杂）。在自然界，云母的分布极为广泛，在岩浆作用、沉积作用和变质作用条件下均能形成。

4. 高岭石（$Al_4[Si_4O_{10}](OH)_8$）

层状结构硅酸盐矿物，致密块状，呈白色，含杂质时表现为黄、灰或其他假色。无光泽或土状光泽，硬度 $2.0\sim3.5$，比重 $2.60\sim2.63$，干燥时有吸水性，潮湿后有可塑性，但不膨胀。高岭石矿物的分布很广，主要是富含铝硅酸盐的火成岩和变质岩在酸性介质环境中经受风化作用或低温热液交代作用的产物。

5. 蒙脱石（$Na_x(H_2O)_4\{Al_2[Al_xSi_{4-x}O_{10}](OH)_2\}$）

又称微晶高岭石，白色，有时为浅灰、粉红、浅绿色，硬度 $2\sim2.5$，比重 $2\sim2.7$，遇水膨胀，体积能增加几倍，并变成糊状物，具有很强的吸附力和阳离子交换能力，是膨润土的主要矿物成分。蒙脱石主要是基性火成岩在碱性环境中风化形成的，也有的是海底沉积的火山灰分解后的产物。

6. 普通角闪石（$Ca_2(Mg,Fe,Al)_5[(Al_2Si)_4O_{11}](OH)_2$）

双链结构硅酸盐矿物，单斜晶系，一般为柱状，颜色从深绿色到黑绿色，条痕无色或白色，玻璃光泽，硬度 $5\sim6$，比重 $3.1\sim3.3$。其成因与岩浆作用密切相关，是各种中、酸性侵入岩的主要组成矿物。在区域变质作用产物中，是角闪岩、角闪片岩、角闪片麻岩的主要组成部分。

7. 普通辉石（$Ca(Mg,Fe,Al)[(Al_2Si)O_3]_2$）

单链结构硅酸盐矿物，单斜晶系，一般为短柱状，颜色为灰褐、褐、绿黑色，硬度 $5.5\sim6$，比重 $3.23\sim3.52$，两组解理夹角为 $87°$。常见于各种基性喷出岩及凝灰岩中。普通辉石是基性、超基性侵入岩的主要造岩矿物，在变质岩和接触交代岩石中也常见到。

8. 橄榄石（$(Mg,Fe)_2(AlSi_4)_3$）

岛状结构硅酸盐矿物，斜方晶系，一般为粒状，通常为橄榄绿色，玻璃光泽，解理不完全，常见贝壳状断口，硬度 $6.5\sim7$，比重 $3.27\sim4.37$。橄榄石主要为岩浆成因。在辉石岩、辉绿岩、辉长岩及玄武岩等基性岩中，与普通辉石、斜长石、磁铁矿等共生。橄榄石也是构成陨石的主要矿物。

9. 石榴子石（$Ca_3Fe_2(SiO_4)$）

岛状结构硅酸盐矿物,等轴晶系,一般为粒状,颜色各种各样,玻璃光泽,断口油脂光泽,硬度 5.6~7.5,比重 3.5~4.2。石榴子石在自然界广泛分布于各种地质作用中,并且在不同的地质作用中,其主要成分的变化使之形成不同种类的石榴子石。钙铁石榴石系列主要产于矽卡岩、热液作用和碱性岩中;铁铝石榴石系列主要产于岩浆岩、区域变质岩、伟晶岩和火山岩中。

10. 方解石（$CaCO_3$）

碳酸盐矿物,三方晶系,无色透明,一般为白色,玻璃光泽,硬度 3,性脆,解理完全,比重 2.6~2.9,遇稀盐酸剧烈发泡,是分布最广的矿物之一,具有各种不同的成因。沉积成因:海水中溶解的碳酸氢钙,由于 CO_2 的大量散去,而沉积形成了石灰岩。当海水不稳定时可沉积成鲕状灰岩,其中含有大量生物化石。碳酸钙溶液在裂隙中可形成巨大的钟乳石。热液成因:方解石可成各种金属矿物的脉石矿物,常见于中、低温热液矿床,有时充填在喷出岩的气孔或裂隙中。热变质成因:石灰岩中的细粒方解石经热变质再结晶可形成粗粒方解石,而成为大理岩。

11. 白云石（$CaMg(CO_3)_2$）

碳酸盐矿物,三方晶系,晶体常呈菱面体,菱面体解理发育。多为白色,含铁者为灰色-暗褐色。硬度 3.5~4,比重 2.58。折射率大,折射率随着成分中 Fe、Mn 含量的增加而增大。白云石是自然界中广泛分布的一种矿物,主要有沉积和热液两种成因。它是组成白云岩、白云质灰岩的主要矿物。

12. 蛇纹石（$Mg_6[Si_4O_{10}](OH)_8$）

层状结构硅酸盐矿物,呈各种色调的绿色(如深绿、黑绿、黄绿等),常具有蛇皮状青、绿色的斑纹。硬度 2~3.5,比重 2.2~3.6,呈叶片状或鳞片状,通常为致密块状。由于蛇纹石结构层的弯卷,使其形态呈波纹状或纤维状。蛇纹石的生成与热液交代有关,富含 Mg 的岩石如超基性岩(橄榄岩、辉石岩)或白云岩经热液交代作用可形成蛇纹石。在矽卡岩化作用的后期往往有蛇纹石生成。

13. 绿泥石（$X_mY_4O_{10}(OH)_8$　（X＝Li,Al,Fe,Mg,Mn,Cr;Y＝Al,Si））

层状结构硅酸盐矿物,单斜晶系,常呈鳞片状集合体,颜色随成分而变,富含 Mg 为浅蓝绿色,Fe 含量增加颜色会加深,颜色由深绿到黑绿色,含 Mn 为橘红色到浅褐色,含 Cr 为浅玫瑰色。硬度 2~2.5,比重 2.68~3.4。该矿物分布很广,其生成与低温热液作用、变质作用和沉积作用有关。富含镁的绿泥石(常见)产于区域低级变质岩和低温热液蚀变围岩中,而富铁的绿泥石主要产于沉积铁矿中,与菱铁矿、黄铁矿、赤铁矿等共生。

14. 石膏（$Ca[SO_4]\cdot2H_2O$）

硫酸盐矿物,单斜晶系,通常为白色或无色,硬度 1.5~2,比重 2.3,具有一组极完全解理。主要是化学沉积作用的产物,常形成巨大的矿层或透镜体存在于石灰岩、红色页岩和砂岩、泥灰岩及黏土岩层之间,与硬石膏、石盐等共生。石膏可由内海或湖盆经蒸发作用沉淀而成,也可由硬石膏水化而成。另外,硫化物氧化、干旱地区岩石风化也可产生石膏。

15. 石盐（$NaCl$）

等轴晶系,常见晶形为立方体,其次为八面体与立方体的聚形,无色透明者少见,因富含杂质而呈各种颜色,玻璃光泽,硬度 2~2.5,比重 2.1~2.2。易溶于水,有咸味,主要产于气候干旱的内陆盆地盐湖或被砂坝所隔绝蒸发大于补给的潟湖和海湾中。

16. 磁铁矿($Fe^{2+}Fe_2^{+3}O_4$)

铁的氧化物矿物,等轴晶系,铁黑色,条痕为黑色,半金属至金属光泽,不透明,无解理,硬度 5.5~6.5,比重 4.9~5.2,具有强磁性,将矿物加热到 578 ℃时,其铁磁性消失,变为顺磁性。磁铁矿主要生成于还原环境,其中岩浆型常见于岩浆岩中的副矿物;接触交代型产于石灰岩与花岗岩、正长岩的接触带;区域变质型产于前震旦系的变质岩中,往往形成大型铁矿床;沉积热液改造型磁铁矿也常形成铁矿床。

17. 黄铁矿(FeS_2)

比较常见的硫化物矿物,等轴晶系,晶面具有相互垂直的条纹,强金属光泽,颜色为浅黄铜色,条痕为绿黑或褐黑,硬度 6~6.5,比重 4.9~5.2。黄铁矿是地壳中分布最广的硫化物,可见于各种岩石和矿石中。在岩浆岩中,黄铁矿呈细小浸染状,是岩浆岩后期热液活动的结果。在各类接触交代矿床中,黄铁矿常与其他硫化物共生,形成于后期热液阶段。在热液矿床中,黄铁矿与各种硫化物、氧化物、自然元素矿物共生,可形成具有工业意义的矿床。在沉积岩中,黄铁矿呈团状、结核状或透镜体。在变质岩中,黄铁矿往往是变质作用产生的新矿物。

18. 黄铜矿($CuFeS_2$)

硫化物矿物,四方晶系,黄铜色,条痕为黑绿色,金属光泽,不透明,硬度 3~4,比重 4.1~4.3,性脆。黄铜矿分布范围广,可在各种条件下形成。主要有:岩浆岩型,常见于基性、超基性岩有关的铜镍硫化物或钒钛磁铁矿矿床中;接触交代型,经常充填交代石榴子石或透辉石等矿物,与磁铁矿、黄铁矿等共生;热液型,尤以中温热液型常见。另外,黄铜矿在地表风化条件下遇到石灰岩会形成孔雀石和蓝铜矿。

19. 磁黄铁矿($Fe_{1-x}S$)

铁的硫化物矿物,高温为六方晶系,低温为单斜晶系,暗青铜黄色,条痕为亮灰黑色,金属光泽,不透明,硬度 3.5~4.5,比重 4.6~4.7,性脆,具有弱磁性至强磁性。广泛产于内生矿床,也偶见于沉积岩中。磁黄铁矿在与基性、超基性岩体有关的硫化物矿床中为主要矿物。在接触变质矿床中,为矽卡岩晚阶段产物,形成矽卡岩矿物组合。磁黄铁矿还经常出现在一系列的热液矿床中,与黑钨矿、辉铋矿、毒砂、方铅矿等共生。此外,还偶见于沉积岩中,与菱铁矿伴生。

20. 方铅矿(PbS)

铅的硫化物矿物,等轴晶系,铅灰色,条痕为黑色,强金属光泽,三组解理,解理面相互垂直,具弱导电性和良检波性,硬度 2~3,比重 7.4~7.6。主要为岩浆期后作用的产物,常产于接触交代矿床和中、低温热液矿床中,与黄铜矿、黄铁矿、闪锌矿等共生。方铅矿在氧化带不稳定,易转变为铅钒、白铅矿等次生矿物。

21. 赤铁矿(Fe_2O_3)

铁的氧化物矿物,三方晶系,钢灰色至铁黑色,条痕为樱桃红或红棕色,金属-半金属光泽,无解理,硬度 5~6,比重 5.0~5.3。形成于氧化环境,广泛产于各种成因的矿床和岩石中,是重要的铁矿石矿物。规模大的赤铁矿矿床多与热液作用和沉积作用有关。赤铁矿还可形成沉积变质型铁矿,主要由磁铁矿、赤铁矿石英和绿泥石等组成。

22. 褐铁矿（FeOOH）

铁的氢氧化物矿物,一般为针铁矿、水针铁矿、纤铁矿的混合物,颜色为黄色、褐色、褐黑到红褐色,条痕为黄褐或棕色,硬度 $1 \sim 4$,比重 $3.3 \sim 4.0$ 。常呈致密块状或胶态（肾状、钟乳状、葡萄状、结核状、鲕状）,为表生作用产物,主要类型有风化型及沉积型。

23. 闪锌矿（ZnS）

硫化物矿物,等轴晶系,颜色变化大,由无色到浅黄、棕色至黑色,随成分中 Fe 含量的增加而变深,不导电,硬度 $3.5 \sim 4$,比重 $3.9 \sim 4.2$ 。常与方铅矿密切共生,主要产于接触交代矽卡岩矿床及中、低温热液矿床中。

24. 重晶石（BaSO₄）

硫酸盐矿物,斜方晶系,通常为板状、粒状,颜色一般为白色、灰白、浅黄、淡褐色,条痕呈白色,玻璃光泽,三组中等至完全解理,解理面呈珍珠光泽。硬度 $3 \sim 3.5$,比重 $4.3 \sim 4.5$ 。主要产于低温热液矿脉中,如石英-重晶石脉、萤石-重晶石脉等,常与方铅矿、闪锌矿、黄铜矿、辰砂等共生。重晶石亦可产于沉积岩中,呈结核状,多产于沉积锰矿床和浅海泥质、砂质沉积岩中。

25. 石墨（C）

六方晶系,层状结构,层内具有共价键-金属键,层间为分子键。铁黑至刚灰色,条痕为光亮黑色,金属光泽,不透明,解理极完全,硬度 $1 \sim 2$ 。性软,有滑腻感,易污染手指。比重 $2.09 \sim 2.22$,具良好的导电性。石墨形成于高温条件,分布最广的是石墨的变质矿床。石墨在工业中用途很广,如石墨坩埚、石墨润滑剂,另外还常用作原子工业的减速剂等。

一些常见矿物标本见图 2-3。

图 2-3　一些常见矿物标本

2.2　岩石学基础

　　岩石是地球发展到一定阶段时,经各种地质作用形成的自然产物,是构成上地幔和地壳的基本物质。地质作用的不同可形成不同种类的岩石,因此岩石承载着地球演化的历史,最早的岩石形成于距今 40 多亿年前。岩石是地质学和地球物理学研究的主要对象,也是人类赖以生存的物质基础。

图 2-4　岩石在显微镜下的
矿物特征(变质岩)
(主要包括石英、长石、
云母和岩石碎屑等。)

　　岩石是由一种或多种造岩矿物按一定方式结合而成的天然集合体,如图 2-4 所示。不同的岩石,具有不同的内部特征,包括矿物成分、化学成分、结构构造和各种孔隙等。岩石的种类繁多,按其成因可大体分为三大类:岩浆岩、沉积岩和变质岩,如图 2-5 和图 2-6 所示。岩石学是水文地质学、工程地质学、构造地质学、矿床学、地球物理学等地球科学的基础。

　　各种岩石除具有各自的岩石学特征外,还具有自己特定的物性(例如密度、孔隙度、渗透率、强度、弹性、磁性、电性和波速等)。其物理性质,又是组成岩石的矿物性质及其结构的综合反映。

图 2-5　花岗岩(岩浆岩手标本)
(其中黑色为云母,白色为长石,灰
色为石英。)

图 2-6　红色砂岩(沉积岩剖面)
(厚层状沉积砂岩,具有明显的沉积层理,节理
发育。)

2.2.1　岩石成因及成岩旋回

　　岩石的成因不外乎三种基本成因和与之对应的三大类岩石(除陨石外),即岩浆成因与岩浆岩、沉积成因与沉积岩、变质成因与变质岩。在漫长的地质时期中,这三类岩石之间具有旋回性,在地球上没有永远不变的岩石,在一定的条件下它们之间可以相互转化,如图 2-7 所示。

1.岩浆成因

　　地壳深部熔化的物质(熔融岩浆)运移到地壳中或喷出地表时,会发生冷凝结晶和固化,在此过程中矿物依次从高温到低温结晶析出,形成岩浆岩。岩浆岩占地壳总体积的 65% 以上,氧化物含量占岩浆岩的 98% 以上,其中 SiO_2 含量最高。目前,已发现的岩浆岩有 700 多种。

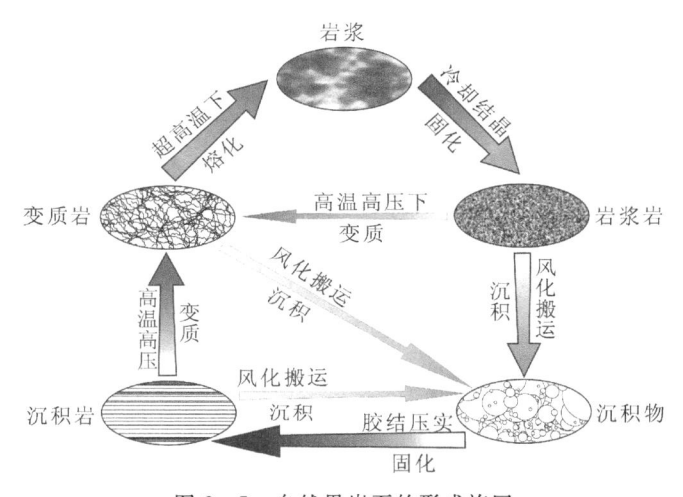

图 2-7　自然界岩石的形成旋回

2. 沉积成因

地表岩石(包括已有的岩浆岩、变质岩和沉积岩)风化的产物,经过风、流水等的搬运,在某些低洼地方沉积下来,再经过胶结压实固化的过程,最终形成沉积岩。沉积岩占地壳体积的5%左右,但分布面积大,占大陆面积的75%,洋壳的几乎全部。

3. 变质成因

变质是在高温高压环境下,先前已经存在的岩石(包括岩浆岩、沉积岩、变质岩)发生各种物理和化学变化,使其中的矿物发生重结晶或交代作用,进而形成新的矿物组合或新的结构构造的过程,或由构造作用使原岩发生破碎和细粒化的过程,由此而形成的岩石为变质岩。变质岩占地壳体积的30%左右,但露出面积较小,多与岩浆岩合在一起,约占大陆面积的25%。

2.2.2　岩浆岩

岩浆岩是组成地壳的主要岩石,分为侵入岩和喷出岩两种。侵入在地壳一定深度上的岩浆经缓慢冷却而形成的岩石称为侵入岩,喷出或者溢流到地表经过冷凝而形成的岩石称为喷出岩。由于形成环境的不同,即使是同种岩浆形成的岩石,其结构构造特征也有着较大的差异。岩浆岩的化学成分主要有氧、硅、铝、钙、钠、钾、镁、钛、铁等 9 种元素,氧化物含量占岩浆岩的 99% 左右,SiO_2 是其中最重要的一种氧化物,在不同的岩浆岩中含量不同。按 SiO_2 含量多少可把岩浆岩分为三大类:

酸性岩(SiO_2 含量大于 65%),如花岗岩(侵入岩)、流纹岩(喷出岩)等;

中性岩(SiO_2 含量在 52%～65%),如闪长岩(侵入岩)、安山岩(喷出岩)等;

基性岩(SiO_2 含量在 45%～52%),如辉长岩(侵入岩)、玄武岩(喷出岩)等。

在这三类岩浆岩中,六种典型代表岩石的相互关系、矿物组合、形成时的相对温度、矿物的结晶顺序等都有一定规律性,如表 2-1 所示。从此表可以看出,岩浆岩在高温下偏向基性岩,低温下偏向酸性岩;酸性岩的矿物主要有斜长石、角闪石、石英、钾长石和云母,没有橄榄石和辉石;高温基性岩主要由橄榄石、辉石、斜长石和角闪石组成,没有云母、石英和钾长石;中性岩主要由斜长石、辉石、角闪石、黑云母、石英和钾长石组成,没有白云母;对于类质同象矿物而言,高温偏向含镁端元,低温偏向含铁端元;喷出岩一般为细粒,侵入岩一般为粗粒。

表 2 - 1　岩浆岩的矿物组成和结晶温度及结晶次序表

结晶温度	类型	八种主要矿物组合								喷出岩（细粒）	侵入岩（粗粒）
高温	基性	斜长石	偏Mg ↑ 橄榄石 ↓ 偏Fe	偏Mg ↑ 辉石 ↓ 偏Fe	偏Mg ↑ 角闪石 ↓ 偏Fe	黑云母	石英	钾长石	白云母	玄武岩	辉长岩
中温	中性									安山岩	闪长岩
低温	酸性									流纹岩	花岗岩

2.2.2.1　岩浆岩的主要特征

　　岩浆岩是熔融状态的岩浆在不同地质条件下冷凝结晶固结而成的岩石,由于经过这样的物理化学过程,各种岩浆岩就必然具有其特殊的产出特征。矿物的组合关系与岩浆成分和生成环境有关,如不同成分的岩浆形成不同的岩浆岩;岩浆快速冷却与缓慢冷却,会使矿物的结晶程度和颗粒大小不同;岩浆中的所有矿物不是同时生成,而具有先后顺序的,表现为各矿物的自形程度不同等。

1.岩浆岩的物质成分

　　指岩浆岩的矿物成分和化学成分,可以反映岩浆岩最本质的特征。岩浆岩的分类和识别主要依据矿物成分,其矿物成分也能反映出岩石的形成条件和成因特征。

　　矿物成分:主要包括 20 余种造岩矿物,如长石类、石英类、云母类、辉石类、角闪石类、橄榄石类等。按照含量多少,分为主要矿物、次要矿物和副矿物;按颜色差别,分为暗色矿物和浅色矿物;按岩浆岩形成先后的关系,分为原生矿物和次生矿物。

　　主要矿物:占 10%～20%,对岩石分类和命名起决定性作用,如花岗岩的主要矿物为石英、长石和黑云母。

　　次要矿物:占 1%～10%,对划分大类不起作用,对命名有一定作用,如角闪花岗岩。

　　副矿物:占 1%～3%,对分类和一般命名不起作用,但可以用特征副矿物加以特别命名,如磷灰石型花岗岩。

暗色矿物:含铁镁较多的矿物,如辉石、角闪石、黑云母、电气石、铁铝石榴石等。

浅色矿物:含硅铝较多的矿物,如长石、石英、白云母、硅灰石、高岭石、沸石等。

原生矿物:岩浆成岩期所形成的矿物,如长石、辉石、角闪石、橄榄石、石英等。

次生矿物:岩浆成岩后期形成的新矿物,如高岭石、蒙脱石、赤铁矿、褐铁矿等。

化学成分:指岩石中各种氧化物含量,如 SiO_2、Al_2O_3、CaO、K_2O、Na_2O 等的含量。

2. 造岩矿物的结晶顺序

造岩矿物从高温到低温,深色和浅色矿物均按一定的结晶顺序析出,如表 2-2 所示。

表 2-2　造岩矿物的结晶顺序

深色矿物系列	浅色矿物系列	岩石类型
橄榄石 辉石 角闪石 ↓黑云母	基性斜长石(钙长石、培长石、拉长石) 中性长石 酸性斜长石(更长石、钠长石) ↓	超基性岩 基性岩 中性岩 酸性岩 ↓
	钾长石 白云母 ↓ 石　英	

3. 岩浆岩的产状和结构构造

岩石学采用产状、结构和构造来描述岩石,这些术语可以反映岩石宏观和微观方面的基本特征。

1)产状

描述岩浆岩岩体的形态、大小和与围岩的关系,常见产状有以下几种。

岩基:侵入岩体规模最大,面积常大于 100 平方千米,平面上常为长圆形。

岩株:剖面似树干状延伸,平面上呈圆形或不规则状,一般小于 100 平方千米。

岩盖:形状似馒头,顶部拱起,中央厚边缘薄,多沿层理或片理侵入。

岩盆:似盆状,底部均向中心倾斜,规模不大,多沿层理或片理侵入。

岩床:呈层状,似床板,厚度较稳定,从几厘米到几百米不等,与围岩的层理或片理平行。

岩墙或岩脉:呈脉状,充填在岩石裂隙中,厚度由几厘米到数十米,长度由数十米到数千米。

中心喷发型岩浆岩的主要产状特征:岩浆沿一定的管道喷出地表,并伴随喷出大量气体和大量碎屑物质,如火山弹、火山豆、火山灰等,堆积成火山锥。喷出的岩浆形成熔岩流,呈长条状的称为舌状岩流,呈穹隆状的称为岩钟,呈针状的则称为岩针或熔岩瀑布。

裂隙喷发型岩浆岩的主要产状特征:岩浆沿一定方向的裂隙流出地表,一般没有强烈的喷发现象,大块碎屑物质很少,常形成大面积熔岩被。

2)结构

结构指岩石所含矿物的结晶程度、颗粒大小和矿物间结合关系等。

(1)依据结晶程度划分。

全晶质结构:全由结晶质矿物组成,如花岗岩。

玻璃质结构:全由玻璃质物质组成,如黑曜岩。

半晶质结构：由结晶质和玻璃质组成，如安山岩。

（2）依据肉眼对矿物晶体的分辨程度划分。

显晶质结构：眼睛可区分的粗粒、中粒、细粒结构，如花岗岩等。

隐晶质结构：肉眼无法分辨结构特性，矿物颗粒很细，多见于喷出岩中。

（3）依据矿物颗粒的相对大小划分。

等粒结构：矿物颗粒大小基本一致，如橄榄岩。

斑状结构：岩石中的矿物颗粒分为大小截然不同的两群，大的叫斑晶，细小的为基质，基质多为隐晶质或玻璃质，多见于浅成和喷出岩中。如果基质为显晶质，称为似斑状结构，一般为浅成岩和深成岩的特征。

（4）依矿物晶体相互结合关系划分。

花岗结构：暗色矿物（如黑云母）比浅色矿物（如石英、长石）的自形程度好，在浅色矿物中，斜长石较钾长石自形程度高，石英一般为它形。

辉长结构：暗色矿物（如辉石）和浅色矿物（如斜长石）自形程度相近，均为半自形，如辉长岩。

辉绿结构：暗色矿物（如辉石）比浅色矿物（如斜长石）自形程度差，暗色矿物充填于浅色矿物间隙内，如辉绿岩。

文象结构（伟晶结构）：石英和钾长石同时结晶，石英嵌生于钾长石之内，似古代象形文字。

3）构造

构造指岩石各组成部分的排列方式和充填方式，可反映岩石外貌的明显特征。

块状构造：岩石中矿物的排列没有秩序和方向，比较均匀。

流纹构造：岩石中矿物呈定向排列，是流纹岩的主要特征。

气孔构造：岩石中有许多椭圆形或浑圆形气孔。

杏仁构造：岩石气孔被后期矿物（如方解石、蛋白石等）充填。

2.2.2.2 岩浆岩的代表岩石

1. 花岗岩

酸性岩浆侵入岩，颜色多为浅灰、肉红色，具中粒、粗粒和典型花岗结构，块状构造。其矿物成分为：石英占30%左右，为粒状或浑圆状，具油脂光泽；钾长石占30%～60%，肉红色，玻璃光泽；斜长石约占10%～30%；黑云母约占5%左右。花岗岩是一种分布很广泛的岩石，各个地质时代都有产出，产状多为岩基、岩株、岩钟等。

2. 流纹岩

酸性岩浆喷出岩，颜色为灰红色、紫红色、紫色等，具有斑状结构和流纹构造。斑状结构中，斑晶由较小的石英和正长石组成，石英为灰色，粒状，油脂光泽；透长石为灰白色，透明，板状，玻璃光泽。基质为隐晶质或玻璃质，基质中常有不同色调的条带。流纹岩常与其他火山岩共生，产出于岛弧、活动陆缘和大陆板块内部活动带。

3. 辉长岩

基性岩浆侵入岩，颜色为深灰色、灰黑色，蚀变为绿色或暗灰绿色，主要矿物有辉石和斜长石，二者的含量近于相等，此外尚有角闪石、橄榄石等，具辉长和粗粒、中粒结构，一般为块状构造。辉长岩由深部地壳或上地幔的玄武质岩浆的侵入作用形成，广泛分布于地壳中和月球上。

4. 玄武岩

基性岩浆喷出岩,新鲜岩石常为深灰、黑色,风化后为灰绿、暗绿或褐色。具有隐晶质,斑状结构,并常有气孔、杏仁构造。斑状结构的斑晶由较小的辉石和斜长石组成,基质多为隐晶质。玄武岩是地球洋壳和月球月海的最主要组成物质,也是地球陆壳和月球月陆的重要组成物质。

5. 闪长岩

中性岩浆侵入岩,颜色为灰、灰绿色,中、粗粒结构,半自形粒状结构,发育条带状构造和块状构造。矿物以角闪石为主,次要矿物少见,斜长石在标本上常见聚片双晶纹,角闪石为黑色、黑绿色,长柱状。常呈小型岩体产出,如岩床、岩脉、岩柱等,或者与辉长岩、花岗岩等岩基伴生,形成不规则岩体。

6. 安山岩

中性岩浆喷出岩,颜色变化大,常为灰色、浅黄色、浅玫瑰色、红褐色、褐色、黑色等。一般都具有明显的斑状结构,斑晶常由斜长石组成(有时为角闪石),基质多呈玻璃质和隐晶质,构造以气孔、杏仁状常见。安山岩是造山带内分布最广的一种火山岩,因大量发育于美洲安第斯山脉而得名。

以上 6 种岩浆岩的标本样品如图 2-8 所示。

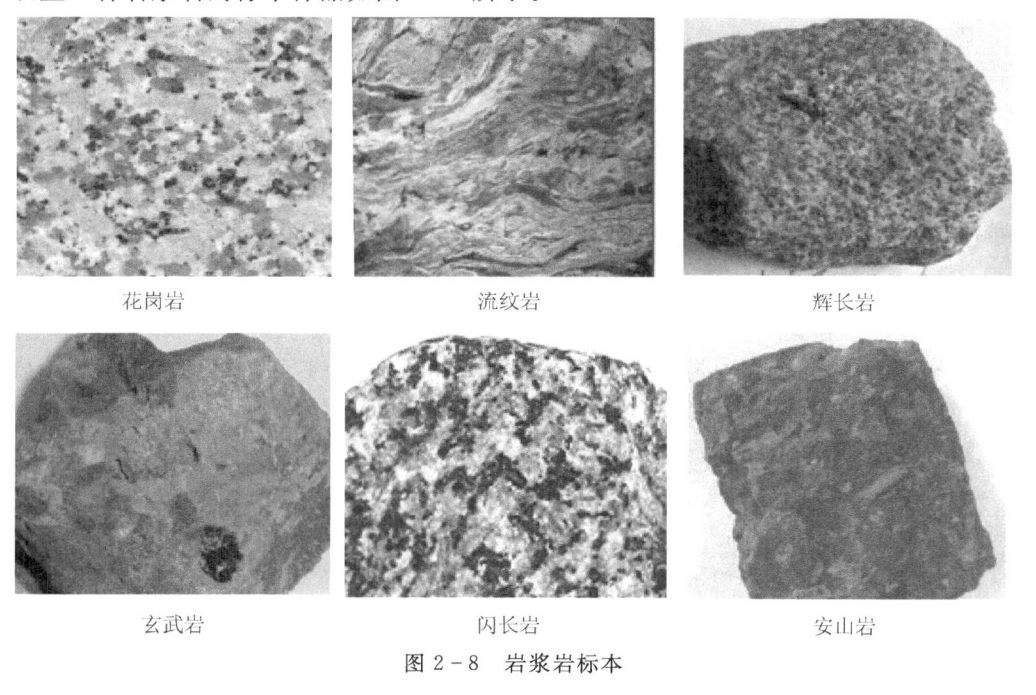

花岗岩　　　　　　　　流纹岩　　　　　　　　辉长岩

玄武岩　　　　　　　　闪长岩　　　　　　　　安山岩

图 2-8　岩浆岩标本

2.2.3　沉积岩

沉积岩是分布面积最广泛的岩石,占大陆面积的 75%,洋壳的几乎全部,但仅占地壳体积的 5%。除化学和生物化学沉积岩外,长石和石英为沉积岩的主要矿物成分。沉积岩是地壳发展演化记录的重要载体,通过对沉积岩的研究,可以查明地质历史时期地理变迁、构造运动以及沉积矿产的形成和分布规律等。

2.2.3.1　沉积岩的基本形成过程

沉积岩是在漫长的地质时期中,原岩经过风化-搬运-沉积-压实固结等成岩作用而逐渐形成的。风化是指经生物、化学、机械等作用,使原岩发生机械破碎或者化学分解。搬运是指风化产物通过风、水等流体进行搬运,进一步使岩石碎屑磨圆、变细,甚至溶解。沉积是指搬运中的碎屑颗粒在流体动力低的条件下进行沉积,溶液或胶体在一定条件下产生析出和沉淀,也包括未经搬运的生物遗骸堆积和风化残留物的堆积。成岩是指沉积物经过压实固化成为沉积岩,在此过程中沉积物主要产生脱水、胶结、孔隙度减少等变化。

1. 沉积物来源

(1)母岩风化形成的产物,原岩(包括岩浆岩、变质岩、沉积岩)经各种风化作用后形成的碎屑物、真溶液和胶体溶液,这些风化产物沉积后形成正常沉积岩。

(2)火山作用形成的产物,火山在空中爆发形成的产物,包括火山灰、火山弹、火山岩屑和火山玻璃等碎屑物质,这些产物沉积后形成火山沉积岩。

(3)生物作用形成的产物,主要为生物死亡遗骸等,这些产物沉积后形成生物沉积岩。

2. 沉积物的搬运和沉积

(1)碎屑物质的搬运和沉积,经过流体(主要为地表水和风)的搬运,在碎屑物质的重力大于流体的搬运力时,碎屑物质在低洼地带沉积下来,形成沉积物。

(2)化学物质的搬运和沉积,由于溶液化学性质变化,产生化学分异作用,使不同物质的析出先后次序不同,一般来说最难溶解的氧化物先析出,其次为:磷酸盐→硅酸盐→碳酸盐→硫酸盐→氯化物。胶体沉积主要是由于遇到不同电荷的电解质,电价中和而使胶体凝聚沉积。如带负电荷的 SiO_2 胶体与带正电荷的 Al_2O_3 的胶体相遇,聚沉形成高岭土凝胶。

3. 沉积物的成岩作用

母岩经过风化、搬运、沉积等作用以后,形成疏散的沉积物,再经过一定的地质作用,转变为固结、坚硬的沉积岩,此过程为沉积成岩作用。成岩作用使沉积物的密度、矿物成分、结构和构造等发生了改变,主要成岩作用有以下几种。

(1)压固作用:使沉积物体积减小,水分减少,孔隙度降低的过程。

(2)胶结作用:发生在粒间孔隙水中的物理化学和生物化学沉淀作用,作用的结果是在粒间孔隙中发生晶体沉淀生长,可产生硅质、钙质、铁质、泥质等胶结物。

(3)重结晶作用:使沉积物中的非晶质或细粒物质向晶质或粗粒结晶结构转变。

2.2.3.2　沉积岩的基本特征

1. 沉积岩的主要物质成分

主要矿物有:石英类、长石类、云母类、黏土矿物类、碳酸盐类以及硫酸盐、氯化物和铁、锰的氧化物等,沉积岩中的这些矿物可分为以下三类。

碎屑矿物:母岩机械破碎的产物,如石英、长石、云母等。

黏土矿物:为硅酸盐类矿物化学分解的产物,如高岭石、蒙脱石等。

化学沉积矿物:为溶液中沉积的矿物,包括真溶液和胶体溶液沉积矿物。

2. 沉积岩的构造

沉积岩的构造是指在沉积和成岩作用下,在岩石内部或表面形成的一种形迹特征,是沉积岩的重要特征,可反映沉积岩中各个组成部分的空间分布和排列方式,显示沉积岩的外貌特征,反映岩石沉积的过程。沉积岩的构造分为以下几种。

层理构造:沉积岩在物质成分、结构、颜色上沿垂直方向上的变化,显示成层现象,叫层理(层状)构造,如水平层理、斜层理、波状层理等。

层面构造:由于水动力条件、古气候等作用的影响,在沉积岩的层面上常具有波痕、干裂(泥裂)、重荷模、沟模等层面特征。

化学成因的构造:指在成岩作用过程中及其后由化学作用所形成的特殊构造,如结核、缝合线、溶洞和溶孔等。

生物成因的构造:与生物的活动和生态特征有关的构造,如生物礁、叠层构造、虫迹、虫孔等。

3. 沉积岩与岩浆岩的主要区别

岩浆岩比较致密,没有粒间孔隙,矿物颗粒接触紧密;除化学沉积岩外,碎屑沉积岩一般在岩屑或矿物颗粒之间有孔隙。经搬运沉积的沉积岩,其岩屑或矿物一般具有磨圆状,岩浆岩则没有。

另外,在沉积岩中往往有沉积层理构造,岩浆岩一般没有;沉积岩中一般容易含有生物化石,岩浆岩没有;沉积岩中一般有沉积韵律结构,岩浆岩没有;沉积岩一般有泥质、钙质或硅质等胶结物,岩浆岩中一般没有这些胶结物。

2.2.3.3　沉积岩分类

沉积岩主要有三大类:碎屑岩(正常碎屑岩和火山碎屑岩)、化学岩和生物化学岩、黏土岩。

1. 正常碎屑岩

正常碎屑岩由碎屑和胶结物两部分组成,其中碎屑为主要部分,含量在 50% 以上。主要类型如下。

砾岩类:碎屑颗粒直径>2 mm,含量在 50% 以上,经胶结而成的岩石。如角砾岩和砾岩等,见图 2-9。

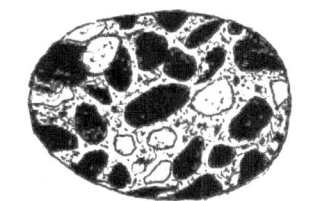

角砾岩　　　　　　　　　　　　　砾岩

图 2-9　砾岩类

砂岩类:碎屑颗粒直径在 0.01~2 mm,含量在 50% 以上,经胶结而成的岩石。根据粒径不同,又可细分为:

粉砂岩	细粒砂岩	中粒砂岩	粗粒砂岩
0.01~0.1 mm	0.1~0.25 mm	0.25~0.5 mm	0.5~2 mm

如石英砂岩、长石石英砂岩、长石砂岩、岩屑砂岩等。

2. 火山碎屑岩

火山喷发时,除溢出的熔岩流外,还会喷出大量碎屑物,这些碎屑物可直接降落堆积,并在空中或在水中经过一定距离的漂浮后沉积下来,再经过固结形成火山碎屑岩。火山碎屑物主要有火山弹、晶屑、玻璃屑等,见图 2－10。

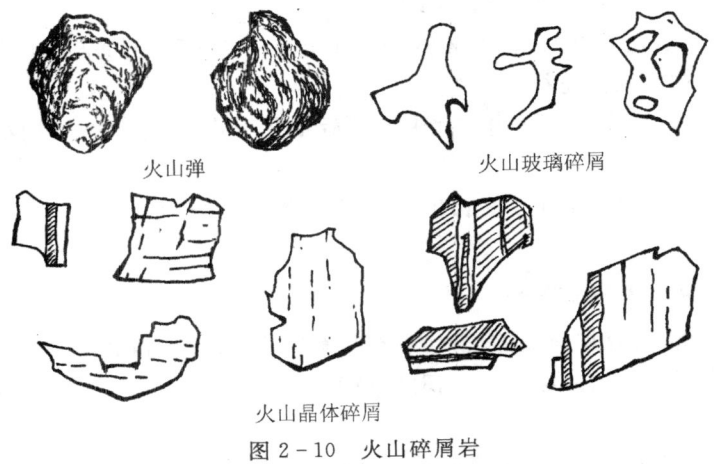

火山弹　　　　　　　　火山玻璃碎屑

火山晶体碎屑

图 2－10　火山碎屑岩

岩屑包括熔岩碎屑及少量围岩碎屑,形状各异,大小不一,包括火山弹(10 cm 至几米)、火山角砾(2～100 mm)、火山砂(2～0.1 mm)、火山灰(<0.1 mm)。

火山碎屑岩分选性很差,碎屑常为尖棱状,边缘锋锐。较粗粒的火山碎屑被较细粒的火山碎屑物充填和胶结,称为凝灰结构。

常见的火山碎屑岩有以下几种。

火山集块岩:火山碎屑占 90％以上,其中 50％以上由粒径>100 mm 的火山碎屑组成。火山碎屑物常为纺锤形,由椭球形火山弹以及熔岩碎块及围岩角砾就地堆积而成,胶结物多为火山灰和一些细小的火山碎屑物。

火山角砾岩:火山碎屑占 90％以上,由粒径在 100～20 mm 的火山碎屑物含量>50％的火山角砾所构成。

凝灰岩:由 90％以上,粒径<2 mm 的火山碎屑物组成,有岩屑、晶屑、玻屑,胶结物为极细小的火山灰,具特有的凝灰结构,见图 2－11。

熔岩凝灰岩:火山碎屑为主,占 50％～90％,基质为熔岩,胶结物也为熔岩。如熔岩集块岩、熔岩角砾岩、熔岩凝灰岩、集块熔岩、角砾熔岩、凝灰熔岩。

层凝灰岩类:火山碎屑物质降落在水中,经沉积作用形成的,主要成分是火山灰并具有层理的火山碎屑岩。

3. 化学岩及生物化学岩

化学岩及生物化学岩是母岩风化产物中的溶解物质(呈胶体或真溶液状态),被搬运到湖泊或海洋里,以化学或生物化学方式沉淀下来形成的岩石。常见的化学岩及生物化学岩有以下几种。

石灰岩:矿物成分为方解石,颜色多为深浅不同的灰色,为隐晶致密状,硬度不大,小刀可划动,遇稀 HCl 起泡,见图 2-11。

鲕状灰岩:一种以鲕粒为主要组分的石灰岩,鲕粒如同"鱼籽"散布在灰岩中。

竹叶状灰岩:石灰岩的一种,其特点为截面有砾石并呈竹叶状。

泥灰岩:一种碳酸盐与黏土混合的化学沉积岩,由黏土和碳酸盐微粒组成。

白云岩:一种沉积碳酸盐岩,白云石为主要成分,遇稀 HCl 微弱起泡。

硅藻土:一种生物成因硅质沉积岩,主要由古代硅藻的遗骸组成。

燧石岩:主要由玉髓、微粒石英和蛋白石组成的结构致密均匀的硅质岩。

碧玉岩:由细粒石英和玉髓组成,常含有色杂质,色美者可作为宝石。

4. 黏土岩

以黏土矿物为主要成分的沉积岩,属机械沉积和化学沉积的过渡类型,介于碎屑岩和化学岩之间,多数为胶体沉积而成。

黏土岩物质组成:黏土矿物(如高岭石、蒙脱石和伊利石等)、碎屑矿物(如石英、长石和云母等)、化学成因矿物(如赤铁矿、褐铁矿、方解石和蛋白石等)。

黏土:未经固结的极细沉积物,干燥时呈土状,易搓成粉末,吸水变软时具可塑性。

泥岩:固结程度高,遇水不变软,具不明显层理,见图 2-11。

页岩:固结程度高,具明显的纸状或页片状页理,见图 2-11。

几种常见沉积岩标本如图 2-11 所示。

图 2-11　沉积岩标本

2.2.4　变质岩

原有岩石(包括岩浆岩、沉积岩、变质岩)由于物理化学环境的变化,自身的矿物成分、结构和构造等发生一定的变化,所形成的岩石叫作变质岩。

变质岩的特征一方面受到原岩控制,有明显的继承性;另一方面又具有变质作用影响下的矿物组合和结构构造。变质程度较浅时,岩石的化学成分一般没有变化。变质程度较深时,变质岩的化学成分会有一定的改变。

1. 变质作用的主要影响因素

变质作用的影响因素主要有温度、压力、化学活动性流体等,简述如下。

1)温度

温度是岩石发生变质的最主要的因素,温度升高会使旧矿物分解和新矿物合成,如式(2-2)中高岭石的分解反应,和式(2-3)中方解石和石英的合成反应。

$$Al_2[Si_2O_5](OH)_4 \xrightarrow{\text{吸热}} Al_2SiO_5 + SiO_2 + H_2O \qquad (2-2)$$

　　　　高岭石　　　　　　　红柱石　石英　　水

$$CaCO_3 + SiO_2 \xrightarrow{470\,℃,1\text{大气压}} CaSiO_3 + CO_2 \uparrow \qquad (2-3)$$

　　方解石　石英　　　　　　　　　硅灰石

温度升高,可增大岩石中化学元素的活动性,加速化学反应的进行,引起元素的重新组合和重新排列,使岩石中产生新的变质矿物。也可促使岩石发生重结晶作用,使矿物晶粒由细粒变为粗粒。

2)压力

压力在变质作用中也具有重要的地位。一种是静压力,另一种是定向压力。静压力是地壳深处的岩石受上覆岩层的重力作用引起的。其作用的结果是,岩石体积缩小,生成体积小、比重大的矿物和岩石,见式(2-4)中的化学反应。

$$Mg_2[SiO_4] + Ca[Al_2Si_2O_8] \xrightarrow{\text{大压力}} CaMg_2[Al_2Si_3O_{12}] \qquad (2-4)$$

　　橄榄石　　　　　钙长石　　　　　　　　石榴子石
　　43.9　　　　　　101.1　　　　　　　　121(分子体积)

定向压力是具有方向性的压力,是伴随构造运动、岩浆侵入活动产生的压力。定向压力超过岩石的弹性限度时,岩石会发生变形和破碎等变化,使岩石形成碎裂状、板状、片理状等构造,同时也可促使矿物发生重结晶等作用。

3)化学活动性流体

化学活动性流体是在岩浆作用和岩浆作用后期产生的不同成分的水汽和热液,其中以 H_2O 的作用最大,其次是硅酸、硼酸、氢氟酸等。

2. 变质作用类型

接触变质作用:岩浆活动侵入围岩时,在高温岩浆产生的热量及所含溶液或气体的影响下,使接触带附近的围岩在成分、结构、构造上发生的一种变质作用,例如下面一些原(围)岩石及经接触变质作用后形成的变质岩。

石灰岩(原岩)——→大理岩(变质岩)　　⎫
泥灰岩(原岩)——→板岩(变质岩)　　　　⎬主要受热变质作用
硅质灰岩(原岩)——→ 石英大理岩(变质岩)⎭

花岗岩(原岩)⎫
碳酸盐(原岩)⎬→矽卡岩(变质岩)(接触交代作用)

气成热液变质作用:岩浆期后析出的热液和气体,对已经冷凝的岩石及围岩发生强烈的交代作用,也叫蚀变作用。蚀变作用会改变原岩的成分和结构构造,形成蚀变岩。

动力变质作用:由于地壳变动的影响,岩石在强烈的定向压力作用下发生变质的过程。动力变质作用下形成的岩石统称为动力变质岩,如构造角砾岩、碎裂岩、糜棱岩等。

区域变质作用:在温度、静压力、定向压力和化学活动性流体的综合影响下,引起大面积的岩石发生变质的作用。区域变质作用形成区域变质岩,如各种片麻岩、片岩等。

混合岩化作用:在区域变质作用过程中,来源于深部类似花岗岩成分的稀薄岩浆或热液继续上升,侵入、渗透或交代已变质的岩石,使其中花岗岩质及长英质逐渐增多,以脉状、层状、条带状或不规则形态出现,形成一种特殊岩石的作用,如各种混合岩的形成。

3. 变质岩的结构

变余结构:由于重结晶作用不彻底,原岩的矿物成分和结构特征被保存下来形成的结构。如变余碎屑结构、变余斑状结构和变余花岗结构等。

变晶结构:经过重结晶与重组合而形成的结构(主要指变质矿物)。

碎裂结构:动力变质作用所特有的结构。在定向压力下,矿物发生弯曲、破裂和断开甚至研磨成细小碎屑或岩粉。常见的有碎裂结构、糜棱结构等。

4. 变质岩的构造

块状构造:岩石呈块状整体,不显示其他构造特征。

板状构造:其面上一般有微弱的丝绢光泽,常见于板岩中,见图 2-12(左上)。

千枚状构造:岩石为薄片状,其面上具强烈的丝绢光泽(绢云母等小鳞片),常见于千枚岩中,见图 2-12(上中)。

片状构造:岩石中云母、绿泥石等片状和柱状矿物呈方向性排列,常见于片岩中。

片麻状构造:岩石主要由粒状矿物组成(如石英、长石),少量的片状或柱状矿物呈断续状平行排列,常见于片麻岩中,见图 2-12(下右)。

变余构造:岩石经过变质后,还保留有原岩的一些构造特征。

图 2-12　变质岩标本

5. 变质岩类型

热变质岩：如大理岩类，由碳酸盐类岩石经过重结晶作用变质而成。石英岩，由石英砂岩变质而成，主要成分为石英，粒状变晶结构，块状构造。

接触交代变质岩：如矽卡岩，产于碳酸盐和中酸性岩浆岩的接触带，主要矿物成分为石榴子石、磁黄铁矿、方铅矿、闪锌矿以及白钨矿等。

气成热液变质岩：如蛇纹岩，是超基性的橄榄岩和辉石岩等经过热液蚀变作用而形成的岩石，其化学反应式见式（2-5）。

$$Mg_3Fe(Si_2O_3)+H_2O+O_2 \rightarrow Mg_6(Si_4O_{11})(OH)_2+Fe_3O_4 \qquad (2-5)$$

　　　　橄榄石　　　　　　　　　蛇纹石　　　　磁铁矿

动力变质岩：如构造角砾岩是任一成分岩石经过动力作用形成的角砾状岩石，碎裂岩是一种受强烈挤压作用压碎的岩石，糜棱岩是岩石发生强烈破碎作用的产物，一般由极细粒岩屑组成。

区域变质岩：如板岩是泥质、粉砂质或中酸性凝灰岩经过区域变质作用形成的浅变质岩，具板状构造。千枚岩比板岩的变质作用大一些。片岩具有明显的片理构造，片理是片状矿物定向排列而成的。片麻岩是具有片麻构造的区域变质程度较深的岩石。

混合岩：如侵入混合岩、混合片麻岩、混合花岗岩等。

第3章 岩石的密度、孔隙度和渗透率

密度、孔隙度与渗透率都是自然界岩石的基本物性，它们之间有一定的关联关系，并且往往影响到岩石的其他物性，这些物性在地质学领域的研究中有着广泛的应用。本章将分别介绍这些物性。

3.1 岩石的密度

密度是大家比较熟知的一个概念，它是岩石的一种基本属性，对地学的研究应用有着重要的意义。岩石密度主要取决于矿物的种类及含量，其次为结构的紧密程度。因此，岩石密度是其内部矿物成分与结构的一种综合反映量。密度对岩石的其他许多物性有着重要影响，如弹性波速度、岩石强度、导电性等等。

在地壳中，不同深度、不同成因、不同构造区域以及经历后期不同变化的岩石，由于所经历的地质作用不同，密度也具有明显差异。因此，岩石密度不但是地球物理学研究的基本参数，也是研究地质问题的重要信息。

在地球物理学中，岩石密度是决定重力场的一个基本物理参数，是重力勘探和地震勘探中一个主要的岩石物性参数。

3.1.1 密度的有关定义

岩石密度的基本定义很简单，即岩石单位体积的质量。但由于测试方法的不同，对密度的定义不同，在不同文献中的表述有所不同。主要是测量质量与重量的差别、测量体积中包含孔隙与不包含孔隙的差别。有一些密度定义的方法在测量时容易实现，并且也能够表征岩石密度特性，如视密度和体密度都比较常用。现将常见的有关密度的定义列举如下。

1. 真密度

真密度＝岩石的质量/(岩石体积－孔隙体积)，即单位体积岩石的质量，体积中不包含任何孔隙体积，其单位有 g/cm^3，t/m^3 等。

2. 真比重

真比重＝岩石的质量/同体积蒸馏水的质量，即岩石质量与 4 ℃同等体积水质量的比值，岩石体积中不包含任何孔隙体积，无单位。

3. 视密度

视密度＝岩石在空气中的重量/(岩石体积－孔隙体积)，即单位体积岩石的重量，体积中不包含任何孔隙体积，其单位有 g/cm^3，t/m^3 等。

4. 视比重

视比重＝岩石在空气中的重量/同体积蒸馏水的重量(空气中干重－浸在水中的重量)，即岩石重量与 4 ℃同等体积水重量的比值,岩石体积中不包含任何孔隙体积,无单位。

5. 体密度

体密度=岩石在空气中的重量/(包括全部孔隙在内的)体积,即单位体积岩石的重量,此时的单位体积中包含各种孔隙的体积,其单位有 g/cm^3,t/m^3。

6. 体比重

体比重=岩石在空气中的重量/同体积水的重量(饱和重量-浸在水中重量),即岩石重量与 4 ℃同等体积水重量的比值,岩石此时的体积中包含各种孔隙的体积,无单位。

7. 粒密度

对于粒状结构的岩石,可用粒密度来定义其密度特征,即单位体积颗粒的质量,粒密度=颗粒的总质量/颗粒的总体积,其单位有 g/cm^3,t/m^3。计算公式如式(3-1)所示:

$$\rho = \sum_{i=1}^{n} \frac{\rho_i}{v_i} \qquad (3-1)$$

8. 堆密度

对于松散堆积物,可用堆密度来定义其密度特征,即岩石(或矿物)颗粒自然堆积后单位体积的质量,其单位有 g/cm^3,t/m^3 等。

比重也称为相对密度,是物体的密度与在标准气压下 4 ℃ 时同体积纯水的密度($0.999\ 972\ g/cm^3$)的比值。虽然比重与密度的物理意义不同,但两者在数值上非常接近,所以比重值可近似作为密度值来使用。相对密度可转化为重量之比,因为不仅测量重量要比测量质量方便得多,而且测量重量还可消除在地球不同地方测量质量带来的差异性。

3.1.2 岩石密度的主要影响因素

1. 岩石中矿物成分

岩石中矿物种类及含量是影响岩石密度的重要因素。很显然,岩石中高密度矿物含量越多,岩石的密度就越大。因此,不同岩性的岩石具有不同的密度,不同种类的岩石也具有不同的密度。例如基性岩中含铁镁的矿物比酸性岩多,其密度也就大于酸性岩;由于变质岩中高密度矿物的形成,其密度一般大于它的原岩;含金属矿物多的岩石,其密度大于一般的由造岩矿物形成的岩石。

2. 岩石的致密程度

岩石的致密程度影响着各种岩石的密度特性。尤其是沉积岩成岩过程越彻底,岩石的孔隙度越小,含水量越小,岩石越致密,其密度就越大。变质作用也可使岩石变得致密,密度增大。如片麻岩的密度一般大于它的原岩密度;在沉积岩地区,一般随着深度增加,岩石密度增大;而风化后的岩石,由于致密程度的降低,其密度一般要比原岩小,如各种风化壳的岩石。

3. 胶结物的种类

在岩石的内部结构中经常存在各种胶结物,如硅质、钙质和泥质等,其胶结物的种类和含量对岩石密度具有一定的影响。尤其是沉积岩中胶结物种类的不同,会使其密度有所不同,而且变化较大。一般发生硅质和钙质胶结的岩石,其密度大于发生泥质胶结的岩石。除此之外,胶结物的发育程度对岩石密度也有很大的影响。

4. 孔隙度发育程度

自然界的岩石都不同程度地存在各种各样的孔隙和裂隙,孔隙度(包括各种裂隙和孔隙)越大,岩石的体密度越小,这种情况在各种岩石中普遍存在。例如沉积岩的体密度(或比重)随着孔隙度增大而降低;构造碎裂岩由于形成过程中原岩的破碎,导致孔隙度增大而体密度降低;由于构造作用,各类岩石内部会产生一定程度的裂理、节理,使其孔隙度增大而导致体密度降低。

5. 流体种类与饱和度

在多孔多相介质的岩石中,流体的种类和饱和度对岩石密度有一定的影响。比如在孔隙中含水、油、气,会不同程度的影响岩石密度;孔隙被液体饱和要比不饱和的岩石密度更大一些。另外,岩石孔隙中的流体与饱和程度对地震波的速度与能量吸收、导电性、介电性、极化率、岩石的导热性、岩石弹性、渗透系数以及一些力学性质都有不同程度的影响,并且它们之间存在一定的线性或非线性关系。

6. 温度和压力

岩石的温度和压力条件(环境)不仅对密度,而且几乎对所有的物性都有重要影响。一般来说,等压条件下,温度增高岩石密度减小;等温条件下,压力增大岩石密度增大。在温度和压力的共同作用下,岩石密度的变化视主要因素而定。地下的岩石均处在不同的温压环境中,因此不同温压环境下岩石的密度及其他物性都具有明显的差异性,同时物性的差异性也反映出了一定的地质环境差异。

3.1.3　岩石密度的测量

岩石密度测量分为实验室测量和野外原位测量。实验室测量的优点是针对岩石样品来说,测量值较为准确,测量方法直接,缺点是样品已脱离原来的地质环境,测量环境与样品的存在环境不一样。野外原位测量的优点是测量点岩石还存在原地,测量值能够较好地反映原位的密度状态,不用采回大量样品,缺点是测量方法一般都是间接的,测量值的误差较大,测量的影响因素多。

3.1.3.1　实验室密度测量

实验室测量岩石密度的方法分为两类,第一类是针对不易成型的松散状岩石的方法,第二类是针对整体性好的块状岩石的方法。

1. 颗粒松散状岩石的比重瓶法测量

岩石颗粒密度,是指岩石固体颗粒单位体积的质量。本节主要简单介绍比重瓶法和李氏(Lechatelier)比重瓶法测量岩石颗粒密度的方法。

1)测量密度

取一定质量的岩石颗粒样品烘干,装入比重瓶称其质量(m_1),注入蒸馏水,使其分散,再注满比重瓶,静置数小时,称其总质量(m_2),倒出试样并再注满蒸馏水称其质量(m_3),比重瓶的质量为 m_0,利用式(3-2)可计算求得样品的密度。

$$\rho = \frac{m_s}{m_s + m_3 - m_2}\rho_w, \quad m_s = m_1 - m_0 \qquad (3-2)$$

其中,ρ_w 为试验温度下蒸馏水的密度。

2)测量粒密度

含有可溶性矿物成分的岩石样品,可采用该方法测量其颗粒密度。在比重瓶中注入一定量的煤油,读取初始体积(V_1),加入一定量的岩石颗粒样品,再读取加样品后的体积(V_2),可按式(3-3)进行计算可求得样品的粒密度。

$$\rho = \frac{m_s}{V_2 - V_1}, \qquad m_s = m_1 - m_0 \qquad (3-3)$$

3)测量堆密度

设 m 为装了岩样后比重瓶的质量,m' 为比重瓶本身的质量,v 为装岩样后的体积,可按式(3-4)计算样品的堆密度。

$$\rho = \frac{(m - m')}{v} \qquad (3-4)$$

2. 块状岩石的密度测量

岩石块体密度是岩石块体(包括孔隙在内)的单位体积的质量。根据试样含水状态,岩石块体密度可分为三种:天然含水状态密度、干密度(105~110 ℃烘干)、饱和密度。能制成规则样品的岩石,宜采用量积法;除遇水崩解、溶解和干缩湿胀性岩石外,均可采用静液称量法;凡不能采用上述方法测量的岩石,可采用蜡封法。

1)量积法

将加工好的规则样品置于 105~110 ℃温度下连续烘干 12 h,然后再在干燥器中冷却,称其质量(m),准确地测量规则样品体积(V),再用质量除以体积求取密度。如果没有孔隙为真密度,否则为体密度。

2)蜡封法

设 m_s 为未涂石蜡的干样本的质量,m_1 为涂石蜡样本的质量,m_2 为涂蜡样本在水中的质量,ρ_w 为水的密度,ρ_n 为石蜡的密度,可按式(3-5)来计算岩石的块体密度。

$$\rho = \frac{m_s}{(m_1 - m_2)/\rho_w - (m_1 - m_s)/\rho_n} \qquad (3-5)$$

若未用石蜡涂,或石蜡质量忽略不计时,可按式(3-6)计算岩石样品的密度。

$$\rho = \frac{m_s}{(m_s - m_2)/\rho_w} \qquad (3-6)$$

3)静液称量法

将样品于 105~110 ℃温度下连续烘干 12 h,然后取出样品在干燥器中冷却到室温,称取样品的质量 m(空气中),抽真空后在液体中静置 4 h 以上,称其饱和后的质量 m_1(空气中),最后在液体中称取饱和液样品的质量 m_2(液体中),可按式(3-7)计算其密度。

$$\rho = \frac{m}{m_1 - m_2}\rho_{wt} \qquad (3-7)$$

其中,ρ_{wt} 为液体的密度。

4)自然状态的校正

把岩芯样本取出地表后,样本的体积以及孔隙空间的体积有一定的变化,其校正值大约在 0.002~0.004 g/cm³,另外还要考虑在孔隙中流体的成分的影响,校正公式如式(3-8)。

$$\Delta\rho = k\varphi(\rho_液 - \rho_水) \qquad (3-8)$$

其中,k 为液体的饱和度系数,φ 为孔隙度,$\rho_液$ 为液体的密度,$\rho_水$ 为水的密度。

3.1.3.2　野外原位测量方法

野外原位密度测量是一类间接测量方法,不需要采出样品,利用岩石密度的物理特性与其他物理量的关系进行测量。目前常用的方法有伽马技术法、地震波速法、重力法等,每个方法都具有优缺点,分别介绍如下。

1. 伽马技术法

基本原理是放射源发射的 γ 射线辐射入岩石后,其射线与岩石中的电子碰撞而产生散射与偏转(康普顿效应),再用 γ 射线探测器接收岩石散射出的 γ 射线,返回到探测器的 γ 射线数量受产生散射物质的电子密度 ρ_e 的控制,物质的电子密度 ρ_e 与散射物的有效体密度 ρ_b 为一定的比例关系。

由元素构成的物质,有效体密度与电子密度的关系见式(3-9),式中,ρ_b 为散射物的有效体密度,z 为原子序数,A 为原子质量。

$$\rho_e = \rho_b \left[\frac{2z}{A} \right] \tag{3-9}$$

一些元素的 $2z/A$ 值见表 3-1 所示,表中大部分元素的 $2z/A$ 值都接近 1。

表 3-1　一些元素的 $2z/A$ 值

元素	H	C	O	Na	Mg	Al	Si	S	Cl	K	Ca
$2z/A$	0.984	0.999	1.000	0.957	0.988	0.964	0.997	0.998	0.959	0.973	0.999

由分子构成的物质,有效体密度与电子密度的关系见式(3-10)。

$$\rho_e = \rho_b \left[\frac{2\sum z_i s_i}{M} \right] \tag{3-10}$$

式中,$\sum z_i s_i$ 为构成分子的原子序数总和,M 为化合物分子量。

对于多数岩石来说,上式中括号项 [ ] 内的值也接近 1,即 $\rho_e \approx \rho_b$ [1]。因此,电子密度近似等于岩石的体密度。通过测量返回到探测器的 γ 射线数量的多少就可以确定物质的电子密度,由电子密度求出岩石密度。一些矿物的括号项 [ ] 内值见表 3-2 所示,除甲烷、原油和水等流体外,其他矿物的 $2\sum z_i s_i / M$ 值都非常接近 1。

表 3-2　一些矿物的密度与 $2\sum z_i s_i / M$ 值

矿物	石英	方解石	石膏	岩盐	烟煤	淡水	矿化水	原油
密度/(g·cm^{-3})	2.654	2.710	2.32	2.165	1.200	1.000	1.146	0.85
$\dfrac{2\sum z_i s_i}{M}$	0.999	0.999 1	1.022	0.958	1.060	1.110	1.079 7	1.140 7

用这种方法探测时,放射源的强度、放射源和接收器与岩石的距离大小特别重要。因此放射源经常要做标定,放射源和接收器与岩石的距离要满足要求。由原理可见,此方法只能测量岩石表层密度,不能测量岩石体内密度。在油田或煤田的测井工作中经常使用伽马技术法测量井中岩层密度。

2. 波速法

在岩石中地震波的传播速度与岩石密度有着一定的相关性,但存在着复杂的函数关系,因此,确定岩石密度与波速的解析公式还有难度。但一般来说,岩石的密度与其弹性系数为正比关系,密度与速度也是正比关系。目前大多数做法是通过对某类岩石进行速度和密度的实验统计,总结出近似的经验公式。在使用经验公式时要特别注意公式对岩石的适用性,不能一概而论。

各种岩石的近似公式较多,如克里斯坦森总结的细粒致密岩石的计算公式(3-11),这个关系式是根据在 0.5 kbar 下对取自大洋壳的细粒多孔微蚀变玄武岩岩芯所做的试验建立起来的,但研究发现,富含方解石的粗粒玄武岩并不适合此公式。

$$\rho = \frac{V_p + 4.26}{3.56} \tag{3-11}$$

3. 井中重力法

基本原理是测点的重力值与其周围所有物质的密度具有相关关系,因此利用井中重力值可以间接求出一定范围内岩石的密度。已知地球表面以下两点间的重力差值,是自由空间异常和这两点间的物质质量的函数,可以简单表示为公式(3-12)。

$$g_1 - g_2 = \Delta g = F_1 \Delta Z - F_2 \Delta Z \tag{3-12}$$

式中,$F_1 = 3.086\rho$(g. u.)/m,地面每升高 1 m 重力减少约 3.086ρ(g. u.);$F_2 = 0.419\rho$(g. u.)/m,地壳内物质每增厚 1 m,重力约增加 0.419ρ(g. u.)。

由此可得到密度的计算公式(3-13)。

$$\rho = 7.365 - \frac{\Delta g}{0.419 \Delta Z} \tag{3-13}$$

其中,Δg 为被测间隔的顶底之间的重力变化值;ΔZ 为被测间隔之间的距离。

此种方法要求重力仪精度要高,两个测点的距离要适当大,还可能需要做一些校正处理。实验显示,0.01 gal 的重力仪,在 50 m 深度间隔上可以测得与实验室测量相等的结果,其精度约为 0.007~0.013 g/cm³。一般来说,井中重力测量结果比伽马法更准确,重力法测量能够提供半径几百米内的密度值,而伽马法只有 20 cm 半径的测量范围。

3.1.4 岩石矿物的密度特征

1. 矿物密度

由于矿物是在一定的物理化学条件下稳定存在的天然化合物,其元素的结合方式和配比是一定的,因此矿物的密度是一定的。无论矿物产于何地,只要是同种矿物,其密度就应该是相同的。但由于矿物形成时和形成后一些因素的影响,密度会有一些变化,但变化范围一般很小。

对于类质同象系列矿物,由于矿物内部某些结构位置可由不同的元素来占据,且占据的数量不确定,其密度有确定的变化范围。一般层状结构硅酸盐矿物,由类质同象作用而引起的密度变化要大一些,如果层间存在可交换或吸附性元素时,密度变化范围要更大一些。

自然界矿物密度的分布范围一般为 1.8~7.5 g/cm³,造岩矿物的密度基本上在 2.5~3.5 g/cm³ 之间。对于硅酸盐矿物,其岛状结构硅酸盐矿物的密度大于链状结构矿物,而链状结构矿物的密度大于层状结构矿物。金属矿物的密度大于非金属矿物密度,基本上在 3.0~7.5 g/cm³ 之间。一般来说,结晶完善的矿物密度大于结晶差的矿物,风化后的矿物密度小于原矿物,高压下生成的矿物密度大于低压下生成的矿物。常见矿物的密度见表 3-3。

表 3-3　主要常见矿物密度表

矿物名称	化学分子式	主要成因	密度/(g/cm³)
橄榄石	$(Mg,Fe)_2[SiO_4]$	岩浆作用,接触交代	3.22~4.39
石榴子石	$(Ca,Mg,Fe)_3[Al,Fe]_2[SiO_4]_3$	各种地质作用	3.50~4.20
镁电气石	$NaMg_3Al_6[Si_6O_{18}][BO_3]_3(OH)_4$	气成热液作用	3.03~3.25
普通辉石	$Ca(Mg,Fe)[(Si,Al)_2O_6]$	岩浆作用	2.96~3.96
角闪石	$Ca_2Na(Mg,Fe)_4(Al,Fe)[Si_4O_{11}]_2(OH)_2$	岩浆作用,变质作用	3.02~3.45
白云母	$KAl_2[AlSi_3O_{10}](OH)_2$	各种地质作用	2.77~2.88
黑云母	$K(Mg,Fe)_3[AlSi_3O_{10}](OH)_2$	成因广泛	2.70~3.30
伊利石	$KAl_4[Al_{1~1.5}Si_{7~6.5}O_{20}](OH)_4$	风化作用,热液作用	2.60~2.90
高岭石	$Al_4[Si_4O_{10}](OH)_8$	风化作用,热液作用	2.61~2.68
蒙脱石	$Na_x(H_2O)_4\{Al_2[Al_xSi_{4-x}O_{10}](OH)_2\}$	风化作用	2.0~3.0
蛇纹石	$Mg_6[Si_4O_{10}](OH)_8$	热液作用,变质作用	2.5
绿泥石	$(Li,Al,Fe)_m(Al,Si)_4O_{10}(OH)_8$	热液作用,变质作用,沉积作用等	2.68~3.40
正长石	$K[AlSi_3O_8]$	岩浆作用	2.55~2.63
微斜长石	$K[AlSi_3O_8]$	岩浆作用,交代作用	2.56~2.63
透长石	$K[AlSi_3O_8]$	岩浆作用,接触变质作用	2.56~2.62
斜长石	$Na_{1-x}Ca_x[(Al_{x+1}Si_{3-x})O_8]$	岩浆作用,变质作用	2.63
α 石英	SiO_2	各种地质作用	2.65
白云石	$CaMg[CO_3]_2$	沉积作用,热液作用	2.86~2.93
方解石	$Ca[CO_3]$	沉积作用,热液作用,风化作用等	2.72~2.94
磁铁矿	$FeFe_2O_4$	岩浆作用,变质作用	4.80~5.20
赤铁矿	Fe_2O_3	氧化作用,变质作用,岩浆作用	5.00~5.30
褐铁矿	铁的氢氧化物混合物	风化作用,沉积作用	3.30~4
α 刚玉	Al_2O_3	变质作用,岩浆作用	3.94~4.10
黄铁矿	FeS_2	各种地质作用	4.90~5.20
磁黄铁矿	$Fe_{1-x}S$	岩浆作用,接触变质作用	4.60~4.70
黄铜矿	$CuFeS_2$	岩浆作用,接触交代,热液作用	4.10~4.30
方铅矿	PbS	岩浆作用	7.40~7.60
闪锌矿	ZnS	岩浆作用,接触交代,热液作用	3.90~4.20

2. 岩石密度

在自然界,由于岩石成因的多样性和复杂性,其矿物成分和结构构造具有多变性,因此一般来说岩石密度(或比重)变化范围较大,没有哪一种岩石的密度是不变的。另外,由于岩石中各种孔隙和裂隙等的影响,岩石体密度的变化范围更大。

在三大岩类中,岩浆岩和变质岩的密度一般大于沉积岩,基性岩浆岩的密度一般大于酸性岩浆岩,侵入岩的密度一般大于喷出岩。沉积岩中,化学沉积岩的密度一般大于碎屑沉积岩,钙质和硅质胶结沉积岩的密度一般大于泥质胶结沉积岩,海相沉积岩密度一般大于陆相沉积岩。区域变质岩中,深变质岩的密度一般大于浅变质岩,正变质岩密度一般大于副变质岩。对于同一种沉积岩石的密度而言,一般是埋藏深的大于埋藏浅的,年代老的大于年代新的,原生岩石大于破碎风化后的岩石。

如表 3-4 中,基性岩浆岩的比重大于中性和酸性岩浆岩,侵入岩比重一般都大于喷出岩。如表 3-5 中,碳酸岩的比重大于碎屑沉积岩,钙质胶结砂岩比重大于泥质胶结砂岩,泥质石灰岩比重一般小于石灰岩,岩盐比重大于钾盐,碳酸盐岩石(石灰岩)比重大于硫酸盐岩石(石膏),煤和黏土类沉积岩比重最低。如表 3-6 中深变质岩比重大于浅变质岩。从这 3 个表中的三类岩石比重的平均值来看,岩浆岩(平均值 2.85 g/cm^3)大于变质岩(平均值 2.71 g/cm^3)大于沉积岩(平均值 2.16 g/cm^3)。

表 3-4　主要岩浆岩石比重表

岩石名称	主要矿物成分和特征	比重范围/(g/cm^3)	平均值/(g/cm^3)
辉长岩	辉石和斜长石。粗、中粒结构,块状构造	2.7~3.4	3.05
闪长岩	角闪石,斜长石。中、粗粒结构,块状构造	2.7~3.1	2.90
花岗岩	石英,钾长石,斜长石,黑云母。花岗结构,块状构造	2.4~3.1	2.75
玄武岩	辉石和斜长石。隐晶质,斑状结构,气孔杏仁构造	2.6~3.3	2.95
安山岩	角闪石,斜长石。斑状结构,气孔杏仁构造	2.5~3.2	2.85
流纹岩	酸性喷出岩。隐晶质,斑状结构,流纹构造	2.3~2.9	2.60

表 3-5　主要沉积岩石比重表

岩石名称	主要矿物成分和特征	比重范围/(g/km^3)	平均值/(g/cm^3)
白云岩	白云石。有隐晶质、细粒、粗粒结构	1.91~2.93	2.64
石灰岩	方解石。隐晶质结构,致密块状,遇稀盐酸强烈起泡	1.21~2.92	2.41
泥质石灰岩	泥质较多的石灰岩	1.89~2.74	2.32
砂岩	碎屑颗粒直径为 0.1~2 mm,含量 50% 以上	1.43~2.93	2.31
长石砂岩	长石含量 30% 以上,石英,岩屑。有钙、泥质胶结	2.13~2.27	2.25
泥质砂岩	胶结物主要为泥质	2.13~2.72	2.36
钙质砂岩	胶结物主要为碳酸岩	2.19~2.75	2.49
凝灰岩	火山灰沉积岩,具凝灰结构	1.33~2.85	1.98
钾盐	氯化钾,白色,含赤铁矿者为红色,产于干涸盐湖	1.90~2.00	1.95
岩盐	氯化钠,白色,典型的化学沉积岩石,粒状结构,块状构造	2.10~2.20	2.15
煤	可燃有机岩石,为生物沉积岩	1.20~1.70	1.45
表土	地表土	1.10~2.00	1.65
黏土	由高岭石、蒙脱石、伊利石和粉砂等构成	1.50~2.20	1.85
石膏	天然二水石膏,主要为化学沉积岩,致密块状	2.20~2.40	2.30

表 3 - 6　主要变质岩石比重表

岩石名称	主要矿物成分及特征	比重范围(g/cm³)	平均值(g/cm³)
片麻岩	石英,长石,云母,角闪石。变晶结构,花岗构造	2.49～3.36	2.93
花岗片麻岩	花岗变晶结构,片麻状构造,时具眼球状构造	2.61～3.04	2.67
片状片麻岩	花岗变晶结构,片麻状构造	2.49～3.17	2.73
黑云片麻岩	黑云母较多。花岗变晶结构,片麻状构造	2.65～2.92	2.73
片岩	具片状和柱状矿物定向排列的片理构造	2.47～3.20	2.83
大理岩	方解石,白云石。细粒-粗粒变晶结构,块状构造	2.49～3.20	2.76
石英岩	石英。粒状变晶结构,块状构造	2.27～2.91	2.60
蛇纹岩	蛇纹石,滑石等。超基性岩蚀变而成,块状构造	2.40～3.00	2.68
板岩	泥质、粉砂质或凝灰岩的区域变质岩,板状构造	2.60～2.76	2.64

3. 地壳岩石比重(密度)

据 Touloukian 等的资料,包含几千块岩石标本比重的分析统计结果表明,岩浆岩比重变化范围在 2.17～3.74 g/cm³,平均值为 2.65 g/cm³。变质岩比重变化范围在 1.91～3.15 g/cm³,平均值为 2.71 g/cm³。沉积岩比重变化范围在 1.05～3.34 g/cm³,平均为 2.55 g/cm³。三大岩类比重变化范围在 1.05～4.25 g/cm³,平均值为 2.65 g/cm³,如表 3 - 7 所示。总体来看,三大岩比重的平均值非常接近石英的比重值,进一步表明二氧化硅含量在地壳中占有重要地位,也表明了石英矿物在地壳中为主要造岩矿物。

地壳上部硅铝层岩石密度小于地壳下部硅镁层岩石,硅镁层岩石密度又小于地幔岩石,见表 3-8 所示。整个地壳的密度与地幔的密度具有明显的差异,这种差异性为利用重力测量地幔起伏变化提供了必要条件。

对于整个地球而言,地壳密度为 2.65～3.00 g/cm³,地幔整体密度为 3.5～6 g/cm³,上地幔平均密度为 3.5 g/cm³,下地幔密度为 5.4 g/cm³,地核密度为 10～12 g/cm³,外核密度为 10.5 g/cm³,内核为 12.9 g/cm³,总趋势是越向地心密度越大,如表 3-9 所示。

据有关资料地球平均密度为 5.52 g/cm³,太阳平均密度为 1.4 g/cm³,月球的平均密度为 3.34 g/cm³。太阳比地球密度小的多,地球密度是太阳的将近 4 倍,月球的密度也比地球小,相当于地球密度的 3/5。

表 3 - 7　地壳三大岩石比重表(据 Touloukian 等)

岩石类型	样品数目	比重范围/(g/cm³)	真平均值/(g/cm³)	样品数目	比重范围/(g/cm³)	视平均值/(g/cm³)
岩浆岩	706	2.17～3.74	2.65	1 630	1.35～3.74	2.65
变质岩	395	1.91～3.15	2.71	742	2.18～4.07	2.77
沉积岩	1 023	1.05～3.34	2.55	1 729	1.33～4.41	2.33
矿物	63	1.93～4.25	2.47	117	1.72～5.07	3.09
岩石平均	2 187	1.05～4.25	2.65	4 218	1.33～5.07	2.58

表 3 - 8　　地壳密度表（据 Touloukian 等）

岩石类型	地质特征	密度/(g/cm³)
花岗岩质物质	地壳上部的硅铝层	2.60～2.70
玄武岩质物质	地壳下部的硅镁层	2.80～2.97
上地幔岩石	岩石圈	3.5

表 3 - 9　　地球结构密度表

地球结构	结构界面	主要成分	密度/(g/cm³)
地壳（岩石圈）	壳幔界面——莫霍面	地壳下部为玄武岩	2.8
上地幔（岩石圈）		超基性岩（橄榄岩）	3.5
下地幔（软流圈）	幔核界面——古登堡面	主要为铁镁氧化物	5.4
外核（液态）		主要为铁和镍，还有	10.5
内核（固态）		少量硅和硫等元素	12.9

3.2　岩石的孔隙度

之所以将孔隙度作为岩石的物性来讨论，是因为在自然界各类岩石中总是不同程度的存在大大小小形状各异的宏观孔隙（如断裂空隙、大裂隙、溶洞等）和微观孔隙（如晶间裂隙、粒间孔隙、溶蚀孔隙等），如图 3-1 和图 3-2 所示，具有一定的普遍性，并且孔隙所占据的空间与岩石的地质成因及后期的地质作用都有一定内在联系，它还会影响岩石的其他物性。在与岩石中流体有关的学科中，孔隙度是岩石的一项重要性质参数，如在石油开发、天然气开发、水文地质、地下污染防治等方面。

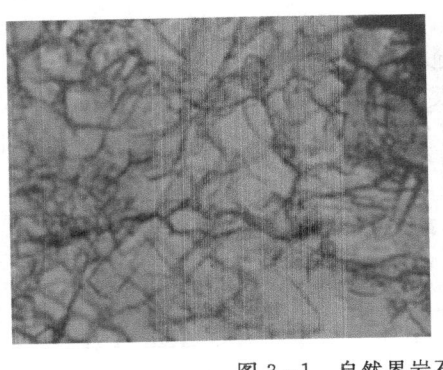

图 3-1　自然界岩石中的宏观孔隙和裂隙

岩石的孔隙主要由矿物或碎屑颗粒之间的孔隙空间，晶粒或碎屑内的裂隙空间，和各种各样的溶蚀空间构成，这些孔隙在不同岩石中的发育程度差异很大，一般用孔隙度来衡量其孔隙的发育程度。并且，在地下的这些孔隙中往往包含流体（如地下水、石油和天然气等），这些流体可以沿着孔隙流动。

岩石中的孔隙有封闭的也有相互连通的，有三维分布的也有一维和二维分布的，孔隙的形

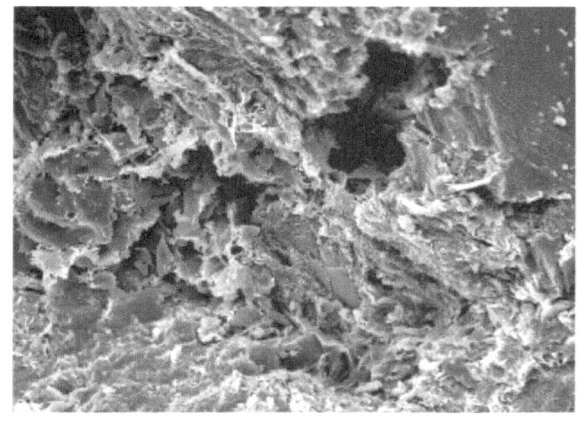

图 3-2　电子显微镜下岩石的孔隙

状更是各种各样,千差万别。岩石中的孔隙大小差别也很大,大的如岩石溶洞,小的甚至肉眼看不见,例如水泥板可以渗水就是存在微小孔隙的缘故。因此,对岩石孔隙度的研究具有重要的理论意义和实用价值。

3.2.1　孔隙度概念及测量方法

1. 孔隙度的基本概念

孔隙度的定义很简单,指岩石中孔隙的体积占岩石总体积的百分数,即孔隙度＝孔隙体积/总体积(固体＋孔隙),或孔隙度＝(总体积－颗粒体积)/总体积。岩石孔隙度还可分为有效孔隙度(能使流体流动或相互连通的孔隙所具有的孔隙度)和残余孔隙度(不连通孔隙所具有的孔隙度)两种,总孔隙度等于有效孔隙度与残余孔隙度之和。孔隙度定义的表达式见式(3-14)。

$$\eta = \frac{V_{孔}}{V_{总}} \times 100\% \qquad (3-14)$$

测量孔隙度的方法很多,但基本原理都是设法求出总体积(V_T)、孔隙体积(V_p)或固体体积(V_S),知道三个量中的任意两个量,就可以求出孔隙度,如式(3-15)所示。

$$\eta = \frac{V_p}{V_T} = \frac{V_T - V_S}{V_T} \qquad (3-15)$$

孔隙度的主要计算方法有以下 4 种。

(1) $\eta_{孔} = \left[\dfrac{V_i}{V}\right] \times 100\%$,$V$:总体积,$V_i$:孔隙体积(此式为基本定义)

(2) $\eta_{孔} = \left[\dfrac{V_w}{V}\right] \times 100\%$,$V_w$:饱和样品中水的体积,$V$:总体积　　　　(3-16)

(3) $\eta_{孔} = \left[\dfrac{V - V_m}{V}\right] \times 100\%$,$V_m$:固体聚合体积,$V$:总体积　　　　(3-17)

(4) $\eta_{孔} = [G_a - G_d] \times 100\%$,$G_a$:饱和样品比重,$G_d$:干样品比重　　　　(3-18)

其中,对式(3-18)的计算方法证明如下:

$$G_a = \frac{固体重＋水重}{同体积水重}, \qquad G_d = \frac{固体重}{同体积水重}$$

$$G_a - G_d = \frac{水重}{同体积水重} = \frac{\sigma_水 \cdot V_i(空隙)}{\sigma_水 \cdot V(总体积)} = \frac{V_i}{V}$$

2. 实验室孔隙度测量方法

1) 岩石总体积 V_T 的测量

几何法:适合于胶结较好,钻切不易破碎的岩石,直接测量其体积。

封蜡法:适合于胶结疏松,易碎的岩石,可用式(3-19)计算其总体积。

$$V_T = \frac{W_2 - W_3}{\rho_w} - \frac{W_2 - W_1}{\rho_p} \tag{3-19}$$

其中,W_1 为干岩石的质量,W_2 为岩石封蜡后的质量,W_3 为封蜡岩石在水中的质量,ρ_w 为水密度,ρ_p 为蜡密度。

饱和煤油法:适合于外表不规则的岩芯样品,可用式(3-20)计算总体积。

$$V_T = (W_1 - W_2)/\rho_0 \tag{3-20}$$

其中,W_1 为饱和煤油岩石样品在空气中的重量,W_2 为饱和煤油岩石样品在煤油中的重量,ρ_0 为煤油密度。

水银法:适用于水银不能进入岩石孔隙的不规则样品,可用此法测量岩石样品的总体积,计算方法见式(3-21)。

$$V_T = V_1 - V_2 \tag{3-21}$$

其中,V_1 为岩样装入岩样室前水银的体积,V_2 为岩样装入岩样室后水银的体积。

2) 岩石孔隙体积 V_p 的测量

饱和煤油法:利用煤油渗透性和湿润性对岩石孔隙进行饱和,测量煤油的体积即为孔隙的体积,但其中不包括封闭孔隙,计算方法见式(3-22)。

$$V_p = (W_2 - W_1)/\rho_0 \tag{3-22}$$

其中,W_1 为干岩样在空气中的质量,W_2 为饱和煤油岩样在空气中的质量,ρ_0 为煤油密度。

3) 岩石骨架体积 V_S 的测量

固体体积法:利用固体体积计,把岩样捣碎成颗粒放入底瓶,倒置立瓶注入一定量的煤油,连接底瓶,由立瓶上的刻度直接读出颗粒部分的体积。

气体平衡法:根据波义耳-马略特定律,在恒定温度下,岩芯室体积一定,放入岩芯室样品的固相体积越小,岩芯室中气体所占体积越大,与标准室连通后,平衡压力越低;反之,当放入岩芯室内的样品固相体积越大,平衡压力越高,如图3-3所示。其平衡式如式(3-23)所示:

$$P_0(V_0 - V_S) + P_1 V_1 = P_2(V_0 - V_S + V_1) \tag{3-23}$$

可推出岩石样品骨架部分的体积公式如式(3-24)所示:

$$V_S = V_0 + \frac{P_2 - P_1}{P_2 - P_0} V_1 \quad (P_1 > P_2 > P_0) \tag{3-24}$$

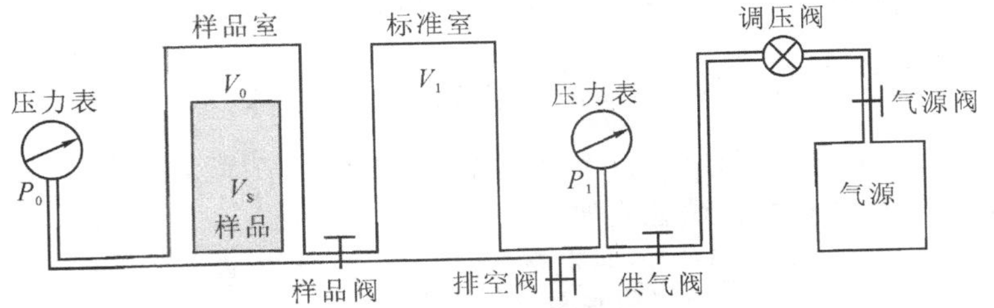

图3-3 气体平衡法气路图

式中，V_0 为岩芯室体积，P_0 为大气压，V_1 和 P_1 为标准室的体积与压力，V_S 为样品骨架部分的体积，P_2 为最终的平衡压力。

　　一般实验室求取岩石固体部分体积时，采用氮气和氦气作为气源。对于一般的砂岩可用氮气，对于较为致密的岩石和孔隙较小的岩样可用氦气测量。通过系列标准样品测出平衡压力，绘制标准样品体积与平衡压力曲线，然后测量未知样品的平衡压力，最后在标准样品平衡压力曲线上读取未知样品平衡压力，该平衡压力对应的体积即为岩石样品骨架部分的体积，如图 3-4 所示。

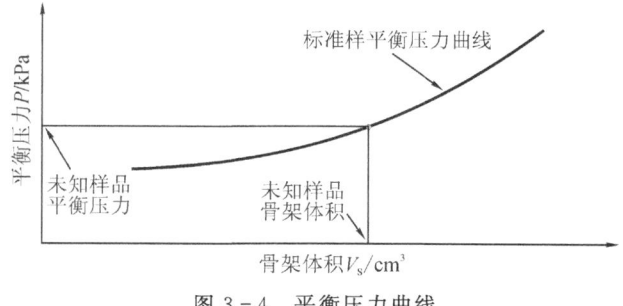

图 3-4　平衡压力曲线

3. 原位孔隙度测量方法

　　岩石孔隙度原位测量在测井中有多种方法，主要有声波时差法、伽马密度法、中子法、核磁共振法，但这些方法影响因素较多，一般为定性的估算测量，准确度取决于标定的合理性和准确性。除此之外，还可利用地面地震资料，通过井中地层地震资料作为约束条件，利用某些属性参数来反演整个剖面上岩石的孔隙度。现将这些方法的基本原理介绍如下。

　　1）声波时差法

　　岩石的声波时差与孔隙度具有密切的关系，可通过实验或统计来建立声速或时差与孔隙度之间的关系，再由声波时差测井的值来估算岩石层孔隙度。研究表明，在固结压实的地层中，若有均匀分布的粒间孔隙，则声波时差与孔隙度之间存在线性关系，其关系式称为平均时间公式或威利公式，如式（3-25）所示。

　　由

$$\Delta t = \eta \Delta t_f + (1 - \eta) \Delta t_S$$

得到孔隙度

$$\eta = \frac{\Delta t - \Delta t_S}{\Delta t_f - \Delta t_S} \tag{3-25}$$

式中：Δt 为地层的声波时差，Δt_f 为孔隙中流体的声波时差，Δt_S 为岩石骨架的声波时差。

　　通过实验可测得纯岩石骨架时差、流体时差，当含有泥质时，还要测量泥质的时差，并进行含泥质校正。

　　2）伽马密度法

　　在井中由伽马法测出岩层的体密度 ρ_b，它与岩石孔隙度 η、岩石骨架密度 ρ_S、孔隙流体密度 ρ_f 具有如式（3-26）所示关系。

$$\rho_b = (1 - \eta)\rho_S + \eta \rho_f$$

因此

$$\eta = \frac{\rho_S - \rho_b}{\rho_S - \rho_f} \tag{3-26}$$

不同岩性的岩石,其骨架密度不同,砂岩一般为 2.65 g/cm^3,石灰岩为 2.71 g/cm^3,白云岩为 2.87 g/cm^3,泥岩为 2.20～2.65 g/cm^3。在求泥质岩层孔隙度时,应考虑泥质的影响,否则求出的孔隙度偏大。

3)中子法

此方法是将装有中子源和探测器的仪器放入井中,由中子源发出的中子进入岩层,与物质的原子核发生碰撞,将产生减速的热中子和超热中子经扩散和被俘获的过程,最后到达探测器。在这些过程中,探测器周围的中子分布状况、以及中子俘获后所放出的伽马射线强度,与岩石性质,特别是岩石的含氢量有关,而含氢量又取决于岩石的孔隙度。

当孔隙度越大,含氢量越多时,在源附近(零源距)的超热中子越多,距源较远处(长源距)超热中子越少。相反,当孔隙度越小时,在零源距处的超热中子越少,在长源距处的超热中子越多。利用这一规律,通过测量超热中子的数量,结合已知孔隙度岩石的标定,可以估算出未知岩石的孔隙度。

4)核磁共振法

核磁共振是指处在某个静磁场中的原子核系统受到相应频率的电磁波作用时,在它们的磁能级之间所发生的共振跃迁现象。研究表明,介质在外磁场中的极化强度与介质中的含氢量成正比。因此,核磁测井的弛豫信号初始幅度与充满含氢流体岩石的孔隙度成正比。弛豫信号幅度是各个弛豫分量 P_i 贡献的结果,与岩石孔隙度成正比,如果仪器经过刻度,则有公式(3-27):

$$\eta_{\mathrm{MPHI}} = \sum P_i \quad (\eta_{\mathrm{MPHI}} \text{ 为核磁测井得到的岩石孔隙度}) \tag{3-27}$$

利用不同尺寸孔隙中流体的弛豫特征的差异性,可进行不同尺寸孔隙度分布的研究。另外,还可以进行自由流体孔隙度与毛细管束缚水孔隙度的研究。

3.2.2　岩石孔隙度的主要影响因素

1. 颗粒特征

岩石中矿物或碎屑物颗粒的粒度、颗粒的排列方式、粒度的均匀性、各粒级的含量以及颗粒的形状等都直接影响岩石的孔隙度。一般来说,颗粒度均匀的岩石,其孔隙度大于非均匀的岩石,大颗粒与细颗粒混合时,细颗粒越多孔隙度越小。粒状、片状和柱状颗粒组成的岩石,一般粒状颗粒的孔隙度大于片状和柱状,片状和柱状颗粒的定向程度越高,孔隙度越小。颗粒的排列方式不同也影响岩石的孔隙度,如等大球体颗粒立方排列时孔隙度为 47.6%,而菱形排列时孔隙度为 25.9%。

2. 胶结程度

对于自然界的各类岩石,一般在其孔隙中大多都发育有各种胶结物,如硅质、钙质和泥质等胶结物。因此,胶结物越多,占据的孔隙越多,自然就会影响到岩石的孔隙度。另外,岩石形成后,在其孔隙中往往会形成一些次生矿物,也会降低其孔隙度。还有地下流体运动时,所含的矿物质在孔隙中发生沉淀作用,也会降低岩石的孔隙度。

3. 沉积方式

对于沉积岩来说,不同的沉积方式形成的岩石,其孔隙度差别较大。一般来说,风力搬运沉积物的孔隙度小,而且风力搬运距离越远的沉积物的孔隙度越小。化学沉积物岩石的粒间孔隙度非常小,只有裂隙和溶蚀孔隙。水力作用沉积物的孔隙度变化范围很大,与沉积时的水动力条件变化和所含碎屑物特征等有关，一般快速堆积沉积物的孔隙度大于缓慢堆积沉积物的孔隙度。另外，孔隙度还与沉积环境的关系比较密切，如在河流相、三角洲相、湖泊相、浅海相和深海相等中，一般情况下，湖泊相和浅海相砂岩具有较高的孔隙度，而河流相和三角洲相沉积物的孔隙度较低。

4. 压实程度

沉积物经后期的压实成岩作用，使得岩石体积变小，孔隙减少，同时孔隙中的流体也减少。因此，岩石的压实程度越大，岩石的孔隙度越小。除此之外，在压实成岩过程中往往伴随着胶结物的产生，会进一步降低孔隙度。

5. 裂隙和溶孔发育程度

对于岩浆岩、变质岩和沉积岩来说，在构造应力作用、风化作用、溶蚀作用、生物作用等作用下，岩石内部会产生各种各样的裂缝、孔隙和溶洞等，并且在这些作用下产生的各种孔隙在自然界岩石中普遍存在。这些裂隙、孔隙和溶洞的发育与否，决定着岩石孔隙度的大小。不同的地质作用形成的孔隙，具有各自的特征，如挤压应力会形成较平滑的共轭裂隙，张应力会形成不规则的拉张裂隙，风化面附近的岩石风化破碎形成的孔隙，碳酸盐的溶蚀孔洞等。

3.2.3　常见岩石的孔隙度

自然界岩石的孔隙度，不但与岩石的种类有明显的关系，还与岩石形成后的各种地质作用的改造有很大的关系。因此岩石的孔隙度一般都有较大的分布范围，即使同种岩石，在不同的构造部位，或地质环境下，其孔隙度或有很大的差异。在表 3-10、表 3-11 和表 3-12 中列出了一些岩浆岩、沉积岩和变质岩的孔隙度分布情况，表中数据仅用来说明各类岩石孔隙度的一般特征。

在表 3-10 中，岩浆岩的孔隙度比较低，而且侵入岩浆岩的孔隙度明显低于喷出岩浆岩一个数量级，这是因为喷出岩一般含有各种气孔，降低了颗粒间排列的紧密度。在表 3-11 中，沉积岩的孔隙度基本都比较高，其中碎屑沉积岩的孔隙度远远大于化学沉积岩，老地层砂岩的孔隙度小于新地层砂岩。表 3-12 说明，变质岩的孔隙度普遍很低，其中化学变质岩孔隙度仍很小，区域变质岩的孔隙度随变质程度增加而减小。

表 3-10　岩浆岩的孔隙度

岩石名称	样品数	孔隙度（%）		
		最小值	最大值	平均值
辉长岩	3	0.00	0.62	0.3
闪长岩	1			0.6
花岗岩	26	0.4	3.0	0.9
伟晶岩	4			0.9
玄武岩	41	1.4	32.7	15.0
英安岩	9	3.5	16	9
流纹岩	3	7	21	12

表 3 - 11　沉积岩的孔隙度(%)

岩石名称	样品数	孔隙度(%)		
		最小值	最大值	平均值
凝灰岩	165	15.5	44.2	31.7
黏土岩	12	22.1	32.3	29.0
奥陶系砂岩	134	3.6	30.3	14.3
三叠系砂岩	111	3.6	30.8	18.5
始新统砂岩	344	7	46.5	22.4
粉砂岩	6	1.1	24.9	16.7
白云岩	27	0.8	12.4	4.5
石灰岩	3	0.37	4.38	2.5

表 3 - 12　变质岩的孔隙度(%)

岩石名称	样品数	孔隙度(%)		
		最小值	最大值	平均值
片麻岩	56	0.7	1.8	1.2
片岩	30	0.3	4.1	1.6
板岩	76	0.1	4.3	2.2
页岩	20	1.4	9.7	4.5
大理岩	6	0.7	1.1	0.9
矽卡岩	10	0.6	8.5	2.4

3.3　岩石的渗透率

　　如上节所述,在自然界岩石中普遍存在着各种各样的孔隙,而这些孔隙在岩石内部是以不同的发育程度和不同的形式相互连通的,因此岩石对流体就具有一定的通过性能,这也是自然界岩石的基本特性。故此,地下流体(包括水、油、气)就能够在一定程度上流通过岩石,不同种类的岩石对流体的通过性能不同,即使孔隙度完全相同的岩石对流体的通过性能也不尽相同。因此,对于多孔介质岩石,通过性能是岩石影响流体输运性质的最重要因素,我们可用渗透率来表征岩石对流体的通过性能。岩石中流体的渗透过程对许多科学领域都有重要意义,如在以下科学领域中,岩石渗透率是一项很重要的影响因素。

　　环境科学:地下污染源附近岩石的渗透率大小,直接影响污染范围和程度。可通过改变渗透率减少污染物迁移,达到治理污染的目的。

　　地震构造:地下流体通过岩石的孔隙进入应力区域,会改变孕震区的应力状态,从而影响地震发生的机理。

　　石油地质:生油层油气的运移性能,储油层及盖层的性能,都直接与岩石的渗透率有关,尤其是在石油开采中,渗透率直接影响开采效率。

　　成矿地质学:对于热液成矿来说,含矿热液在裂隙或其他孔隙中的有效运移,才能使成矿物质在有利部位富集成矿。

生态地质学和水文地球化学：地下流体的渗透运移会直接影响与作用于生态地质和水文地质条件。

土力工程学：地下流体的渗透运移与存在状态会直接影响地基的稳定性。

3.3.1　渗透率概念及达西定律

在一定的压力差下，岩石允许流体通过的性质称为岩石的渗透性。从数量上来度量岩石渗透性的参数，称为岩石的渗透率。换言之，渗透率是表述流体流过岩石难易程度的物理参数。渗透率是描述岩石输运特性，制约渗透过程的最关键物理参数。

1. 渗透率

按照孔隙中流体是单相存在，还是多相共存的情况，渗透率有着绝对渗透率、有效渗透率和相对渗透率之分。

绝对渗透率：当岩石中只有一种流体通过，且流体不与岩石发生任何物理化学反应时，岩石允许该流体通过的能力。实质上任何一种流体都会或多或少地与岩石发生物理化学反应，绝对渗透率值是一个理论值。在实际应用中，只能选用一种与岩石反应非常少的流体的单相渗透率来近似代替绝对渗透率。通常采用空气、氩气、氮气的渗透率作为绝对渗透率。绝对渗透率是岩石本身具有的固有性质，只与岩石的孔隙结构和孔隙度有关，与通过岩石的流体性质无关。

有效渗透率：当岩石孔隙中饱和两种或两种以上流体时，岩石让其中一种流体通过的能力称为有效渗透率或相渗透率。有效渗透率不仅与岩石孔隙结构有关，而且与流体饱和度和性质有关，并且流体的有效渗透率之和总是小于岩石的绝对渗透率。

相对渗透率：当岩石中有多相流体共存时，每一相流体的有效渗透率与岩石绝对渗透率的比值称为相对渗透率。同一岩石的相对渗透率之和总是小于 1。

2. 达西定律

我们可以通过对达西定律（Darcy law）的认识，进一步了解和掌握渗透率的概念。

1）达西定律——层流定律

法国水利学家 Darcy 在 1956 年发表了流体在多孔隙度介质中流动规律的实验结果，其实验仪器设计见图 3-5。实验结果发现，无论砂层类型如何改变，流量总是与测压管水柱高差、砂层柱横截面积成正比，而与砂柱的长度成反比。在其比例系数中就包含渗透率的作用。

（1）水头形式的达西定律。水头形式的达西定律是通过实验总结得到的公式，见式（3-28）。

$$Q = K\frac{\Delta h}{L}\omega, \quad v = Q/\omega = K\frac{\Delta h}{L} \qquad (3-28)$$

其中，K——比例系数（称为渗流系数）；

Q——单位时间内通过筒中砂层的水流量；

v——渗流速度，单位时间内通过单位截面积的流量；

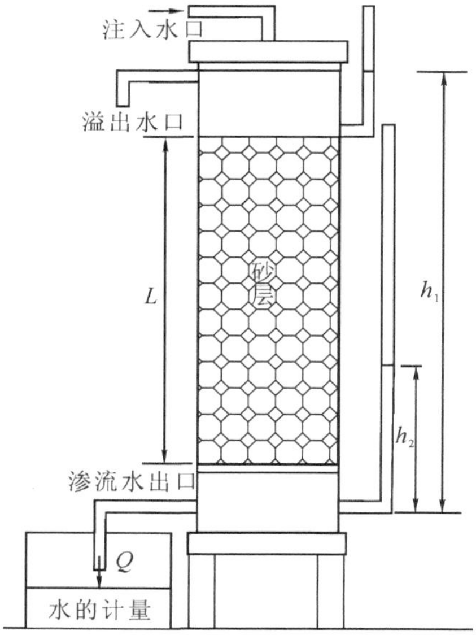

图 3-5　达西试验仪装置示意图

$\dfrac{\Delta h}{L}$ ——单位长度上的水头损失,其中 $\Delta h = h_1 - h_2$,L 为砂样沿水流方向的长度;

ω ——过水断面(包括岩石颗粒和颗粒间孔隙两部分)。

(2)压力形式的达西定律。如果将水头高度 h_1 和 h_2 换算成液面高度为 h 时的压力 P_1 和 P_2(折算压力),可得出折算成压力形式的达西定律公式(3-29)。

$$P_1 = \rho g h_1,\ P_2 = \rho g h_2$$
$$Q = \frac{K\omega(P_1 - P_2)}{\rho g L} = \frac{K}{\rho g} \cdot \frac{\Delta P}{L}\omega \qquad (3-29)$$

式中,ρ 为流体密度,g 为重力加速度。

设 $K' = \dfrac{K}{\rho g}$ 为压力形式的渗流系数,大量实验表明,渗流系数与流体的黏度(η)成反比,与砂样对流体的渗透性能(k)成正比,因此,渗流系数可进一步表示为:

水头形式时渗流系数

$$K = \frac{\rho g k}{\eta} \qquad (3-30)$$

压力形式时渗流系数

$$K' = \frac{k}{\eta} \qquad (3-31)$$

要特别强调的是,在式(3-31)的渗流系数中,分子项与岩石本身的孔隙特性有关,分母项与流体的特性有关,我们把渗流系数中的分子项(k),称为岩石的渗透率,它是含孔隙岩石渗透能力的固有特性(指确定的岩石),渗透率与流体的性质无关。

上述达西关系式是均匀孔隙介质中单相流体在稳定层流情况下推导出来的。如果不满足上述条件,岩石的渗透率就会降低。实际上,孔隙介质是不均匀的,其中的渗流往往为非稳定的线性渗流。但大量的实验表明,很多渗流还是符合达西定律的。

2)广义达西定律

对于实际中均匀的孔隙介质,当不均匀的流体(即多相)同时渗流时,常作非平面、非稳定的线性渗流,大量实验证明,这时达西定律也是适用的。当水头差和砂柱长度无限小时,广义达西定律见式(3-32)。

$$v = K\frac{\mathrm{d}h}{\mathrm{d}L} \qquad (\ K = \frac{\rho g k}{\eta}\ ) \qquad (3-32)$$

当折算压力差值和砂柱长度无限小时,广义达西定律为式(3-33)。

$$v = K'\frac{\mathrm{d}P}{\mathrm{d}L} \qquad (\ K' = \frac{k}{\eta}\ ) \qquad (3-33)$$

其中,$\dfrac{\mathrm{d}h}{\mathrm{d}l}$ ——单位长度的流动造成水头的变化量;

$\dfrac{\mathrm{d}P}{\mathrm{d}L}$ ——单位长度的流动造成折算压力的变化量;

k ——多孔隙骨架岩石的渗透率,仅与岩石骨架的性质有关,是多孔岩石的固有属性,单位为 m^2;

η ——流体黏度。

流体不同于固体,只要施加剪应力就会发生连续变形,流体的这种连续变形称为流动。同时流体也具有阻止变形的性质,一般称为流体的黏滞性。黏滞性是处于运动状态的流体阻止其产生剪切变形的性质的度量。

3)渗透率单位

CGS 制:流量 Q 的单位为厘米^3/秒(cm^3/s),黏度的单位为达因·秒/厘米^2(dyn·s/cm^2),长度的单位为厘米(cm),面积的单位为厘米^2(cm^2),压力单位为达因/厘米^2(dyn/cm^2),此时的渗透率单位为厘米^2(cm^2),在 SI 制中渗透率单位为米^2(m^2)。

混合制单位:流量 Q 的单位为厘米^3/秒(cm^3/s),黏度单位为厘泊(cP),长度单位为厘米(cm),面积为厘米^2(cm^2),压力单位为大气压。在此单位制中,把在一个大气压下,1 秒内流过长为 1 厘米,截面积为 1 平方厘米的多孔介质时,黏度为 1 厘泊的 1 立方厘米流体,定义为 1 达西(D),达西的数值太大,使用不方便,一般采用它的千分之一表示,称为毫达西(mD)。

$$1\ \mathrm{D} = 1000\ \mathrm{mD}, \quad 1\ \mathrm{D} = 1.02 \times 10^{-8}\ \mathrm{cm}^2 \approx 10^{-12}\ \mathrm{m}^2 = 1\ \mu\mathrm{m}^2$$

3.3.2　岩石渗透率的测量

1. 实验室测量方法

在实验室中常常把水作为测量渗透率的流体,但对于在水的作用下易发生溶解的岩石则不适合将水作为测量流体。另外,气体也可用作测量岩石渗透率的流体,例如氢气、氦气和氩气,尤其是岩石比较致密,渗透率很低时,更适合用气体作为测量流体。但当气体的质量过轻,或气体的压差过小时,气体不再具有连续流体的特征,实验结果往往偏小,此时要对其结果进行必要的修正。

1)稳态法(达西法)

基本上和图 3-5 所示的达西试验的实验方法一样,在装有岩石样品室的上端定量注入流体,由于压力差作用,在样品室下端会流出流体,等到流出的流体达到稳态时,测量流体的流量。此方法比较适合于测量一些渗透率较高的岩石的渗透率($k > 10^{-15}$ m^2),不适合于渗透率低的岩石。这是因为,当渗透率太低时,要达到稳态流动的时间太长,而且流量又特别小,使实验变得很困难。

2)压力脉冲法

对于渗透率很小岩石,达到稳态的时间很长,稳态法受到一定的限制。而脉冲法无须达到稳态,就可以测量,大大缩短了实验时间,其实验装置如图 3-6 所示。压力脉冲法最早是由 Brace 等人提出来的,实验的基本过程是,先在样品两端施加 P_2 压力,然后突然提高样品上端压力到 P_1,相当于施加了一个孔隙压力脉冲,随后不断测量上下端的压力。由于岩石样品对流体的渗透作用,随着时间的延长,上端压力会逐渐降低,下端压力会逐渐增高,上下端最后会平衡于某个压力 P_f,其变化过程可用下式来表达,变化过程如图 3-7(a)所示。

样品室上端口压力,见式(3-34):

$$P_1(t) = P_f + (P_1 - P_f)\mathrm{e}^{-at} \tag{3-34}$$

样品室下端口压力,见式(3-35):

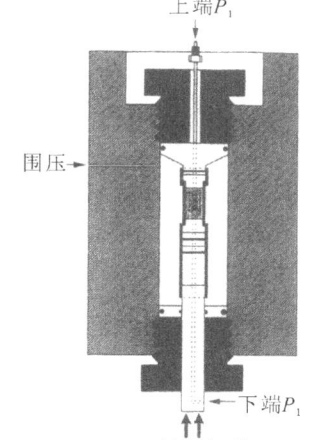

上端P_1

围压

下端P_1

轴向加载

图 3-6　三轴压力渗透测量装置

$$P_2(t) = P_f - (P_f - P_2)e^{-\alpha t} \tag{3-35}$$

上式中的系数 α 与渗透率 k 成正比，可在 $P_1(t)$ 和 $P_2(t)$ 对时间的对数坐标图中由直线的斜率求出岩石的渗透率，如图 3-7(b)所示。

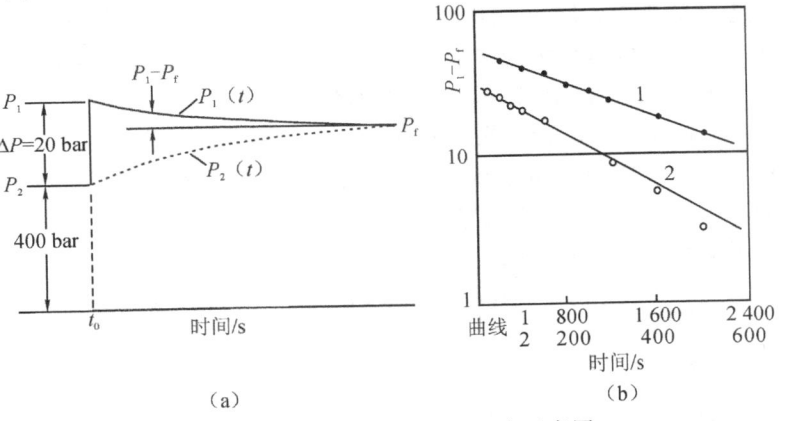

（a）　　　　　　　　　　　　　　（b）

图 3-7　压力脉冲法测量渗透率示意图

3）周期加载法

在样品的一端加随时间正弦变化的孔隙压力，测量岩样另一端对此周期加载的孔隙压力的振幅和相位的变化，对比岩石上、下端的孔隙压力振幅和相位变化曲线，通过计算可以得到岩石的渗透率，如图 3-8 所示。

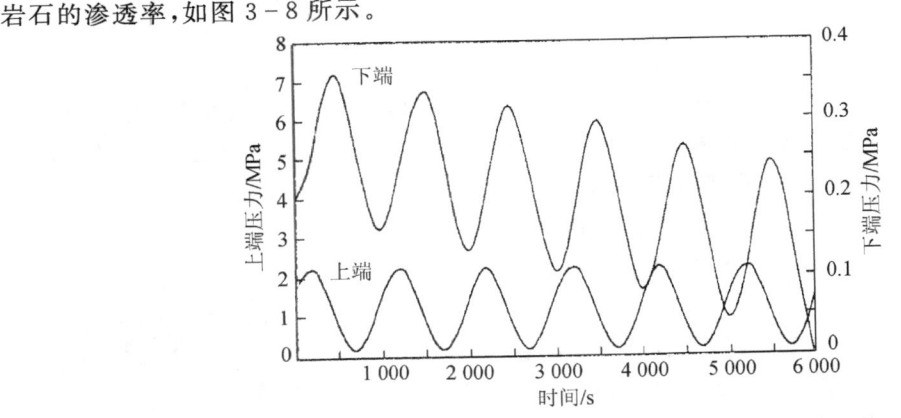

图 3-8　周期加载中孔隙压力振幅和相位的变化（据 Kranz 等）

2. 岩石原位测量方法

1）地震属性确定法

基本原理：根据双相介质中地震波的传播理论，获得地震记录与双相介质物性参数之间的关系。由于渗透率与地震属性之间是多值函数关系，可通过 RS 理论找出与渗透率关系密切的地震属性，得到优化属性组合，再利用神经网络进行训练，训练结果可对未钻井处的已进行属性选择的地震属性进行模式分类，最后利用函数逼近法估计岩石的渗透率。

2）核磁共振法

基本原理：在外加静磁场 $\boldsymbol{B}_0$ 的作用下，原子核会以进动频率 ω_0 沿 $\boldsymbol{B}_0$ 方向产生宏观磁化矢

量 M_0。在垂直 B_0 方向加一交变磁场 B_1，且 B_1 的频率 ω_1 与 ω_0 相同时，原子核会吸收 B_1 的能量，发生共振吸收现象，此时 M_0 会偏转一定的角度。当 B_1 快速切断时，M_0 将向 B_0 方向恢复，在此恢复中：M_y 分量以时间常数 T_2 衰减为零；M_z 分量以时间常数 T_1 恢复为 M_0。实验研究表明，岩石孔隙流体的 T_2 与孔隙直径相对应，小孔对应短 T_2，大孔对应长 T_2，当孔隙中为单相流体时，可直接刻度为孔径大小。这样就可以进一步确定束缚流体体积和自由流体体积，进而可确定地层的渗透率。现有的经验公式较多，如式（3 – 36）：

$$k = C\varphi^4 T_{2\lg}$$ (3 – 36)

其中，C 为系数，$T_{2\lg}$ 为 T_2 的对数平均，φ 为有效孔隙度。

3）Stoneley 波法

斯通利波的能量主要分布在井内流体中，由于地层的渗透性，井中一部分流体将在声波到达时流向地层，从而带走部分能量，导致斯通利波幅度减小。地层渗透率和孔隙度越大，孔隙流体的黏性越小，可压缩性越大，则从井内流入地层的流体就越多，斯通利波幅度衰减越明显。当声源频率低于 3 kHz 时。地层渗透率变化引起的斯通利波幅度衰减比较明显，因此可以利用低频斯通利波幅度的衰减确定地层渗透率。

3.3.3　岩石渗透率的影响因素

1. 岩石种类

岩石种类不同，具有不同的孔隙结构和孔隙度，因而渗透率具有很大的差异。例如砾岩和砂砾岩渗透率的差别可达 10^{-12} m^2 或更大。即使是同一类岩石，由于生成环境和内部结构不同，渗透率的变化也可以达几个数量级。不同种类的岩石，其渗透率变化范围更大，可达近 10 个数量级，如图 3 – 9 所示。一般来说砂岩的渗透率大于其他各类岩石，碎屑沉积岩的渗透率大于化学沉积岩，在碎屑沉积岩中，泥岩或泥质页岩的渗透率最小。喷出岩浆岩的渗透率大于侵入岩浆岩，变质岩的渗透率一般都很低。当岩石受到地质作用产生裂隙和溶蚀孔洞时，各类岩石的渗透率会大幅增加。

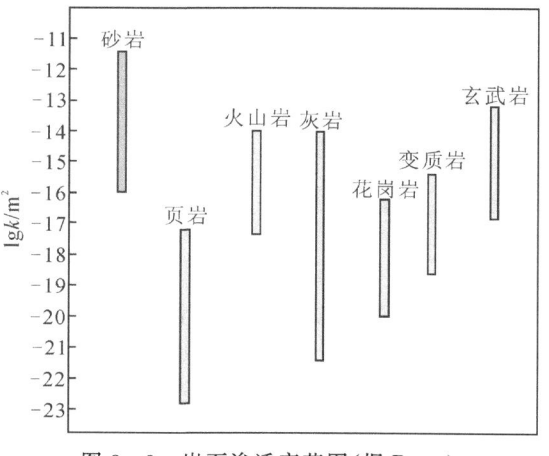

图 3 – 9　岩石渗透率范围（据 Brace）

2. 孔隙度

岩石中的孔隙是流体赖以渗透的空间和通道，是影响渗透率的重要因素。没有孔隙就不存在渗透性，但有孔隙不一定具有渗透性。一般来说不论哪种岩石，渗透率与岩石孔隙度都为正相关关系，如图 3-10 中，砂岩的孔隙度和渗透率的实验结果呈现出非线性关系，渗透率近似为孔隙度的平方。对渗透率有贡献的是有效孔隙度，而被封闭的残余孔隙度对渗透率无贡献，因此当残余孔隙度增高时，其渗透率不增加。

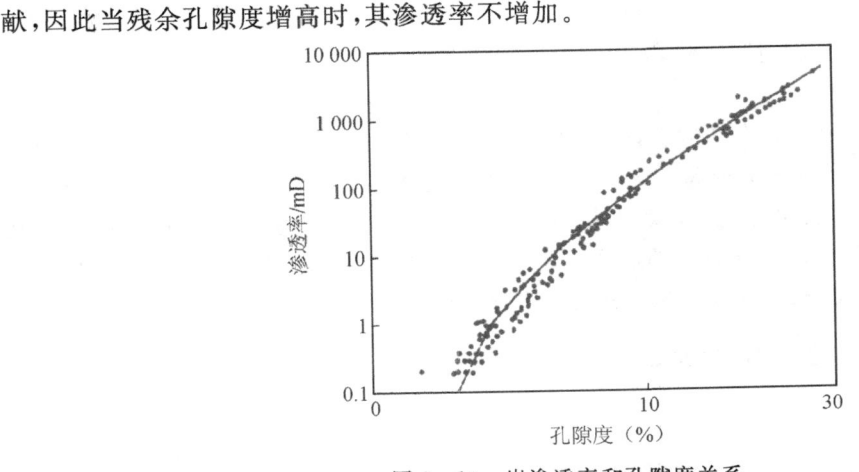

图 3-10 岩渗透率和孔隙度关系

3. 孔隙结构

除了孔隙度外，岩石本身的孔隙结构特性，也是影响渗透率的重要因素之一。对于各种不同粒径的砂岩，随着粒径变小，在同样孔隙度下，渗透率减小。在同样孔隙度下，孔喉越细小，即细小的孔喉越多，会使岩石渗透率降低越多。就裂缝宽度和毛细管的半径因素来讲，岩石渗透率与裂缝宽度的平方或毛细管孔隙半径的平方成正比关系，见式（3-37）和式（3-38）。

$$k = \eta \frac{b^2}{12} \tag{3-37}$$

其中，η 为裂隙孔隙度，b 为裂隙宽度。

$$k = \eta \frac{r^2}{8} \tag{3-38}$$

其中，η 为毛管孔隙度，r 为毛管孔隙半径。

4. 岩石环境压力

岩石所受围压的增加，会使岩石中已有的裂纹和孔隙逐渐闭合，减少流体在岩石中的渗透通道，从而导致岩石渗透率减小，如图 3-11(a)、(b)所示。因此，横向来说，同一岩层由于不同部位的构造应力不同，其渗透率可能不尽相同。纵向来说，随着深度的增加，地层压力增大，其渗透率一般要减小。在张应力发育区的脆性岩石一般会产生大量的张性裂隙，在挤压应力发育的部位不但会产生剪切裂隙，还会产生张性裂隙，使整体岩层的渗透率明显增大。但岩石中孔隙压力的影响和围压的情况则相反，也就是说孔隙压力增大有利于提高渗透率。

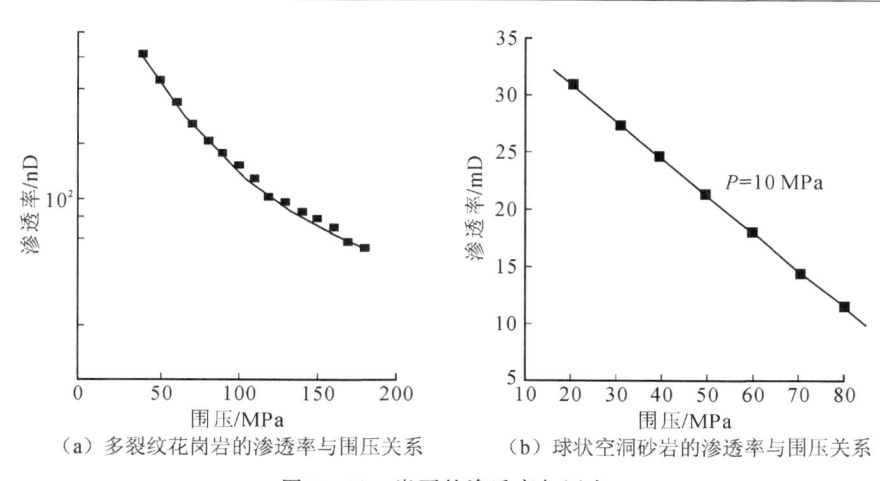

（a）多裂纹花岗岩的渗透率与围压关系　　　（b）球状空洞砂岩的渗透率与围压关系

图 3-11　岩石的渗透率与压力

5. 岩石环境温度

岩石受热后,由于组成岩石的各种矿物的热膨胀率不同,矿物颗粒边界会出现裂纹,并且会提升裂纹的连通性,从而提高岩石的渗透率。如碳酸盐岩石加热至 $110\sim120$ ℃时,热开裂形成的裂纹连通,导致岩石渗透率有 $8\sim10$ 倍的增加,见图 3-12。

流体在岩石中运移时,温度的升高会使流体的黏度降低,从而增大岩石的渗透系数和流体的流量。

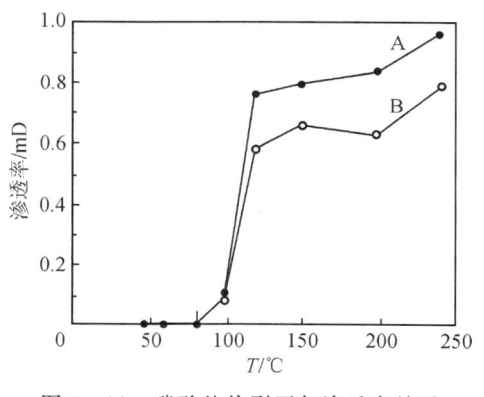

图 3-12　碳酸盐热裂开与渗透率关系

3.3.4　常见岩石的渗透率

岩石渗透率分布特征和孔隙度一样,除了与岩石种类有关外,更与岩石后期的地质作用有关。一般来说,构造破碎、风化、溶蚀、生物等作用会使岩石的渗透率增大,区域变质、接触交代变质、热变质等作用会使岩石的渗透率降低。

在表 3-13 中,花岗岩的渗透率为 0.008 mD,有裂隙的花岗岩为 435 mD,发生风化时为 1 656 mD,渗透率可增加几个数量级。同样,辉绿岩经风化后、玄武岩有裂隙后渗透率也都大幅增加。另外,喷出的玄武岩和凝灰岩渗透率明显大于侵入岩。

表 3 - 13　岩浆岩渗透率表

岩石名称	编号	渗透率/mD				温度/℃	孔隙度/(%)
		最小值	最大值	平均值	渗透物		
花岗岩	1	0.000 1	0.016	0.008	水	24	
有裂隙的花岗岩	106	0.487	4349	435	水		
风化的花岗岩	7	342	5 383	1 656	水		45
玄武岩	93	0.002	44	10	水	15.5	17
有裂隙的玄武岩	37	63	13 457	994	水		
辉绿岩				0.000 001	水	15.5	
风化的辉绿岩	4	48.65	393	197	水	24	
凝灰岩	44	0.004 9	828	248	水	15.5	41
有大孔隙的流纹岩	10	124 223	838 509	124 223	水		

　　在表 3 - 14 中,火山碎屑岩(135 mD)、砂岩(1 242 mD)和细砂岩(249 mD)的渗透率都明显大于化学沉积岩(白云岩和石灰岩,0.5~1.5 mD)。在砂岩中,随着粒级变细,黏土含量增加,其渗透率显著降低。

表 3 - 14　沉积岩渗透率表

岩石名称	编号	渗透率/mD				温度/℃	孔隙度/(%)
		最小值	最大值	平均值	渗透物		
白云岩(垂直实验)	3	0.004	3.42	1.5	水	15.5	
石灰岩(垂直实验)	13	0.001	4.86	0.5	水	15.5	
火山碎屑岩	8	0.62	1 035	135	水		
黏土岩(垂直实验)	2			0.1	水	15.5	
砂岩(垂直实验)	8	113	3 313	1 242	水		11.7
细砂岩	20	0.39	1 760	249	水	15.5	33
粉砂岩	8	0.001	1.45	0.2	水	15.5	
黏土质粉砂岩	8	0.000 3	0.135	0.03	水	15.5	

　　在表 3 - 15 中,变质岩的渗透率都很低(0.001~0.004 6 mD),但由于构造作用产生裂隙后,渗透率会大幅度增加(68~1 242 mD)。

　　表 3 - 16 列出了依据孔隙度和渗透率对储层的分级以及我国油田部分地层的渗透率。

　　储层岩石的渗透率是评价储层优劣的主要指标,油藏岩石渗透率变化范围一般在 5~1 000 mD。

表 3 – 15　变质岩渗透率表

岩石名称	编号	渗透率/mD				温度/℃	孔隙度（%）
		最小值	最大值	平均值	渗透物		
有裂隙的片麻岩	131	0.049	2 692	68	水		
石英岩	9	0.000 1	0.004 6	0.001	水		1.9
有裂隙的石英岩	135	0.2	2 691	383	水		
片岩	1			0.002	水	15.5	14
有裂隙的片岩	481	0.487	12 422	1 242	水		
板岩	12	0.000 2	0.04	0.004 6	水	15.5	

表 3 – 16　油田储层孔渗一般分级、我国油田部分储层渗透率情况

级别	孔隙度/%	渗透率/mD	油田名称和层位	绝对渗透率/mD
特高	＞30	＞2 000	大庆油田 萨一组	300～2 500
高	25～30	500～2 000	胜利油田 沙二段	200～1 500
中	15～25	100～500	克拉玛依油田 克上组	260
低	10～15	10～100	玉门油田 M 层	24.2
特低	＜10	＜10	辽河油田 高 10 块莲花层	700～1 200

第4章 岩石的强度

自然界不同种类的岩石有着各自的坚硬特性,这一特性可用强度来表征。新鲜岩石一般比较坚硬,受力不易破裂,强度大;而受风化作用后的岩石,受力易破碎,强度就小。岩石强度是衡量岩石基本力学性质的重要指标,是建立岩石破坏判据的重要指标,还可用于估计其他力学参数。岩石的这种力学特性已广泛应用于建筑行业、水利水电工程、地质灾害研究与预防、断裂构造研究等方面。

4.1 岩石的强度概念

岩石强度:指岩石抵抗载荷(外力)而不被破裂(坏)的能力,是岩石承受外力的极限应力值。岩石所受应力一旦达到所能承受的极限应力值(强度),就会被破坏,从而完全失去恢复能力。

屈服点:指在作用力还未达到强度值的过程中,存在的一个应力增大不明显而应变增大明显的应力值点。在屈服点之前,岩石具有很强的抵抗应变恢复原形的能力,在屈服点与强度值之间,恢复能力会大幅减弱,但还有一定的抵抗应变恢复原形的能力。

受力方式:受力方式不同,表现出不同的强度特性,如抗张强度、抗压强度和抗剪切强度。因而,同一岩石如果受力方式不同,就有抗张、抗压和抗剪切强度之分。

受力条件:如受力时间、受力快慢、温度压力等。岩石受力条件不同,不但可表现出变形、破裂,还可表现出疲劳和蠕变等现象,这些现象有着一定的内在规律性。

4.2 岩石强度的主要影响因素

1. 岩石成分和结构

组成岩石的矿物种类及含量、矿物颗粒大小、固结程度、胶结物种类、矿物形态与分布等均会影响岩石的各种强度(如抗压、抗张和抗剪)特征。一般来说,固结程度高、硅质胶结、细粒、交错结构的岩石强度就大,而那些成岩程度低、泥质胶结、定向排列的岩石强度小。例如岩浆岩和一些变质岩的强度都比较大,如花岗岩、石英岩等;沉积岩的成岩作用越彻底,其强度越大,泥岩的强度一般都比较小;变质程度越大的岩石,其强度一般就越大,如混合岩化岩、片麻岩和片岩等。

2. 岩体中的不连续面和间断面

岩石中微裂缝、微小断裂、节理、层理等的发育程度和分布情况,会直接影响岩石的强度,使岩体强度大幅降低,这些不连续面或间断面的定向分布,会降低岩体在不同方向上的强度。例如沉积岩由于存在层理,在平行层理方向和垂直层理方向的强度有很大的不同。如果岩浆岩存在裂缝、节理、裂隙,其各种强度会明显降低。如果在岩体中还存在一些软弱的结构面(如泥质层、碎裂层等),其各种强度也会明显降低,因此在岩体稳定性问题中,软弱结构面是一个重要的影响因素。

3. 岩石的孔隙度及流体性状

岩石的孔隙度以及其中所含流体的种类、饱和度、渗透率等因素以复杂的关系影响着岩石强度。实验表明,当岩石孔隙中含水时,其抗拉强度、抗压强度和抗剪切强度都有所降低,尤其是孔隙压力的作用,对岩石强度的影响更为显著。另外,岩石的脆性也与孔隙压力有关,在相同围压下,孔隙压力增大,岩石的脆性增大。岩石饱和水后会使岩石的软化系数降低。当岩石孔隙中含有油或气时,由于它们对岩石的湿润性、溶解性、可压缩性和黏滞性的影响不同,对岩石强度的影响也不同。

4. 岩石的压力和温度环境

岩石的温度和压力条件也是影响岩石强度的主要因素。对于完整岩石来说,岩石在某方向作用力下的强度与围压有关,围压增大时,其强度随之增大。比如在钢筋混凝土桥柱上包一层钢筒,等于增加围压,可大幅提高桥柱的承载力。实验结果表明,岩石的强度随温度升高而降低,其主要原因是,在较高的温度和压力作用下,岩石容易发生脆性到韧性的转变,从而导致了岩石强度的下降。但在常压下,一定温度范围内,随着温度的升高,岩石的脆韧性变化不太显著。

5. 岩石的风化程度

自然界所有的岩石,如果处于风化环境,并遭受一定程度的风化,岩石的各种强度都会降低,风化程度越强烈,强度降低越显著。这是因为风化作用(包括温度冷热变化作用、溶解性和溶蚀流体作用、植物根的作用、氧化作用等)会使原有岩石的完整性受到破坏,发育大量的裂隙裂纹,岩石颗粒变得比较松散,甚至矿物成分都发生大的变化,形成风化环境下稳定的松散残留物,例如坚硬的花岗岩可风化成强度很低的黏土物质。因此,风化带中的岩石相对于原岩,其强度一般都比较小。

6. 岩石的各向异性

岩石在形成时或者形成后的地质作用下,内部矿物成分或裂隙分布会呈现一定的方向性,从而导致岩石强度的各向异性。例如沉积岩的沉积韵律层、定向的构造裂隙等。

7. 岩石样品尺寸大小

理论和实验都已证明,随着测试样品尺寸的增大,岩石强度随之下降。如当样品尺寸增加 $10\sim100$ 倍时,玄武岩的测试强度可降低至 $1/10$。因此,在强度测量时,样品要有统一尺寸,才能有可比性。

8. 加载应变率大小

在岩石强度测量时,加载应力的速率对所测的强度有一定的影响,总的来说,随着应变率的增加,岩石的测量强度亦增加,也就是说,快速加载时测量强度大,而慢速加载时测量强度偏小。但加载应变率对不同岩石的影响程度不同,有的明显,有的不太明显,具体实践时应视情况而定。

4.3　岩石的抗压强度

抗压强度是指岩石抵抗压应力而不被破坏的极限应力值。测量岩石抗压强度的方法有许多种,常见的试验方法主要有三种:单轴试验(单向对作用面施加压力)、三轴试验(三向对作用面施加压力)、点载荷试验(单向对作用点施加压力),如图 4-1 所示。在三轴试验中,可分真三轴($\sigma_1 \geqslant \sigma_2 \geqslant \sigma_3$)和假三轴($\sigma_1 \geqslant \sigma_2 = \sigma_3$)两种方法,但由于真三轴试验装置复杂,试验费用大,且立方体试样的六个面受到压板所引起的摩擦力对试验结果影响很大,一般实用意义不大。

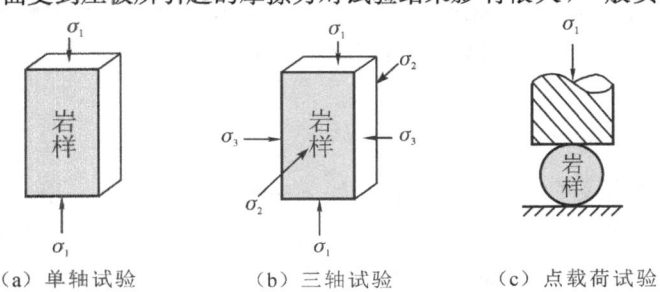

（a）单轴试验　　　　（b）三轴试验　　　　（c）点载荷试验

图 4-1　抗压试验装置示意图

4.3.1　单轴抗压强度及一般特征

1.单轴抗压试验

单轴抗压强度为岩石试样在无侧压(限)情况下,受轴向压力作用破坏时,其单位横截面积上所承受的压力(载荷)。单轴抗压试验中,岩石试样的受力方式如图 4-1 所示,试验用的单轴抗压仪如图 4-2 所示。尽管单轴抗压强度不能等同于地下岩石的实际抗压情况,但还是能够反映岩石的强度。一些常见岩石的单轴抗压强度数据如表 4-1 所示。强度计算公式如式(4-1):

$$R_c = P/A \qquad (4-1)$$

其中,P 为压力(载荷),A 为受力面积。

图 4-2　单轴抗压仪

强度换算单位:$1\ \text{MPa} = 10^6\ \text{Pa}$,$1\ \text{kg/cm}^2 \approx 0.098\ \text{MPa}$。

2.影响强度测试的因素

1)末端效应

即样品和压力机的接触状况。测量时,样品两端面要平行,要和压力机完全吻合,并且压力机和样品之间要有足够的摩擦系数。当接触面不规则时,测量强度偏小;摩擦系数小时,测量强度也偏小。

2)尺寸效应

据最弱环节理论,样品越大,样品中弱环节存在的概率越大,强度降低的可能性越大。单轴抗压强度一般和样品尺寸呈反比关系,即 $R_c \propto a^{-x}$（a:样品的特征尺寸;x:常数)。

3)加载速度

高速加载往往会引起岩石抗压强度值的增加,在正常的加载率(0.5~3 MPa/s)下,岩石的抗压强度不会出现明显变化。

4)湿度影响

岩石中的水分可以以两种不同的方式改变岩石的强度。孔隙压力能够影响颗粒间的接触应力,使岩石强度增大。水分也可以沿着薄弱面流动增加其不稳定性,减少剪切摩擦力,使岩石强度降低。

5)粒度与机器硬度

样品的粒度可以影响破裂的方式。细粒岩石一般呈现出张性破裂,粗粒岩石一般呈现出圆锥形剪切破裂,一般来说,细颗粒岩石比粗颗粒表现出更高的抗压强度。另外,对于强度测试压力机来说,压力机的缓冲性将会消耗一定的压力,从而影响测量的结果。

3. 岩石单轴抗压强度的一般特征

一般来说,岩浆岩、石英岩和特别坚硬的硅质砂岩,都具有较大的抗压强度,例如一些未风化的玄武岩,其无侧束抗压强度可达到 3 000 kg/cm²。

从影响抗压强度的三个主要因素:岩石结构、胶结物性质和裂隙定向来说。对于结晶颗粒大小而言,一些细粒的岩石或隐晶质的岩石,其抗压强度往往较粗粒大;对于岩浆岩和变质岩来讲,晶体颗粒彼此联结得很牢固的岩石,其抗压强度自然要大于联结不良的岩石;对沉积岩而言,其抗压强度大多决定于胶结物的性质,其中砂岩、砾岩和角砾岩更是如此。例如,当砂岩中的胶结物是黏土时,其抗压强度低,而当胶结物是硅质时,砂岩的抗压强度变强。对于具有定向层理和裂隙等的岩石,其抗压强度因方向而异。如在沉积岩中,一般垂直于层理方向的抗压强度大于平行层理方向。如果岩石具有裂缝、细小矿脉或片理等,则不同方向上的抗压强度不同。此外,干燥岩石和湿岩石的抗压强度也有明显的不同,干燥岩石的强度一般大于湿岩石,如表 4-1 所示。

表 4-1 常见岩石的单轴抗压强度   单位:MPa

岩石名称	抗压强度		岩石名称	抗压强度		岩石名称	抗压强度	
	干的	湿的		干的	湿的		干的	湿的
细粒花岗岩	265	241	石英砂岩	175	166	石灰岩	207	189
花岗斑岩	153	132	细硅质砂岩	157	115	白云质灰岩	127	65
闪长岩	130	100	细砂岩	139	76	泥质灰岩	75	60
辉绿岩	273	246	黏土质砂岩	127	62	泥灰岩	45	21
安山岩	256	218	泥质细砂岩	80	56	结晶灰岩	135	109
凝灰岩	179	154	泥质砂岩	65	52	石英岩	145	139
玄武岩	266	189	砂质黏土岩	37	25	角闪片岩	219	163
正长岩	200	100	黏土岩	24	12	砂质板岩	197	150
辉长岩	280	100	红色砂砾岩	18	10	片麻岩	200	100

4.3.2 点载荷抗压强度

上述单轴压缩试验,虽然满足抗压强度定义,但制备试样比较费时费工,而且往往制备的样品不是太理想。当近似的强度值就能满足一定的应用要求时,可采用点载荷试验法测量抗压强度,该方法中,样品上下端的作用力以点接触,而不是面接触,这样可以省去许多制样麻烦,而且试验仪器也可以做成便携式在野外进行测量,如图 4-3 所示。此时,抗压强度的计算公式如式(4-2)所示:

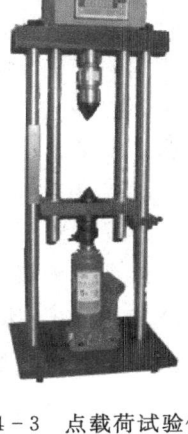

$$I_s = \frac{P}{d^2} \ , \quad d^2 = \frac{4A_f}{\pi}, \quad A_f = D \cdot W_f \qquad (4-2)$$

其中,I_s——点载荷指数;

　　　P——载荷;

　　　d——等效圆直径;

　　　A_f——破裂面等效面积;

　　　D——载荷点之间的距离;

　　　W_f——垂直于载荷点的平均宽度。

当岩心直径为 54 mm 时,点载荷指数抗压强度如式(4-3)所示:

图 4-3　点载荷试验仪

$$R_c = 24I_s \qquad (4-3)$$

通常单轴抗压强度是点载荷指数抗压强度的 20~25 倍,抗拉强度是点载荷指数抗拉强度的 1.5~3 倍。点载荷指数可直接作为岩石强度分类及岩体风化带的指标,也可以用于评价岩石强度的各向异性程度,并预估与之相关的其他强度值(如单轴抗压和抗拉强度等)。

1. 主要实验方法

基本过程是将岩石试样置于上下两个球端圆锥状压板之间,对试样施加集中载荷,直至试样被破坏,测量出破坏载荷和破裂面大小,然后求得岩石点载荷强度。

实验设备主要包括油压机、承压架、球端圆锥状压板等。球端圆锥压板的球面曲率半径为 5 mm,圆锥体由顶角 60°的坚硬材料(如碳化钨)构成。

样品准备:将肉眼可辨的地质特征相同的岩石试样分为一组,每组不少于 15 块。可采用岩芯样,规则或不规则的块体试样。试样加荷点附近的岩石不宜过于凹凸不平或倾斜。

主要步骤:描述试样特征(结构,构造,裂隙及风化程度等),检查试验仪器,将试样放入试验仪中,并让接触点尽可能地处于样品的中心,以在 10~60 s 内能使试样破坏的加载速度匀速加载载荷,直至试样破坏。如果破坏后的破裂面只通过一个加载点,则试验无效,如图 4-4 所示。试验结束后,测量试样破坏面上两加载点之间的距离 D 和垂直于加载点连线的平均宽度 W_f,描述试样破坏特点(破坏面的平直、弯曲等)。对于不同的破裂类型,破裂面的平均宽度的求法不同,如图 4-5 所示。

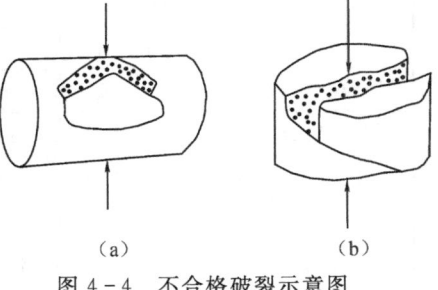

(a)　　　　　　　　　(b)

图 4-4　不合格破裂示意图

2. 资料处理

实验结束后,将测得的数据按下列公式进行处理:

$P = C \cdot F$　　　　　　(C:千斤顶的活塞面积,mm^2;F:油压机压力读数,MPa。)

$A_f = D \cdot W_f$　　　　　(W_f:垂直于加载点的平均宽度;D:载荷点之间的距离,mm。)

$d^2 = 4 \cdot A_f / \pi$　　　　(A_f:破坏面积,mm^2;d:等效圆的直径,mm。)

$$I_s = P/d^2 \qquad (I_s: 点载荷强度指数, MPa。)$$

$$I_s = \frac{1}{13}\sum_{i=1}^{13} I_{si} \qquad (去掉最大和最小值后求其平均值, 代入下式进行计算。)$$

$$R_c = 24I_s \qquad (岩心直径为 54\ mm 时。)$$

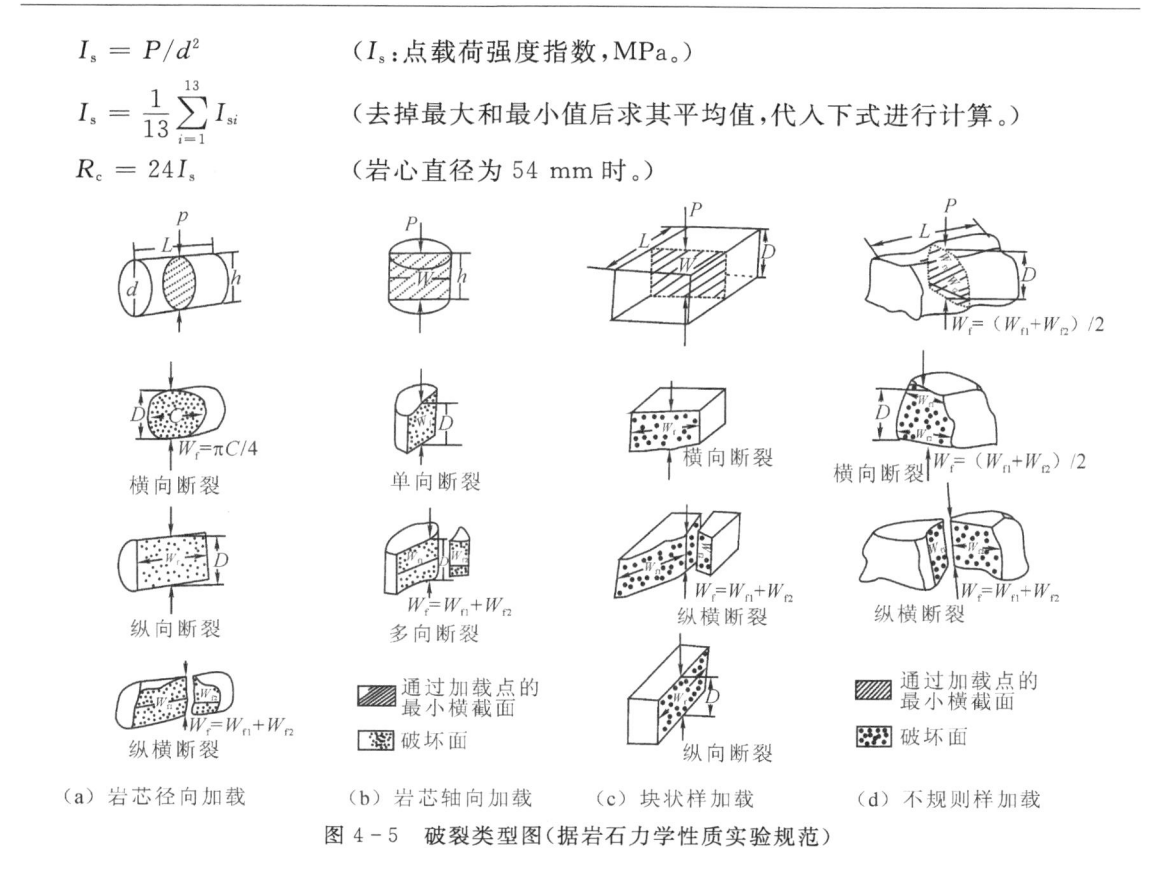

（a）岩芯径向加载　　　（b）岩芯轴向加载　　　（c）块状样加载　　　（d）不规则样加载

图 4 - 5　破裂类型图（据岩石力学性质实验规范）

在图 4 - 5 中，P 为施加于样品上的载荷；W_{f1} 为试样破坏面最小宽度；W_{f2} 为试样破坏面最大宽度；W_f 为试样破坏面近似宽度；C 为椭圆破坏面长轴，与加载轴线垂直；D 为试样破坏面上加载点之间的距离；d 为圆柱试样（或岩芯）直径。

对于不规则样品，为了解决制样难的问题，前人还利用岩石样品比重和质量与破裂的关系进行测试，也可以得到近似的抗压强度，但误差较大，一般不使用该方法。在此提及此方法，目的仅是介绍一种解决问题的思路，其计算公式如式（4 - 4）所示。

$$R_c = P\left(\frac{\xi}{W}\right)^{2/3} \qquad (4 - 4)$$

其中，P——外加载荷，kg；

　　ξ——岩石比重，g/cm^3；

　　W——样品的质量，g。

4.3.3　围限抗压强度

前节所述的单轴抗压强度只能反映无围压情况下岩石所具有的抗压能力，但在有围压条件下，岩石的抗压性能与无围压单轴情况下大不相同，因此还有必要了解有围压条件下岩石的抗压特征。

1. 实验方法

地下岩石一般处于围限受压状态，这些岩石从各个方向受到地下压应力作用，每个单元都处于三轴应力状态下。为了获得原处(或原地)岩石的近似抗压强度特性,可以通过施加一定的围压($\sigma_1 \geqslant \sigma_2 = \sigma_3$)来测量抗压强度。围压介质可以是气体或者液体,但为了防止围压介质进入试样,在试样外面要包裹一层柔性致密材料。如果要测试孔隙压力对抗压强度的影响,试样外面就无需包裹材料,实验装置如图4-6所示。

2. 影响因素

围压条件:实验结果表明,当围压增大时,岩石的抗压强度随之增大。也就是说,由于围压的包围压紧作用,需要更大的压应力才能使岩石达到破裂极限。因此,围压不同,可测得的抗压强度不同。

如图4-7所示,常压下(相当于单轴试验),辉长岩的5个试样在300 MPa以下就会发生破裂,其抗压强度小于300 MPa;当围压升到68.95 MPa时,屈服应力达到600 MPa以上;当围压再升高到137.9 MPa时,屈服应力可达到950 MPa以上,而且每组试验测得的强度值均随应变率的增大而增大。

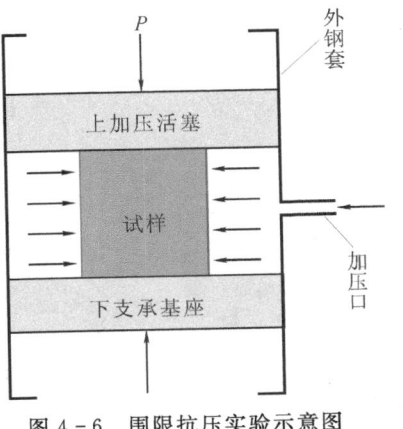

图4-6　围限抗压实验示意图

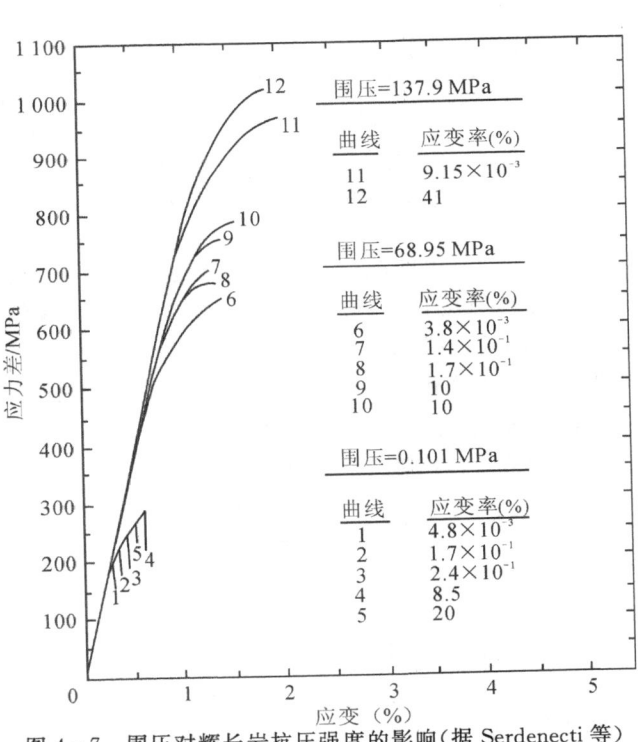

图4-7　围压对辉长岩抗压强度的影响(据 Serdenecti 等)

水饱和度:岩石的孔隙饱和度对其强度与应变特征有着明显的影响。图4-8给出了石灰岩的饱和度对静水压力(相当于三轴加载)与体积变化的加载与卸载的实验结果,从这三种饱和度岩石的压缩实验中可以看出,饱和度越大其曲线斜率越大,所反映出的强度性质越大。另外,岩石饱和度越小其残余应变越大,完全饱和样品的残余应变为3%,50%饱和样品的残余应变为7%,干岩石样品的残余应变为10%。残余应变的增加会降低岩石的各种强度,这些残余应变基本上是由于裂缝压紧闭合而产生的。

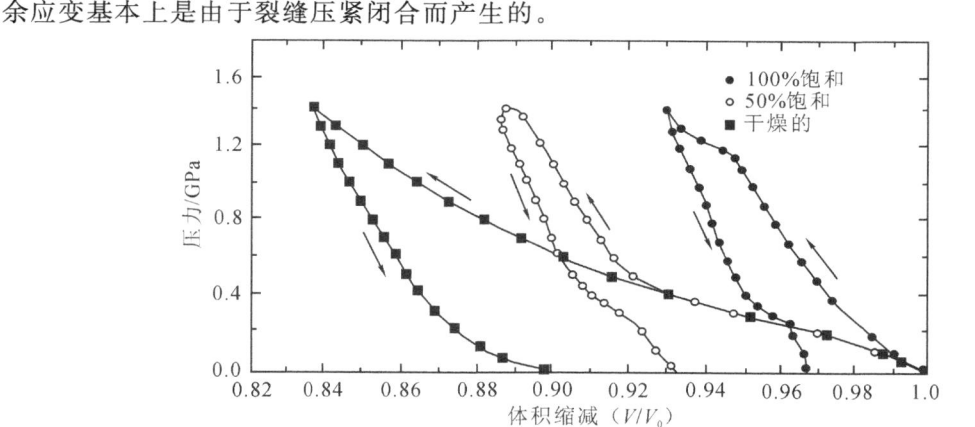

图 4-8　石灰岩孔隙饱和度对体应变的影响(据 Heard 等)

　　孔隙压力:岩石中的孔隙压力对岩石的力学性质有着明显的影响。孔隙压力涉及渗透率、边界的排水条件、颗粒黏合性质、颗粒表面吸附效应等,它们之间有着复杂的关系。图 4-9 为石灰岩孔隙压力对抗压特性的实验结果,结果表明,孔隙压力增大,石灰岩抗压强度降低,孔隙压力有抵消围压的作用。

　　温度条件:通常温度增加会导致抗压强度减小和韧性增大,如图 4-10 所示为温度对石盐抗压特性的影响。

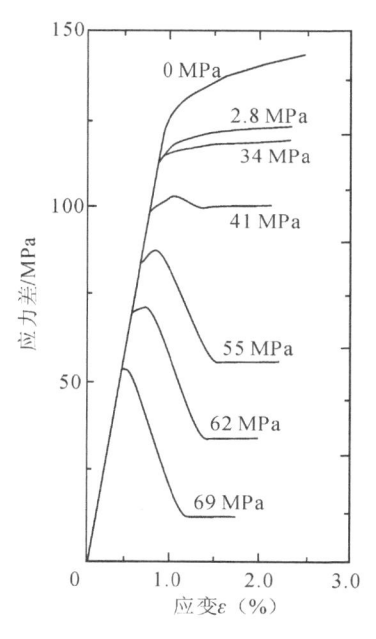

图 4-9　孔隙压力对石灰岩
抗压的影响(据 Robinson)

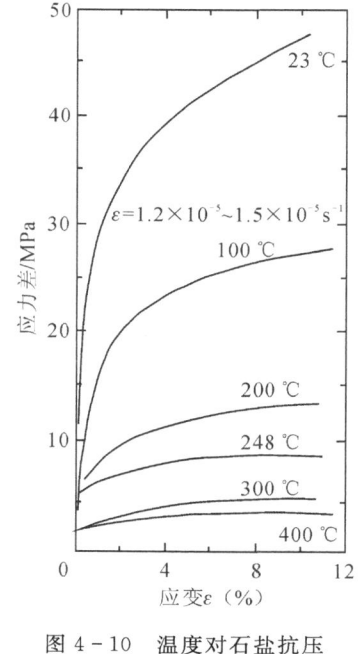

图 4-10　温度对石盐抗压
的影响(据 Heard 等)

3. 体积变化

　　岩石在三轴压力的作用下,会使内部的显微裂隙闭合、体积缩小。在极限应力范围内,岩石体积被压缩,为弹性变化,具有可逆性,此时的应力-应变关系近似为线性,体积可达到极小值。过极限应力值后,岩石出现破裂,为非弹性变化,具不可逆性,总体积开始增大。

4. 脆-韧性变化

岩石脆-韧性受围岩孔隙压力、应变率(或载荷率)、水或其他可以影响岩石化学特性物质的影响。通常岩石的韧性随围压和湿度升高而增大,随孔隙压力或应变率的增大而减小。

4.4　岩石的抗张强度

抗张强度是指岩石抵抗张(或拉)应力而不被破坏的极限值。一般来说,在受拉张力的作用下,岩石是比较脆弱的,抗张强度要比抗压强度小一个数量级。岩石试样在拉伸载荷作用下发生的破坏,通常是横截面的断裂破坏,岩石的拉伸(张力)试验可分为直接试验和间接试验两类。

4.4.1　直接抗张强度

直接拉拔法测量的岩石强度是最合乎定义的抗张强度,实验虽然看似简单,但末端夹持难度大,影响因素较多,比较费时费工,如图 4-11 所示。在实际工程应用中一般采用间接方法,如裂开法测量岩石的抗张强度。

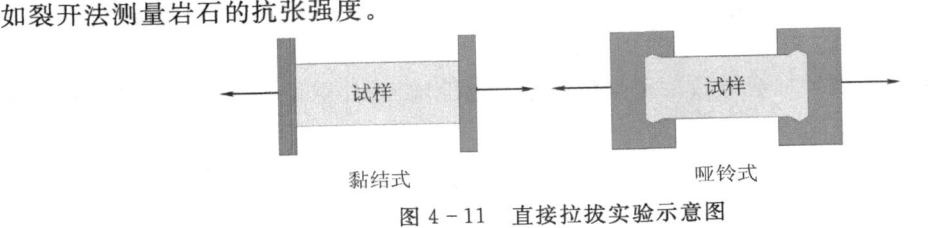

黏结式　　　　　　　哑铃式

图 4-11　直接拉拔实验示意图

抗张强度的计算公式为,破坏时的最大轴向拉伸载荷 P_t 除以试样的横截面积 A,见式(4-5):

$$R_t = P_t/A \tag{4-5}$$

4.4.2　间接抗张强度

1. 裂开法(巴西法)

裂开法是沿圆柱体试样直径方向施加相对线性载荷,使试样内部沿径向引起拉张应力而使岩石破裂的试验方法,如图 4-12 所示。对于大多数工程设计要求来说,这种裂开法测得的近似抗张强度就可以使用了,且裂开试验比较简单,易实现,因此该方法得到了普遍应用。

裂开法测量间接抗张强度的主要试验过程包括压力机和附件的检查,制取满足规范要求的样品,严格按要求测试和最后的资料整理等环节。

主要设备:压力机、抗拉夹具、卡尺,钢丝垫条(直径 2 mm)、钻孔机(直径 50 mm)、切磨石机等。

试样制备:以直径 50 mm,高径比 0.5～1.0 的圆柱体岩石作为标准试样。样品应保持试样的天然结构,不允许

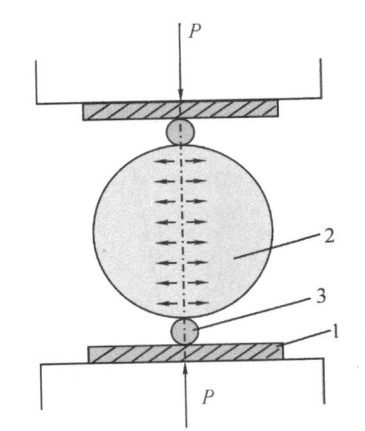

1—钢压板;2—试样;3—钢丝垫条。

图 4-12　裂开法示意图

有人为的损伤、缺角，两端面应垂直于轴线。

试验步骤：取三块制备好的试样进行岩石特征描述，并检查加工精度。根据试样估计载荷范围，在两个受压端的上下各放置一根钢丝垫条，将装有试样的夹具置于试验机承压板中心（见图 4-13），使其均匀受力，以 0.3～0.5 MPa/s 的加荷速度施加载荷至样品破坏，可利用式（4-6）计算岩石试样的抗张强度。

资料整理：将实验过程中测得的数据代入式（4-6）计算岩石试样的抗张强度：

$$R_{\mathrm{t}} = \frac{2P}{\pi Dh} \qquad (4-6)$$

其中，R_{t}——岩石的抗张强度，MPa；

　　P——破坏载荷，N；

　　D——试样直径，mm；

　　h——试样厚度，mm。

最终的计算结果取三块试样的算术平均值，精确到小数点后一位。

此方法的理论前提是假定岩石为弹性介质，是应用弹性理论进行的间接测定，因此对坚硬脆性岩石比较适用。用裂开法测定岩石抗张强度，比用其他方法简便，测定结果也更稳定，测出的岩石抗张强度值取决于试样形状和加荷条件的某种函数特征值。目前，我国地质、煤炭、水电等部门均采用此方法测定岩石的抗张强度。

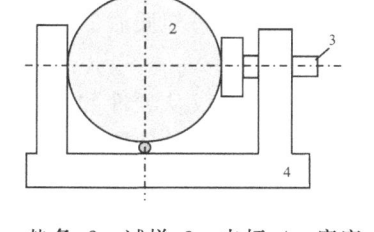

1—垫条；2—试样；3—夹杆；4—底座。

图 4-13　拉张夹具示意图

2. 其他间接测试方法

1）圆周应力法

在一个空心的岩石样品受到内压作用的情况下，当膨胀力达到岩石的抗拉强度时，空心圆柱岩芯就会发生破裂，破裂时的内压力就是岩石的抗张强度。此方法虽然独特，但缺点是得到均匀厚度的岩芯柱并不容易，制样难度大，并且在挖空加工中，很有可能使岩石样品产生微裂隙，从而影响岩石的实际抗拉强度。圆周应力法示意图如图 4-14 所示，计算公式见式（4-7）。

$$C_{\mathrm{t}} = P_{\mathrm{f}}\left(\frac{r_2^2 + r_1^2}{r_2^2 - r_1^2}\right) \qquad (4-7)$$

其中，r_1 为岩芯内径；r_2 为岩心外径；P_{f} 为破裂时的内压值。

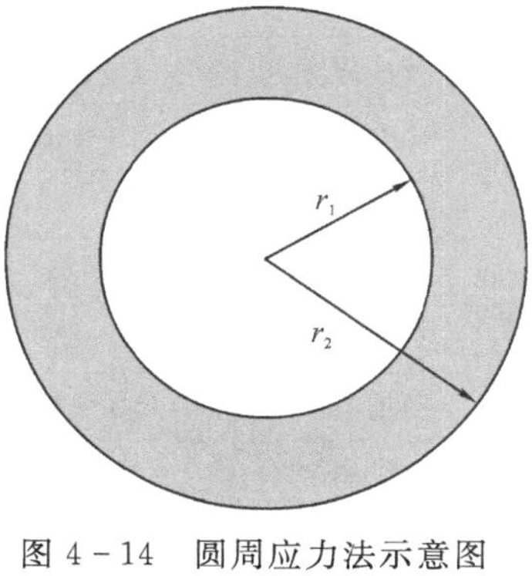

图 4-14　圆周应力法示意图

2）破裂模量法

尽管破裂模量非真正的抗张强度值，因为破裂始于拉张应力。由于复合应力的作用，破裂模量值一般是拉拔试验的两倍多。试验方法如图 4-15 所示，计算公式见式（4-8）。

$$S_{\mathrm{t}} = \frac{8PL}{\pi d^2} \qquad (4-8)$$

其中，L 为长度；d 为样品直径。

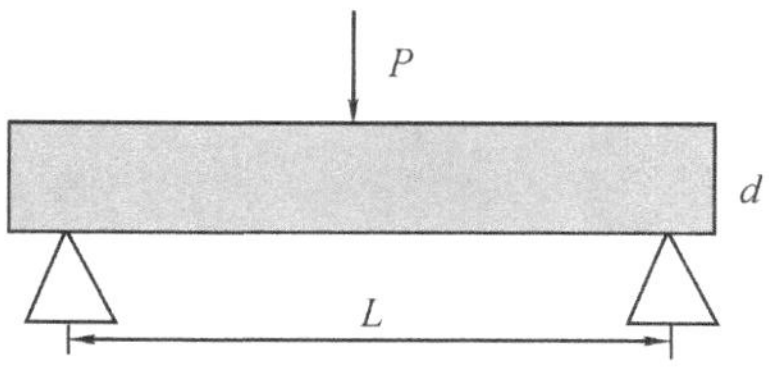

图 4-15　破裂模量法示意图

4.4.3　岩石抗张强度的一般特征

岩石的抗张强度远远低于抗压强度,前者一般是后者的 $1/10\sim1/20$,甚至 $1/50$。抗张强度低主要是由于岩石内部孔隙、裂隙和颗粒之间结合力的影响,一般情况下岩石内部微裂隙、孔隙较为发育,岩石的这种内部特征对抗张强度降低尤为敏感,在张应力作用下具有减弱岩石强度的效应。

岩石的抗张强度还受到岩石本身内部组分的影响,例如矿物成分、颗粒间胶结物的强度都影响岩石的抗张强度。另外,岩石的抗张强度一般随着载荷加载速率的增加而增大,随着温度、湿度及孔隙度的增加而降低。这个结论与抗压强度的变化特征相同,但增加或降低的幅度却并不一样。

仅从表 4-2 的数据来看,岩石的抗张强度在三大类岩石中的差别不太大。其中,岩浆岩的抗张强度略大于沉积岩。侵入岩浆岩的抗张强度略大于喷出岩,基性岩的抗张强度略大于酸性岩,化学沉积岩的抗张强度大于碎屑沉积岩。砂岩类的抗张强度变化范围比较大,与岩石的固结程度有关;变质岩的抗张强度变化范围较大,一般来说变质程度高的岩石抗张强度大于变质程度低的。

总的来讲,仅从岩性和类别上还不能完全确定岩石的抗张强度大小,即便是同类同名岩石,由于内部结构构造因素,孔隙和裂隙因素,含水性及饱和度因素,分化程度等的差异,抗张强度的变化范围也会很大。

表 4-2　常见岩石的抗拉强度

岩石名称	抗拉强度/MPa	岩石名称	抗拉强度/MPa	岩石名称	抗拉强度/MPa
岩浆岩		沉积岩		变质岩	
辉长岩	15~36	白云岩	15~25	石英岩	10~30
辉绿岩	15~35	灰岩	5~20	大理岩	7~20
闪长岩	10~25	砾岩	2~15	片麻岩	5~20
花岗岩	7~25	粗砂岩	4~25	片岩	1~10
玄武岩	10~30	细砂岩	3~22	板岩	7~15
安山岩	10~20	粉砂岩	2~20	页岩	2~10
流纹岩	15~30	泥岩	1~10	千枚岩	1~10

另外,可用抗张强度与抗压强度的比值来表征岩石的脆性程度,称为脆性度,其比值越小脆性越大。表 4-3 中是一些岩石的抗张与抗压强度的比值(脆性度),从表中数据可以看出煤的脆性相对最大,而大理岩的脆性相对最小。

表 4-3　一些岩石的抗张/抗压强度的比值

岩石	煤	页岩	砂岩	石灰岩	大理岩	花岗岩	石英岩
比值	0.009~0.06	0.06~0.325	0.02~0.17	0.01~0.067	0.08~0.226	0.02~0.08	0.06~0.11

4.5　岩石的抗剪强度

抗剪强度是指岩石抵抗剪切应力而不被破坏的极限值,也称为剪切强度。抗剪强度试验分为非限制性剪切强度试验和限制性剪切强度试验两类。非限制性剪切试验在剪切面上只有剪应力存在,没有正应力存在。而限制性剪切试验在剪切面上除了存在剪应力外,还存在正应力。

4.5.1　四种典型非限制性抗剪强度

图 4 - 16 所示是测量非限制性抗剪强度的 4 种试验方式,试验过程中在岩石样品的剪切面上均没有施加正应力。(a)方式是沿着岩石样品某个截面或结构面只施加剪切应力进行单面剪断试验。(b)方式是将样品加在上下板之间,板面上的中间位置设有一定孔径的圆孔,通过压力柱,沿着圆孔的圆周进行冲击剪断试验。(c)方式则是进行双面剪断试验。(d)方式是对圆柱状岩石样品的两端夹持,进行反向扭动试验。

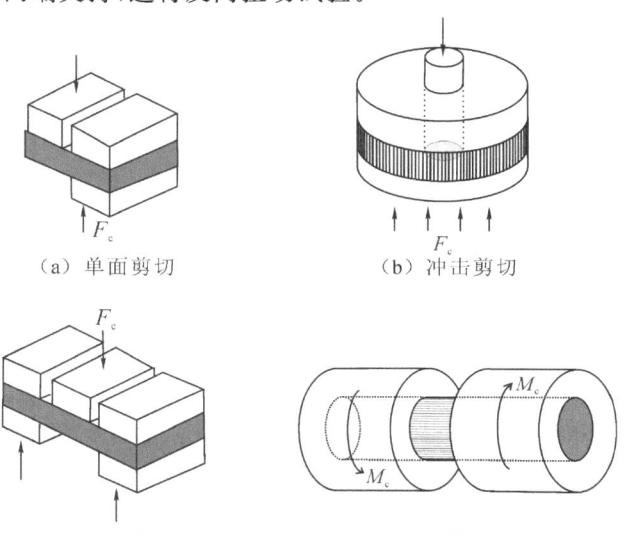

(a) 单面剪切　　　　　　　　　(b) 冲击剪切

(c) 双面剪切　　　　　　　　　(d) 扭转剪切

图 4 - 16　四种典型非限制剪切试验示意图

4 种试验方式剪切强度的计算分别见式(4 - 9)、(4 - 10)、(4 - 11)和(4 - 12)。

单面剪切强度:

$$R_f = \frac{F_c}{A} \tag{4-9}$$

冲击剪切强度:

$$R_f = \frac{F_c}{2\pi ra} \tag{4-10}$$

双面剪切强度:

$$R_f = \frac{F_c}{2A} \tag{4-11}$$

扭转剪切强度:

$$R_f = \frac{16M_c}{\pi D^3} \tag{4-12}$$

其中，M_c——试样被剪断前达到的最大扭矩，$N \cdot m$；

　　D——试样直径；

　　A——剪切面积；

　　F_c——断裂前的最大应力；

　　r——冲击孔半径；

　　a——试验材料厚度。

4.5.2　四种典型限制性抗剪强度

　　图 4-17 所示的四种试验方法以不同的方式在剪切面上均施加了正应力（P）和剪切力（F），适合于测定岩石结构面和软弱夹层的抗剪切强度。取一组样品分别在不同的正应力下进行试验，也可以观察位移和应力的变化。

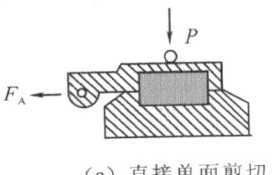

（a）直接单面剪切

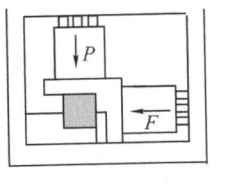

（b）立方体试样单面剪切

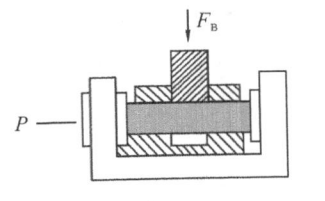

（c）试样两端受压双面剪切

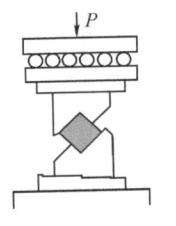

（d）角模压剪切

图 4-17　四种典型限制剪切试验示意图（据实验规范）

　　在图 4-17 中，(a)为直接单面剪切方式，(b)为立方体试样单面剪切方式，(c)为试样两端受压双面剪切方式，(d)为角模压剪切方式。在这 4 种限制剪切试验中，其抗剪强度的计算公式如下：

　　在法向应力作用下，沿预定剪切面剪断时的最大剪切力为式（4-13）：

$$\tau = \sigma \tan\varphi + C \tag{4-13}$$

　　当法向应力作用为零时，沿预定剪切面剪断时的最大剪切力为式（4-14）：

$$\tau = C \tag{4-14}$$

　　当法向应力作用下，沿已有破裂面再次剪破坏时的最大剪切力为式（4-15）：

$$\tau = \sigma \tan\varphi_i + C_i（此时的 \varphi 和 C 为具有破裂面情况下的值） \tag{4-15}$$

其中，τ 为剪应力，σ 为正应力，φ 为内摩擦角，C 为内聚力。

　　内聚力是岩石本身的一种黏聚力，是岩石内部相邻各部分之间的相互吸引力。内摩擦角为岩石破坏极限平衡时，剪切面上的正应力和内摩擦力的合力与正应力形成的夹角，内摩擦角的正切值为剪切面上的摩擦系数，此时剪切力的计算公式见式（4-16）。

$$\mu = \tan\varphi，\tau = \sigma\mu + C \tag{4-16}$$

　　在角模压剪切试验中，在压力 P 的作用下，剪切面上的力可分解为沿剪切面的剪力 $P\sin\alpha/A$ 和垂直剪切面的正应力 $P\cos\alpha/A$，α 为垂直方向和剪切面法线的夹角。

限制性试验结果表明,剪切面上的正应力越大,试样被剪切破坏前所承受的剪应力也越大。其原因是试样被剪切破坏一要克服内聚力,二要克服摩擦力,而正应力越大,其摩擦力就越大。

当剪切面上的剪应力超过了剪切强度后,剪切破坏发生,然后在较小的剪切力作用下就可以使岩石沿剪切面滑动。能使破坏面保持滑动所需要的较小剪应力就是破坏面的残余强度。正应力越大,残余强度越大,如图 4-18 中 3 种不同大小正应力的试验结果所示。所以只要有正应力存在,岩石的剪切破坏面就仍具有抗剪切的能力。

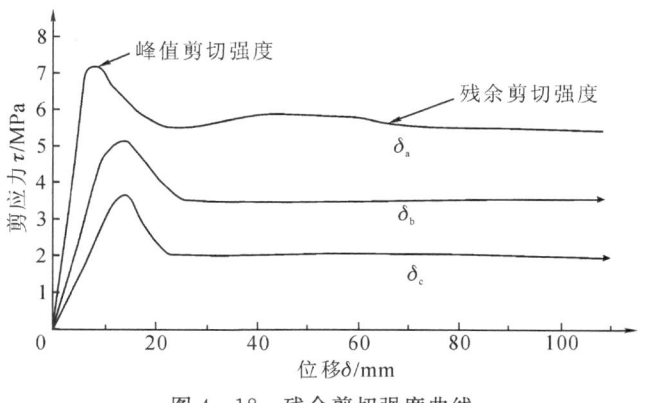

图 4-18　残余剪切强度曲线

4.5.3　岩石抗剪强度的一般特征

在没有法向载荷的情况下,岩石的剪切强度等于内聚力。法向存在载荷时,其剪切强度还包含内摩擦力,法向载荷增大时会使岩石的抗剪切强度增大。

岩石剪切强度同样与岩石的矿物成分及颗粒大小、胶结物种类、结构构造、裂隙发育程度和分布方向等因素有关。例如硅质胶结岩石的抗剪强度一般大于泥质胶结,平行于层理方向抗剪强度一般小于垂直层理方向,平行于裂隙方向的抗剪强度小于垂直裂隙方向,细粒结构的抗剪强度一般大于粗粒结构,平行于软弱结构面方向的抗剪强度小于其垂直方向,另外,岩石湿度增加时也会降低其剪切强度,风化岩石的剪切强度低于未风化岩石。

摩擦角和内聚力小的岩石,其剪切强度低。从表 4-4 来看,岩浆岩和化学积岩的内摩擦角和内聚力一般都大于碎屑沉积岩,变质岩中大理岩和石英岩具有较高的抗剪强度值,而层理和片理发育的变质岩其内聚力较小。

表 4-4　常见岩石的剪切强度

岩石名称	内摩擦角/(°)	内聚力/MPa	岩石名称	内摩擦角/(°)	内聚力/MPa
辉长岩	50～55	10～50	砾岩	35～50	8～50
辉绿岩	55～60	25～60	砂岩	35～50	8～40
闪长岩	53～55	10～50	页岩	15～30	3～20
花岗岩	45～60	14～50	大理岩	35～50	15～30
玄武岩	48～55	20～60	石英岩	50～60	20～60
安山岩	45～50	10～40	片麻岩	30～50	3～5

岩石名称	内摩擦角/(°)	内聚力/MPa	岩石名称	内摩擦角/(°)	内聚力/MPa
流纹岩	45～60	10～50	片岩	26～65	1～20
灰岩	35～50	10～50	板岩	45～60	2～20
白云岩	35～50	20～50	千枚岩	26～65	1～20

4.6 岩石的疲劳和蠕变

4.6.1 岩石的疲劳

岩石疲劳是岩石由于受到负荷反复加载作用的影响，其强度逐渐变弱的现象，如图 4-19 所示。在许多岩体工程中，例如隧道、桥梁、矿山巷道和岩石边坡等，岩石长期承受着疲劳载荷的作用，其各种强度将随着疲劳损伤的累积而衰减，最终导致结构稳定性的降低。

1. 疲劳产生的机理

岩石疲劳主要是由于显微裂隙的产生，使颗粒之间变得比较松动，进而粒间发生裂纹，最终小的裂纹合并成大裂纹或是小断裂所致。一般来说岩石疲劳大致有三个阶段，第一阶段颗粒边界变松，粒间发生裂纹；第二阶段有小的附加裂纹产生；第三阶段裂纹联合成为初始断裂。

图 4-20 中的花岗岩，在一定的幅值、波形、频率的重复载荷试验条件下，累积变形达到 C 点时，发生疲劳破坏，则 C 点为岩石的疲劳破坏点。由此可以定义疲劳破坏点所对应的变形量为岩石疲劳破坏的极限变形量。

2. 影响岩石疲劳寿命的因素

（1）所施加的应力水平，一般来说岩石的极限强度越高，外加的应力水平越低，岩石的疲劳寿命就越长。

（2）应力幅值，实验结果表明，在相同的应力水平条件下，随着循环振幅的减小，岩石的疲劳寿命逐渐增长。

（3）加载波形，在其他条件相同时，将正弦、三角和方形 3 种加载波进行比较，结果表明三角波时岩石的疲劳寿命最长，方形波时疲劳寿命最短。

（4）载荷频率，实验表明，相同的实验条件下，提高疲劳载荷的频率，会缩短岩石的疲劳寿命。

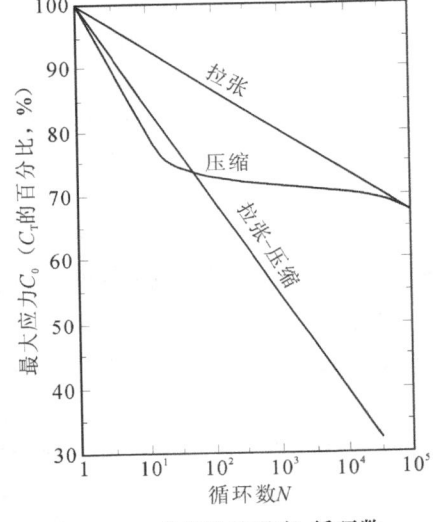

图 4-19 花岗岩的强度-循环数

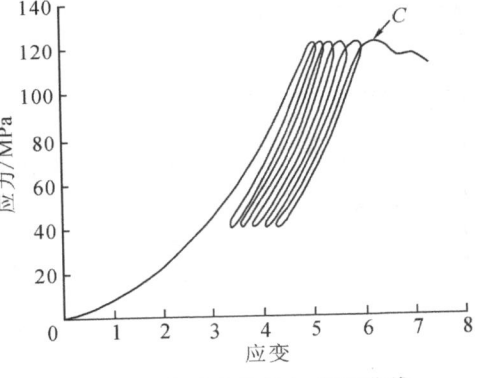

图 4-20 岩石疲劳应力-应变曲线

3. 岩石疲劳的测试

在低于岩石屈服应力的载荷水平下,通过加载和卸载测量应变完成一次循环,再进行加载-卸载,循环往复,直到岩石失去恢复能力或被破坏。其应力-应变曲线特征可以反映出岩石强度的变化情况以及疲劳的产生过程,如图 4 - 20 所示。

4.6.2　岩石的蠕变

蠕变是应力低于屈服点时,岩石受恒定载荷的持续作用,非弹性变形随时间逐渐缓慢增长的现象。蠕变的地质现象如冰川流动、岩石的塑性变形等。

岩石蠕变有三个阶段,应力刚加载时为瞬时弹性变形阶段(t_0)。第一阶段($t_0 \sim t_1$)为初始瞬态蠕变阶段,第二阶段($t_1 \sim t_2$)为稳态蠕变阶段,第三阶段($>t_2$)为加速蠕变阶段,如图 4 - 21 所示。

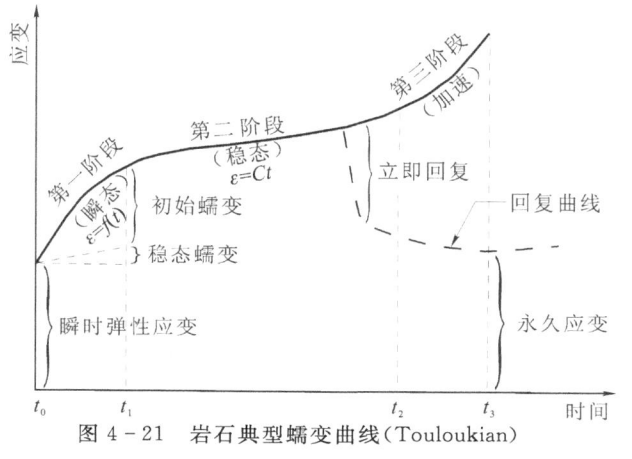

图 4 - 21　岩石典型蠕变曲线(Touloukian)

1. 蠕变机理

蠕变可归因于矿物的双晶滑动、微裂纹错动、位错移动、体积扩散或颗粒边界滑动等。第一阶段蠕变是从容易位错滑移的部分开始,后期由于能够移动的位错量逐渐减少,蠕变速度也随之减少。第二阶段蠕变一般公认是位错蠕变的增加与位错调整恢复的平衡过程。第三阶段的蠕变主要有两个原因,一是晶界的应力集中所引起的微小裂纹,另一个是缺陷在晶界处析出而产生空位,导致蠕变速度越来越快。另外,温度的增加会使蠕变程度增大。

2. 蠕变经验关系式

岩石蠕变应包括瞬时弹性变形(ε_0)、第一阶段的初始蠕变($\varepsilon_1(t)$)、第二阶段的稳态蠕变($\varepsilon_2(t)$)和第三阶段的加速蠕变($\varepsilon_3(t)$),因此岩石总的蠕变变形可用式(4 - 17)表示。

$$\varepsilon = \varepsilon_0 + \varepsilon_1(t) + \varepsilon_2(t) + \varepsilon_3(t) \tag{4 - 17}$$

当蠕变率与时间为反比时:

$$\mathrm{d}\varepsilon/\mathrm{d}t = At^{-n} \qquad 0 < n < 1$$

低温时 $n=1$, $\varepsilon = \alpha \ln t$;高温时 $n=2/3$, $\varepsilon = \beta t^{1/3}$。

当蠕变率与应力为正比时:

$$\mathrm{d}\varepsilon/\mathrm{d}t = A\sigma^n \qquad 1 < n < 20$$

对时间 t 积分后为

$$\varepsilon = At\sigma^n$$

冰的稳态蠕变服从这个经验公式,在低应力和小应变下,$n=1$,在较高应力和大应变时,$n>1$。对于冰的单晶和第三阶段蠕变,$n=1.5 \sim 4$。

3. 岩石蠕变主要影响因素

应力:低应力时,应变速度变化缓慢,逐渐趋于稳定。应力增大时,应变速率增大。高应力时,蠕变加速,直至破坏。应力越大,蠕变速率越大,反之越小。

温度和湿度:温度增大会使岩石蠕变加速。湿度增加有利于蠕变程度增大。

颗粒大小:在低温下,晶粒小的岩石比晶粒大的岩石蠕变程度高;在高温下,晶粒大的岩石蠕变程度高。

4.7　岩石的强度理论(强度准则)

岩石强度理论是用来判别岩石试样或岩石工程在什么样的应力或应变条件下被破坏的理论,是研究岩石在复杂应力状态下的破坏原因、规律及强度条件的理论。岩石破坏与诸多因素有关,但目前岩石强度理论大多数只考虑应力与应变的影响,对其他影响因素的研究并不深入。

总的来说,岩石在外力的作用下,达到极限应力值后,就会产生各种破裂直至破坏。在岩石破裂时,其应力 σ_1、σ_2 和 σ_3 之间总是存在着一定的关系。我们把岩石破裂时,3 个应力之间的相互关系叫做破裂准则,或者说 σ_1 所表现的强度,是在 σ_2、σ_3 给定条件下的强度,一般的应力表达式为式(4-18),应变表达式为式(4-19)。

$$\sigma_1 = f(\sigma_2, \sigma_3) \ \text{或} \ f(\sigma_1, \sigma_2, \sigma_3) = 0 \qquad (4-18)$$
$$\varepsilon_1 = f(\varepsilon_2, \varepsilon_3) \ \text{或} \ f(\varepsilon_1, \varepsilon_2, \varepsilon_3) = 0 \qquad (4-19)$$

4.7.1　岩石的破裂类型

在外力作用下,当岩石内部的应力达到或超过某一极限时,岩石就发生破坏。岩石破坏时的形式主要有以下几种,如图 4-22 所示。

1. 脆性破坏

岩石在载荷作用下,还没有显著觉察到变形就突然破坏了,包括张性破坏和剪切破坏。张性破裂面一般与最小主应力方向垂直,剪切破裂面与最大应力方向夹角小于 45°。大多数坚硬岩石在一定的条件下都表现出脆性破坏的性质,地质构造中的各种断层和断裂均属于岩石的脆性破坏,如图 4-22(a)、(b)、(c)所示。

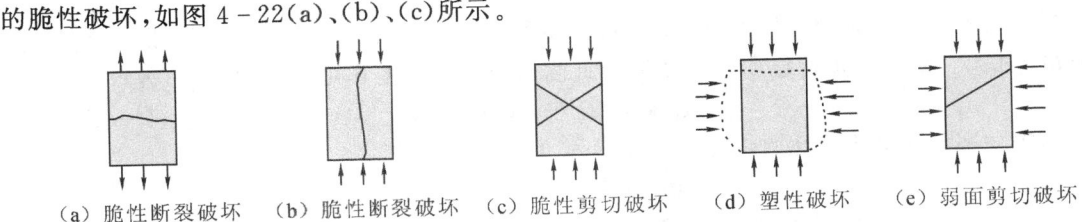

(a)脆性断裂破坏　(b)脆性断裂破坏　(c)脆性剪切破坏　(d)塑性破坏　(e)弱面剪切破坏

图 4-22　岩石的破坏类型

2. 塑性破坏

在两向或三向受力情况下,岩石在破坏之前的变形较大,且没有明显的破坏载荷的增大,就表现出显著的塑性变形、流动或挤出。在一些软弱岩石中,这种破坏较为明显。坚硬岩石一般属于脆性破坏,但在两向或三向受力较大的情况下,或者在高温下,也可能发生塑性破坏。地质构造中的各种流动构造均属于塑性破坏,如背斜和向斜构造等,如图 4-22(d)所示。

3. 弱面剪切破坏

由于岩石中存在节理、裂隙、层理、软弱夹层等软弱结构面。在载荷作用下,这些软弱结构面上的剪应力大于该面上的强度时,岩体就产生沿软弱结构面的剪切破坏,致使岩体产生滑移,这些破坏现象在工程地质中普遍存在,如边坡垮塌、滑坡等,如图 4-22(e)所示。

4.7.2　常用的破裂准则

岩石在复杂应力状态下的强度特征,在材料力学中有许多理论解释,这些理论都是根据对引起材料危险状态的原因所作出的不同假设而得到的。在理论计算中最常用的破裂准则有莫尔-库仑准则、格里菲斯理论、维纳-库仑准则、最大正应力准则、最大正应变准则以及最大剪切力准则等等。

1. 莫尔-库仑(M-C)理论

1)莫尔应力圆

我们可用图 4-23(a)来表示二维应力状态下物体中一点在各截面上应力分量之间的关系。其截面的法线 v 与最大应力的夹角为 θ,$\sigma_1 \geqslant \sigma_3$,与中间应力 σ_2 无关,由此,该点剪切面上的压应力与剪应力满足表达式(4-20)。

$$\sigma = \left(\frac{\sigma_1 + \sigma_3}{2} + \frac{\sigma_1 - \sigma_3}{2}\right)\cos2\theta, \quad \tau = -\frac{\sigma_1 - \sigma_3}{2}\sin2\theta \qquad (4-20)$$

1866 年,德国科学家库尔曼首先提出,物体中一点的二向应力状态可用平面上的一个圆来表示,这就是应力圆。1882 年,德国工程师莫尔对应力圆做了进一步研究,提出了借助应力圆确定一点应力状态的几何方法,后人称应力圆为莫尔应力圆或莫尔圆。莫尔圆是在 τ-σ 平面上以 $\left(\frac{\sigma_1 + \sigma_3}{2}, 0\right)$ 为圆心,$\frac{\sigma_1 - \sigma_3}{2}$ 为半径的一个圆,如图 4-23(b)所示。在确定法线为 v 的切面上的正应力 σ 和切应力 τ 时,只要知道 θ 角,然后在莫尔圆上过圆心作一直线,使该直线与 σ 轴的夹角为 2θ,此直线与莫尔圆的交点坐标就是该平面上的正应力 σ 和切应力 τ 的值,如图 4-23(b)所示。

当切应力的方向不太重要时,只是用来确定滑动方向,经常采用 σ-$|\tau|$ 坐标来建造莫尔圆,如图 4-23(c)所示。

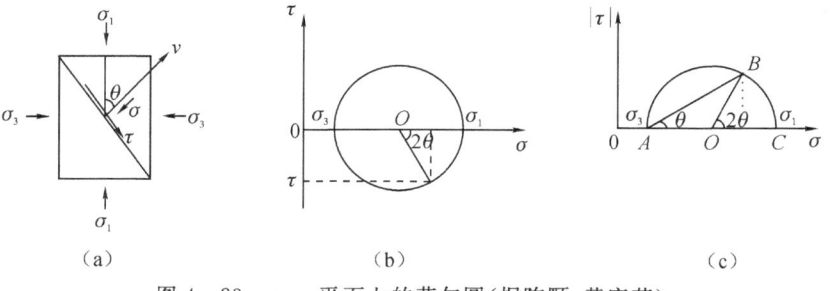

（a）　　　　　　　　　　（b）　　　　　　　　　　（c）

图 4-23　σ-τ 平面上的莫尔圆(据陈颙,黄庭芳)

另外,有一个经常混淆的问题值得注意,在材料力学和岩石力学中,符号习惯规定有所不同,材料力学中一般规定拉应力为正,压应力为负,而在岩石力学中则相反。如 3 个主应力(MPa)分别为 10(压),5(压),1(拉),材料力学表示为 $\sigma_1 = 1$,$\sigma_2 = -5$,$\sigma_3 = -10$,而岩石力学

表示为 $\sigma_1=10,\sigma_2=5,\sigma_3=-1$,如图 4-24 所示。

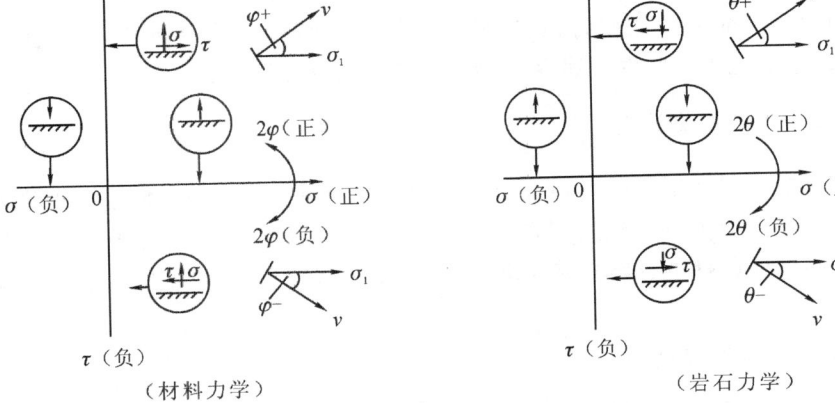

（材料力学）　　　　　　　　　　　（岩石力学）

图 4-24　岩石力学中符号的习惯规定(据陈颙,黄庭芳)

2）莫尔-库伦破裂准则

莫尔-库伦理论（经验准则）提出了破裂面与正应力和剪应力的关系,即岩石在剪切破坏发生时,某一平面内的剪应力超过了岩石的抗剪强度,致使岩石发生破裂,其破裂准则的一般表达式为式（4-21）,

$$|\tau|=f(\sigma) \tag{4-21}$$

对于双轴场,材料内某一点的破坏,主要决定于它的最大主应力和最小主应力（σ_1 和 σ_3）,而与中间主应力（σ_2）无关。材料是否被破坏,一方面与材料内的剪应力有关,同时也与正应力有很大的关系。

我们可以通过作图绘制出莫尔破裂圆。如果在某个 σ_1 和 σ_3 作用下岩石发生了破裂,设 σ_m 为平均应力,τ_m 为剪应力,见式（4-22）。以 σ_m 为圆心,以 τ_m 为半径画圆得到所谓的莫尔圆。在不同的 σ_1 和 σ_3 作用下也可达到破裂,由此,可得到不同的莫尔圆,取这一系列莫尔圆的包络线,该包络线的方程即为破裂平衡关系式。

$$\sigma_m=(\sigma_1+\sigma_3)/2, \qquad \tau_m=(\sigma_1-\sigma_3)/2 \tag{4-22}$$

据此,对相同的岩石取一系列样品,通过试验获取不同 σ_1 和 σ_3 条件下系列岩石破裂的数据,绘制所对应的莫尔应力圆,可以求得两条包络线,如图 4-25 所示。包络线上的各点都反映了材料破坏时的剪应力 τ 和正应力 σ 的关系,在莫尔圆两条包络线以内为稳定状态,包络线以外为破坏状态,与包络线相切为破裂临界状态,如果与包络线相割则已发生破裂。另外,可由莫尔圆中 OA 和 OB 与 σ 轴的夹角来确定共轭破裂的方向。

岩石的破裂包络线基本有直线型、抛物线

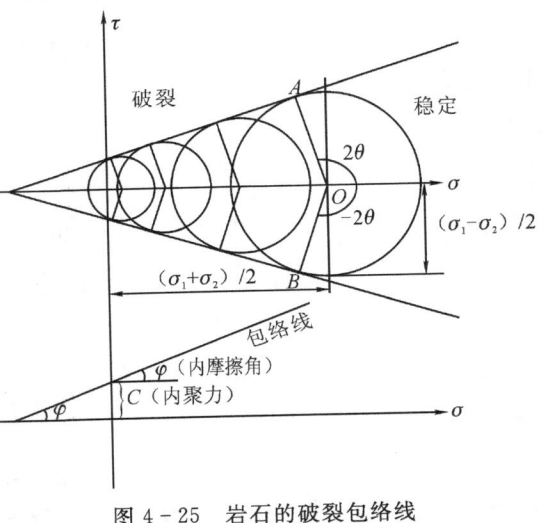

图 4-25　岩石的破裂包络线

型、双曲线型等。岩性较坚硬至较弱的岩石,如泥灰岩、页岩、砂岩等的强度包络线近似于二次抛物线型。岩性坚硬、较坚硬的岩石,如灰岩、砂岩、花岗岩等,具有近似的双曲线型强度包络线。在低围压(<10 MPa)时,岩石具有接近直线型强度包络线,如土等,金属包络线接近平行于横轴。为了简化计算,岩石力学中大多采用直线型的包络线。

对于直线型包络线,其表达式与前节的限制性抗剪强度一样,见式(4-23),

$$\tau_f = C + \sigma \tan\varphi \tag{4-23}$$

其中,φ——岩石内摩擦角(包络线与水平轴夹角);

$\tan\varphi$——摩擦系数;

C——岩石的内聚力(黏聚力、凝聚力),为结构联结所产生的岩体抗剪强度;

σ——剪切面上的正应力,见式(4-24),

$$\sigma = \left(\frac{\sigma_1 + \sigma_3}{2} + \frac{\sigma_1 - \sigma_3}{2}\right)\cos 2\theta \tag{4-24}$$

当剪应力 $\tau \geqslant \tau_f$ 时,岩石开始破坏,见式(4-25),

$$\tau = -\frac{\sigma_1 - \sigma_3}{2}\sin 2\theta \tag{4-25}$$

θ——剪切面法线与 σ_1 的夹角,其几何关系见式(4-26),如图 4-26 所示。

$$\sin\varphi = \frac{\sigma_1 - \sigma_3}{\sigma_1 + \sigma_3 + 2C\cot\varphi} \tag{4-26}$$

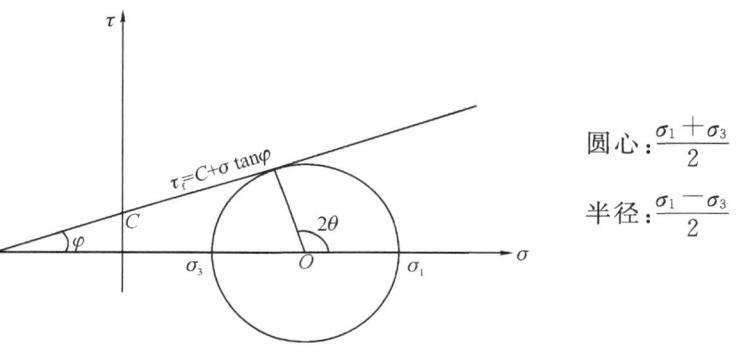

圆心:$\dfrac{\sigma_1 + \sigma_3}{2}$

半径:$\dfrac{\sigma_1 - \sigma_3}{2}$

图 4-26 破裂线的几何关系

M-C 强度理论是目前岩土力学中用得最多的理论,它实质上是一种剪应力强度理论,既适合于塑性岩石,又适合于脆性岩石的剪切破坏。缺点是只考虑了最大和最小应力而忽略了中间应力,只适用于剪破坏,不适用于拉破坏、膨胀和流动破坏。

2. 格里菲斯理论

格里菲斯(Griffith)在 1921 年就提出了裂纹理论,该理论大约在 20 世纪 70 年代末才被引入岩石力学研究领域。他认为,在力的作用下,材料破裂是由于材料中存在着许多随机分布的微裂隙的缘故。当材料受力时,在有利于发生破裂的微裂隙末端(曲率最大处)附近应力强烈集中,当裂隙末端的拉应力达到该点的抗张强度时,微裂隙开始发生扩张、联结,最后导致材料的破坏,如图 4-27 所示。此准则非常适用于脆性岩石的拉张破坏情况。

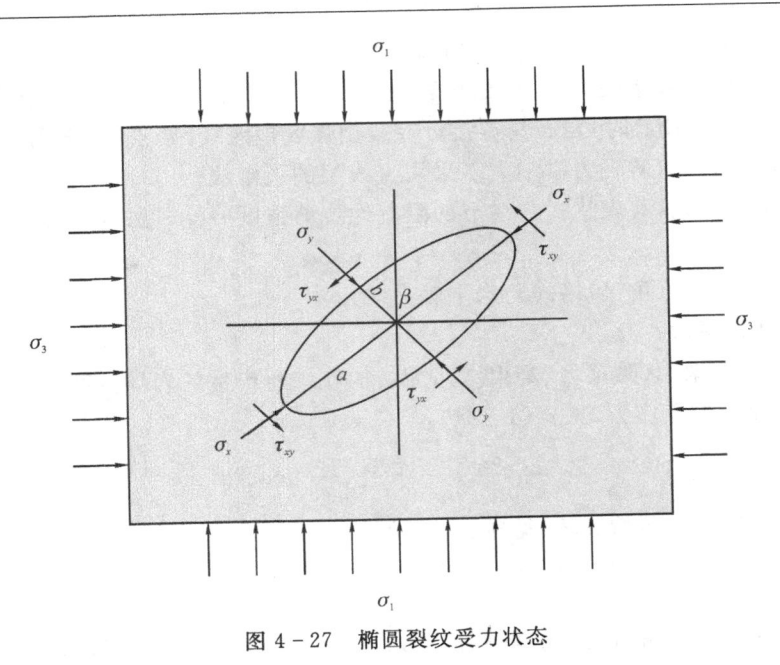

图 4 - 27　椭圆裂纹受力状态

1)格里菲斯理论假定及破坏准则

格里菲斯理论假定有以下 3 点:

(1)材料内部存在着众多互不影响的裂纹;

(2)裂纹形状可视为扁平椭圆;

(3)忽略中间主应力对破坏的影响。

按各向同性材料的平面应变模型计算裂纹周边的应力分布,可得出格里菲斯脆性断裂破坏准则公式如下:

$$\begin{cases} (\sigma_1 - \sigma_3)^2 - 8R_t(\sigma_1 + \sigma_3) = 0 \\ \beta = \dfrac{1}{2}\arccos\dfrac{\sigma_1 - \sigma_3}{2(\sigma_1 + \sigma_3)} \end{cases} \quad (\sigma_1 + 3\sigma_3 > 0) \qquad (4-27\text{a})$$

$$\begin{cases} \sigma_3 = -R_t \\ \beta = 0 \end{cases} \quad (\sigma_1 + 3\sigma_3 \leqslant 0) \qquad (4-27\text{b})$$

其中,R_t 为抗张强度,β 为危险裂隙方位角(裂纹长轴与最大主应力的夹角)。

格里菲斯强度曲线如图 4 - 28 所示,如果应力点 (σ_1,σ_3) 落在强度曲线上或曲线左边,则岩石发生破坏,否则不发生破坏。

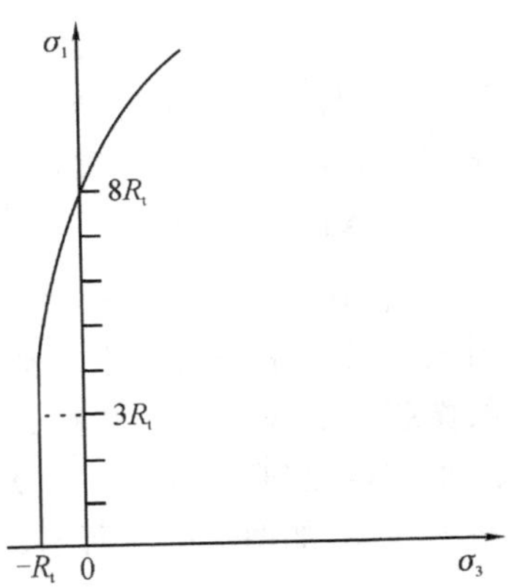

2)几种典型情况讨论

(1)单轴拉伸应力状态下:

$\sigma_1 = 0$,$\sigma_3 < 0$,满足 $\sigma_1 + 3\sigma_3 \leqslant 0$,$\sigma_3 = R_t$,$\beta = 0$

(2)双轴拉伸应力状态下:

$\sigma_1 < 0$,$\sigma_3 < 0$,满足 $\sigma_1 + 3\sigma_3 < 0$,$\sigma_3 = R_t$,$\beta = 0$

(3)单轴压缩应力状态下:

$\sigma_1 > 0$,$\sigma_3 = 0$,满足 $\sigma_1 + 3\sigma_3 > 0$,$\sigma_1 = 8R_t$,$\beta = \pm 30°$

图 4 - 28　格里菲斯曲线

因此,当岩石处于单轴抗压状态时,得到 $\sigma_1 = R_c = 8R_t$ 的关系,从理论上解释了岩石等脆性材料的抗压而不抗拉的特征,格里菲斯准则适合脆性岩石的拉破坏情况。

(4)双轴压缩应力状态下:

$\sigma_1 > 0, \sigma_3 > 0$,满足 $\sigma_1 + 3\sigma_3 > 0$, $(\sigma_1 - \sigma_3)^2 - 8R_t(\sigma_1 + \sigma_3) = 0$, $0 < \beta < \pm 45°$

3)修正的格里菲斯强度准则

1962 年,克林托克等人认为,当应力 σ_y 达到某一临界值时,裂纹边闭合,在裂纹表面产生法向应力和摩擦力,影响新裂纹的发生和发展。这种摩擦力在格里菲斯断裂理论中没有考虑到,其修正后的准则见式(4-28),其中 f 为裂纹面间的摩擦系数。

$$\sigma_1 \left(\sqrt{f^2 + 1} - f \right) - \sigma_3 \left(\sqrt{f^2 + 1} + f \right) = -4R_t$$

$$(4-28)$$

3. 其他几种破裂准则

1)最大正应力准则

假设材料的破坏只取决于绝对值最大的正应力,则当岩石的单元体内的三个主应力中只要有一个达到单轴抗压强度或单轴抗拉强度,单元体就达到了破坏状态,如式(4-29)所示。

$$\begin{cases} \sigma_1 \leqslant R_c \\ \sigma_3 \geqslant -R_t \\ (\sigma_1^2 - R^2)(\sigma_2^2 - R^2)(\sigma_3^2 - R^2) = 0 \end{cases} \qquad (4-29)$$

2)最大正应变准则

假设材料的破坏取决于最大正应变,只要材料内任一方向的正应变达到单向压缩或拉伸中的破坏数值时,材料就发生破坏,如式(4-30)所示。

$$\varepsilon_{max} \leqslant \varepsilon \qquad (4-30)$$

3)最大剪应力准则

材料的破坏取决于最大剪应力。该理论对塑性岩石可以给出满意的结果,但对于脆性岩石不适用,其表达式见式(4-31)。

$$\tau_{max} = \frac{\sigma_1 - \sigma_3}{2} \qquad (4-31)$$

4. 岩石的屈服准则

屈服准则是判定岩石某一点的应力是否达到塑性状态的依据,主要有以下几个准则。

1)屈列斯卡(Tresca)准则

基本观点:当最大剪应力达到某一数值时,岩石便开始屈服,进入塑性状态。该准则是 Tresca 于 1864 年提出的,该准则在金属材料中应用很广,其表达式如下。

$$\tau_{max} = K/2 \quad \text{或} \quad (\sigma_1 - \sigma_3) = K \qquad (4-32)$$

其中,K 为与岩石性质有关的常数,可由单向应力状态试验求得。

2)米赛斯(Mises)屈服准则

基本观点:当应力强度达到某一数值时,岩石开始屈服,进入塑性状态,其表达式如下,σ_s 为屈服应力点。

$$(\sigma_1 - \sigma_2)^2 + (\sigma_2 - \sigma_3)^2 + (\sigma_3 - \sigma_1)^2 = 2\sigma_s^2 \qquad (4-33)$$

米赛斯屈服准则假设岩石所受应力空间为圆柱面。

3)德鲁克-普拉格(Drucker-Prager)屈服准则

德鲁克-普拉格(Drucker-Prager)屈服准则是在 1952 年提出的,在莫尔-库伦准则和米赛斯准则基础上进行扩展和推广而得,见式(4-34)。

$$f = aI_1 + \sqrt{I_2} - K = 0 \tag{4-34}$$

式中,I_1——应力第一不变量;

σ_m——平均应力;

I_2——应力偏量第二不变量;

a,K——仅与岩石内摩擦角 φ 和凝聚力 C 有关的试验常数见表达式(4-35)。

$$I_1 = \sigma_1 + \sigma_2 + \sigma_3 = 3\sigma_m$$

$$I_2 = \frac{1}{6}\big[(\sigma_1 - \sigma_2)2 + (\sigma_2 - \sigma_3)2 + (\sigma_3 - \sigma_1)2\big]$$

$$a = \frac{2\sin\varphi}{\sqrt{3}(3 - \sin\varphi)} \tag{4-35a}$$

$$K = \frac{6C\cos\varphi}{\sqrt{3}(3 - \sin\varphi)} \tag{4-35b}$$

德鲁克-普拉格(Drucker-Prager)屈服准则既考虑了中间主应力的影响,又考虑了静水压力(平均应力)的作用,克服了莫尔-库伦准则的主要弱点,可解释岩土材料在静水压力下也能屈服和破坏的现象。该准则已在国内外岩土力学与工程的数值计算分析中获得广泛的应用。

第 5 章　岩石的弹性

岩石在外力作用下,其原始长度、体积和形状都会发生变化,受力变形是岩石最常见的力学性质。当外力撤消时,这些变形又可恢复到原来的形态,岩石的这种变形可恢复性质称为岩石的弹性。能够完全恢复变形的介质为完全弹性体,不能完全恢复变形的介质为不完全弹性体,或称为黏弹性介质。可通过应力和应变的关系来研究岩石的弹性性质,利用弹性参数或弹性模量来表征岩石的弹性性质。岩石的有关弹性理论是地震波理论的基础。

5.1　弹性的基本概念及主要参数

岩石在应力作用下必然会在一定程度上产生应变,二者存在着一定的函数关系,其函数关系中的参数称为弹性参数。其中一些主要的弹性参数称为弹性模量(各种应力与应变的比值),均匀的各向同性岩石的弹性模量应为一常数。

5.1.1　应力与应变及其关系

1. 应力

在所考察截面上某一区域单位面积上的内力称为应力。岩石受外力的作用而变形时,在岩石内各部分之间产生相互作用力,以抵抗外力的作用,这种抵抗称为内力,内力企图使岩石从变形后的位置恢复到变形前的位置。可用应力来表征内力的集中度或强度。应力为矢量,特殊情况下考察截面上的应力是均匀的,一般情况下为不均匀。

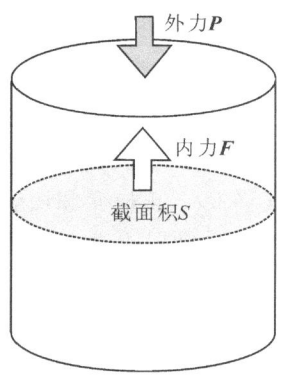

图 5-1　内力示意图

例如在圆柱体上端垂直施加外力 P 时,物体为了保持原形会在内部产生抵抗外力的力——内力 F,其大小与 P 相同,方向相反,如图 5-1,其截面上的平均应力可用式(5-1)表示。

$$\sigma = F/S \qquad (5-1)$$

对不均匀的应力状态,要以截面上任意一点的应力 p 来表示,也就是说,在考察截面上的某一面积 ΔS,当 ΔS 在考察点趋于零时的内力称为该考察点的应力,用式(5-2)来表示。

$$p = \lim_{\Delta s \to 0} \frac{\Delta F}{\Delta S} \qquad (5-2)$$

一般情况下应力不垂直于也不平行考察截面,因此可分解为 1 个正应力 σ 和 2 个切应力 τ。正应力垂直于截面,切应力与截面相切,3 个应力轴相互垂直,应力轴 τ 与应变轴一致,如图 5-2 所示。按照外力作用的形式不同,应力又可分为拉伸应力和压缩应力、弯曲应力和扭转应力等。

一点的应力状态不仅与岩石内部的受力情况有关,而且与切面方向的选择也有关。在直角坐标系中，O 点的应力状态可以用 9 个应力分量来表达，分别表示 O 点在不同方向的应力，其张量见式（5-3）和图 5-3 所示。

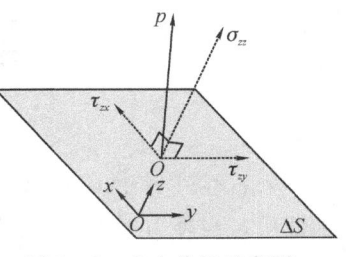

$$\sigma_{ij} = \begin{bmatrix} \sigma_{11} & \tau_{12} & \tau_{13} \\ \tau_{21} & \sigma_{22} & \tau_{23} \\ \tau_{31} & \tau_{32} & \sigma_{33} \end{bmatrix} \qquad (5-3)$$

在应变量的下标中，$x=1$，$y=2$，$z=3$，第一位为应力作用面所垂直的坐标轴，第二位为应力方向所平行的坐标轴。σ_{11}，σ_{22}，σ_{33} 为主应力，τ_{12}，τ_{21}，τ_{13}，τ_{31}，τ_{23}，τ_{32} 为剪切应力。根据切应力互等原理，即 $\tau_{ij} = \tau_{ji}$，因此，一点的应力状态可由 6 个独立分量描述。

图 5-2   应力分解示意图

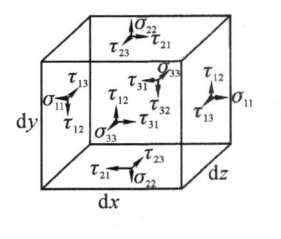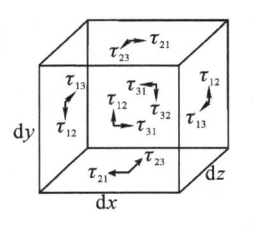

图 5-3   单位体元应力分布图

常用单位：Pa（帕）、kPa（千帕）、MPa（兆帕）、GPa（吉帕）、N/m²（牛顿/平方米）、kgf/m²（千克力/平方米）、bar（巴）、dyn/cm²（达因/平方厘米）。

换算关系：1 Pa＝1 N/m²，1 kgf/m²＝9.806 65 Pa，1 bar＝0.1 MPa，1 dyn/cm²＝0.1 Pa。

2. 应变

应变为岩石在应力作用下产生的长度、形状和体积的相对变化率。可分为正应变和切应变，正应变是长度的伸缩变化，包括体应变和线应变，见式（5-4）；切应变是形状的变化，见式（5-5）。正应变和切应变的受力和形变方式如图 5-4 所示，其中 l_0 和 V_0 为原始长度和原始体积，ΔV 和 ΔL 为体积和长度的改变量。

体应变：
$$\theta = \frac{\Delta V}{V_0} \qquad (5-4a)$$

线应变：
$$e = \frac{\Delta l}{l_0} \qquad (5-4b)$$

切应变：
$$e_\tau = \tan\varphi = \varphi = \frac{\Delta x}{l_0} \text{（小应变）} \qquad (5-5)$$

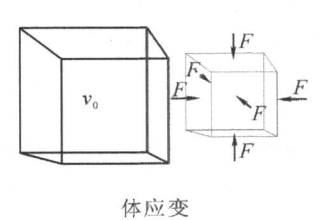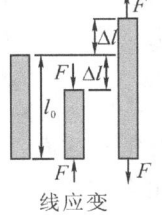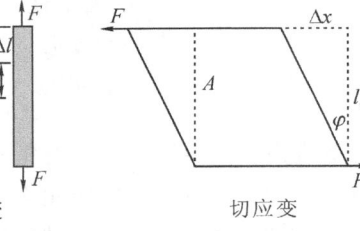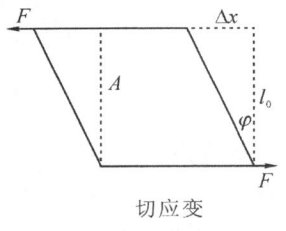

          体应变   线应变   切应变

图 5-4   应变示意图

3. 应力和应变关系(Hooke 定律)

英国杰出科学家 Robert Hooke 的试验研究成果表明,在弹性范围内施加载荷时,若取的材料单元体只承受单向正应力或只承受切应力,则正应力与正应变以及切应力与切应变之间存在线性关系,或者说在弹性限度内,弹性体应力与应变成正比关系,称为狭义胡克定律,如式(5-6)所示。

$$\sigma_x = Ee_x, \tau = \mu\varphi \tag{5-6}$$

其中,σ,τ 为主应力和切应力;E,μ 为弹性参数。

广义胡克定律表征了弹性体内任意一点的三维应力与应变的相互关系,其张量表达式(5-7)如下:

$$\sigma_{ij} = c_{ijkl}e_{kl} \quad (i,j,k,l = 1,2,3) \tag{5-7}$$

式(5-7)是一个九阶线性方程组,c_{ijkl} 为一个四阶张量,称为弹性参数张量,有 81 个分量,由弹性性质决定。由于应力张量和应变张量都具有对称性,见式(5-8),则 81 个分量的弹性参数就只有 36 个独立分量。

$$\sigma_{ij} = \sigma_{ji}, e_{kl} = e_{lk}, c_{ijkl} = c_{jikl} = c_{ijlk} \tag{5-8}$$

再由弹性体内应力和应变的关系满足 $c_{ij} = c_{ji}$,得出 36 个分量弹性参数矩阵是一个对称阵,独立分量又可减少到 21 个,因此极端各向异性介质就有 21 个弹性参数,见式(5-9)。在这种情况下,物体内任意一点沿任何两个不同方向的弹性性质都互不相同,任何一个应力分量都会影响 6 个应变分量,也就是说正应力不仅能引起正应变,还能引起剪应变。

$$
\begin{bmatrix} \sigma_{xx} \\ \sigma_{yy} \\ \sigma_{zz} \\ \sigma_{yz} \\ \sigma_{zx} \\ \sigma_{xy} \end{bmatrix}
=
\begin{bmatrix}
c_{11} & c_{12} & c_{13} & c_{14} & c_{15} & c_{16} \\
c_{12} & c_{22} & c_{23} & c_{24} & c_{25} & c_{26} \\
c_{13} & c_{23} & c_{33} & c_{34} & c_{35} & c_{36} \\
c_{14} & c_{24} & c_{34} & c_{44} & c_{45} & c_{46} \\
c_{15} & c_{25} & c_{35} & c_{45} & c_{55} & c_{56} \\
c_{16} & c_{26} & c_{36} & c_{46} & c_{56} & c_{66}
\end{bmatrix}
\cdot
\begin{bmatrix} e_{xx} \\ e_{yy} \\ e_{zz} \\ e_{yz} \\ e_{zx} \\ e_{xy} \end{bmatrix}
\tag{5-9}
$$

随着岩石弹性对称性的增高,弹性参数总数不断减少。现将具有斜方对称、六方对称和立方对称的情况分述如下。

1)斜方晶系对称介质的弹性参数

具有斜方晶系对称的岩石只有 9 个独立的弹性参数。弹性体内存在 3 个互相正交的弹性对称面,在各个对称面的对称方向上,弹性相同,但在这 3 个弹性主向上的弹性并不相同。在这种情况下,正应力分量只能引起正应变,不能引起剪应变。剪应力也不会引起正应变,并且只能引起相对应的剪应变分量的改变,不会影响其他方向的剪应变。因此本构方程可简化成为式(5-10)。

$$c_{41} = c_{51} = c_{61} = 0$$
$$c_{42} = c_{52} = c_{62} = 0$$
$$c_{43} = c_{53} = c_{63} = 0$$
$$c_{14} = c_{24} = c_{34} = c_{54} = c_{64} = 0$$
$$c_{15} = c_{25} = c_{35} = c_{45} = c_{65} = 0$$
$$c_{16} = c_{26} = c_{36} = c_{46} = c_{56} = 0$$

$$\begin{bmatrix} \sigma_{xx} \\ \sigma_{yy} \\ \sigma_{zz} \\ \sigma_{yz} \\ \sigma_{zx} \\ \sigma_{xy} \end{bmatrix} = \begin{bmatrix} c_{11} & c_{12} & c_{13} & 0 & 0 & 0 \\ c_{12} & c_{22} & c_{23} & 0 & 0 & 0 \\ c_{13} & c_{23} & c_{33} & 0 & 0 & 0 \\ 0 & 0 & 0 & c_{44} & 0 & 0 \\ 0 & 0 & 0 & 0 & c_{55} & 0 \\ 0 & 0 & 0 & 0 & 0 & c_{66} \end{bmatrix} \cdot \begin{bmatrix} e_{xx} \\ e_{yy} \\ e_{zz} \\ e_{yz} \\ e_{zx} \\ e_{xy} \end{bmatrix} \qquad (5-10)$$

2) 六方晶系对称介质的弹性参数

具有六方晶系对称的横向各向同性介质具有式(5-11)的对称性,因此就有 6 个弹性参数,按弹性力学关系则只有 5 个独立参数。该介质某一平面内的所有方向上的弹性性质相同,但垂直此平面的力学性质是不相同的。一般层状岩体属于横向各向同性介质,即大多数沉积岩基本上属于这种情况。

$$c_{33} = c_{11}, c_{23} = c_{21}, c_{44} = c_{55} \qquad (5-11)$$

3) 等轴晶系对称介质的弹性参数

具有等轴晶系对称的介质,其弹性不随方向而改变,为各向同性弹性介质,只有 2 个独立的弹性参数(λ 和 μ),见式(5-12)。在非均匀各向同性介质中,λ、μ 为空间坐标的函数;在均匀各向同性介质中,λ 和 μ 为常量。

$$\begin{bmatrix} \sigma_{xx} \\ \sigma_{yy} \\ \sigma_{zz} \\ \sigma_{yz} \\ \sigma_{zx} \\ \sigma_{xy} \end{bmatrix} = \begin{bmatrix} \lambda+2\mu & \lambda & \lambda & 0 & 0 & 0 \\ \lambda & \lambda+2\mu & \lambda & 0 & 0 & 0 \\ \lambda & \lambda & \lambda+2\mu & 0 & 0 & 0 \\ 0 & 0 & 0 & \mu & 0 & 0 \\ 0 & 0 & 0 & 0 & \mu & 0 \\ 0 & 0 & 0 & 0 & 0 & \mu \end{bmatrix} \cdot \begin{bmatrix} e_{xx} \\ e_{yy} \\ e_{zz} \\ e_{yz} \\ e_{zx} \\ e_{xy} \end{bmatrix} \qquad (5-12)$$

$$c_{12} = c_{21} = c_{13} = c_{31} = c_{23} = c_{32} = \lambda$$

$$c_{44} = c_{55} = c_{66} = \mu$$

$$c_{11} = c_{22} = c_{33} = c_{12} = 2c_{44} = \lambda+2\mu$$

弹性各向同性体的应力与应变关系可简化为式(5-13)。

$$\begin{cases} \sigma_{xx} + \lambda\theta + 2\mu e_{xx} \\ \sigma_{yy} + \lambda\theta + 2\mu e_{yy} \\ \sigma_{zz} + \lambda\theta + 2\mu e_{zz} \\ \sigma_{yz} = 2\mu e_{yz} \\ \sigma_{zx} = 2\mu e_{zx} \\ \sigma_{xy} = 2\mu e_{xy} \end{cases} \qquad (5-13)$$

式中,θ 为体变系数,$\theta = e_{xx} + e_{yy} + e_{zz}$;$\mu$ 为剪切模量;λ 为拉梅常数。

5.1.2 各向同性介质的五个常用弹性参数

介质的弹性参数是表征岩石力学特征的重要参数,对于各向同性线性介质的弹性可以用 5 个最常用的弹性参数来表征,分别为杨氏模量(E)、泊松比(γ)、体积模量(K)、剪切模量(μ)和拉梅常数(λ)。这五个弹性参数中只有两个是独立的,其余弹性参数都可以用由另外两个弹性参数来确定,见表 5‐1。这 5 个弹性参数从不同的角度表征了介质的弹性特征,它们之间具有关联关系,这些弹性参数可以通过实验进行测量获得,下面分别较为详细地对这些弹性参数进行介绍。

表 5‐1　弹性参数互算表

参数	杨氏模量 E	泊松比 γ	体积模量 K	切变模量 μ	拉梅常数 λ
杨氏模量 E 泊松比 γ	E	γ	$\dfrac{E}{3(1-2\gamma)}$	$\dfrac{E}{2(1+\gamma)}$	$\dfrac{E\gamma}{(1+\gamma)(1-2\gamma)}$
杨氏模量 E 体积模量 K	E	$\dfrac{(3K-E)}{6K}$	K	$\dfrac{3KE}{9K-E}$	$\dfrac{3KE-9K^2}{E-9K}$
杨氏模量 E 切变模量 μ	E	$\dfrac{E}{2\mu}-1$	$\dfrac{E\mu}{3(3\mu-E)}$	μ	$\mu\dfrac{E-2\mu}{3\mu-E}$
杨氏模量 E 拉梅常数 λ	E	$\dfrac{2\lambda}{E+\lambda+R}$	$\dfrac{E+3\lambda+R}{6}$	$\dfrac{E-3\lambda+R}{4}$	λ
泊松比 γ 体积模量 K	$3K(1-2\gamma)$	γ	K	$3K\dfrac{1-2\gamma}{2+2\gamma}$	$3K\dfrac{\gamma}{1+\gamma}$
泊松比 γ 切变模量 μ	$2\mu(1+\gamma)$	γ	$\mu\dfrac{2(1+\gamma)}{3(1-2\gamma)}$	μ	$\mu\dfrac{2\gamma}{2\gamma-1}$
泊松比 γ 拉梅常数 λ	$\lambda\dfrac{(1+\gamma)(1-2\gamma)}{\gamma}$	γ	$\lambda\dfrac{1+\gamma}{3\gamma}$	$\lambda\dfrac{(2\gamma-1)}{2\gamma}$	λ
体积模量 K 切变模量 μ	$\dfrac{9K\mu}{3K+\mu}$	$\dfrac{3K-2\mu}{2(3K+\mu)}$	K	μ	$K-\dfrac{2}{3}\mu$
体积模量 K 拉梅常数 λ	$9K(\dfrac{K-\lambda}{3K-\lambda})$	$\dfrac{\lambda}{3K-\lambda}$	K	$\dfrac{3(K-\lambda)}{2}$	λ
切变模量 μ 拉梅常数 λ	$\dfrac{\mu(3\lambda+2\mu)}{\lambda+\mu}$	$\dfrac{\lambda}{2(\lambda+\mu)}$	$\dfrac{3\lambda+2\mu}{3}$	μ	λ

注:$R=\sqrt{E^2+2E\lambda+9\lambda^2}$。

1. 泊松比(γ)

泊松比(变形系数)以法国数学家 Siméon‐Denis Poisson 为名,其定义为单向拉伸或压缩时,侧向应变和轴向应变之比,“—”表示拉伸时的横向缩短,压缩时的纵向缩短,见式(5‐14)。

$$\gamma=-\frac{\Delta d/d}{\Delta l/l} \tag{5‐14}$$

其中,$\Delta d/d$ 为侧向应变,$\Delta l/l$ 为轴向应变。

从本构方程(5‐15)可以推出 γ 与 λ 和 μ 的关系,见公式(5‐16)。

$$\sigma_{xx}=\lambda\theta+2\mu e_{xx},0=\lambda\theta+2\mu e_{yy},0=\lambda\theta+2\mu e_{zz},\theta=e_{xx}+e_{yy}+e_{zz} \tag{5‐15}$$

$$\gamma=-\frac{e_{yy}}{e_{xx}}=\frac{\lambda}{2(\lambda+\mu)} \tag{5‐16}$$

泊松比可以说是一个描述介质“硬或软”的比值参数。岩石样品测试分析结果显示出,泊松比通常从非常坚硬岩石的 0.05 到很松软不胶结物质的 0.5 之间变化,大多数岩石的泊松比常常在 0.25 左右,液体的泊松比为 0.5,空气的泊松比为 0。泊松比等于 0.25 的材料称为泊松体,泊松体的弹性参数之间具有简单关系,见公式(5 - 17)。

$$\lambda = \mu, K = \frac{5}{3}\mu, E = \frac{5}{2}\mu \qquad (5-17)$$

当 $\gamma \rightarrow 0.5$ 时,$K \rightarrow \infty$,此时材料接近体积不可压缩的情形。

理论上泊松比可能的取值范围为 $-1 < \gamma < \frac{1}{2}$,但是,至今没有发现 $\gamma < 0$ 的实际各向同性弹性材料,所以可以认为泊松比的取值范围一般为 $0 \leqslant \gamma < \frac{1}{2}$。

2. 杨氏模量(E)

杨氏模量(弹性模量)是 1807 年由英国医生兼物理学家托马斯·杨(Thomas Young)的研究结果而命名的,其定义为单向拉伸或压缩时,轴向应力与轴向应变之比,见式(5 - 18)。

$$E = \frac{F/S}{\Delta l/l} = \frac{\sigma}{e} \qquad (5-18)$$

其中,$\Delta l/l$ 为轴向应变,F/S 为应力。

从本构方程(5 - 19)可以推出 E 与 λ 和 μ 的关系,如式(5 - 20)所示。

$$\sigma_{xx} = \lambda\theta + 2\mu e_{xx}, \sigma_{xx} = (3\lambda + 2\mu)\theta \qquad (5-19)$$

$$E = \frac{\sigma_{xx}}{e_{xx}} = \frac{\mu(3\lambda + 2\mu)}{\lambda + \mu} \qquad (5-20)$$

杨氏模量是表征固体材料抵抗单向压缩或拉伸形变能力的物理参数,其值大于零,杨氏模量值越大,材料越不容易发生变形,或者说材料的刚度越大,亦即在一定应力作用下,发生弹性变形越小。它是一个表征材料力学性能的常数,对于一般材料而言,E 值比较稳定。对于在弹性范围内应力-应变曲线不符合直线关系的材料,则根据需要可以取切线或割线来代替。杨氏模量不但是地震波理论的重要参数,也是工程设计中的重要参数。岩石的杨氏模量一般在 $2 \times 10^{10} \sim 12 \times 10^{10}$ N/m² 之间变化,通常在 E、K 和 μ 中为最大值。

3. 体积模量(K)

体积模量(体变模量)是在弹性变形范围内,物体的体应力与相应体应变之比,如式(5 - 21)所示,取负值的意义是保证体积模量始终大于零。式中的 P 为体应力或球形体受到的各向均匀的压强。

$$K = -\frac{P}{\Delta v/v} = -\frac{P}{\theta} \qquad (5-21)$$

其中,P 为体应力,θ 为体应变。

从本构方程(5 - 22)可以推出 K 与 λ 和 μ 的关系,如式(5 - 23)所示。

$$3\sigma = (3\lambda + 2\mu)\theta \qquad (5-22)$$

$$K = \frac{\sigma}{\theta} = \lambda + \frac{2}{3}\mu \qquad (5-23)$$

体积模量 K 是弹性模量的一种,是用来描述材料的宏观特性,即物体的体应变与平均应力(某一点三个主应力的平均值)之间的关系的物理量。体积模量是一个比较稳定的材料常数,由于在各向均压下物体的体积总是变小的,故 K 值恒为正。体积模量的倒数称为体积柔量,用来表示物体在均压下缩小的难易程度。体积模量通常为岩石参数 E、K 和 μ 中的中间值。

4. 切变模量(μ)

切变模量(剪切模量)为材料在弹性变形阶段内,切应力和切应变的比值。切变模量是阻止切应变的一种度量,或者说是表征材料抵抗切应变的能力,切变模量大,则表示材料的刚性强,见式(5-24)。

$$\mu = \frac{\tau}{\varphi} \tag{5-24}$$

其中,τ 为切应力,φ 为切应变。

对液体而言,切变模量 $\mu=0$。岩石的切变模量一般在 $2\times10^{10} \sim 12\times10^{10}$ N/m² 之间变化,通常在 E、K 和 μ 中为最小值。切变模量的倒数称为剪切柔量,是单位剪切力作用下发生切应变的量度,可表示材料剪切变形的难易程度。

5. 拉梅常数(λ)

拉梅(Lame,1795—1870)是法国数学家和工程师,拉梅常数就以他的名字而命名,用 λ 表示,一般将 μ 和 λ 通称为拉梅常数。拉梅常数在弹性力学中没有确切的定义,但是它在体变模量 K 和切变模量 μ 之间具有关联作用,见式(5-25),表明弹性体体积元的膨缩变化也伴有剪切成分的变化。

$$\lambda = K - \frac{2}{3}\mu \tag{5-25}$$

由拉梅常数 μ 和 λ 可以表示出弹性体的体变模量(K)、杨氏模量(E)和泊松比(γ)见式(5-26)。对于泊松比为 0.25 的岩石,其杨氏模量是体变模量的 1.5 倍,是切变模量的 2.5 倍。

$$E = \frac{\mu(3\lambda + 2\mu)}{\lambda + \mu}, \quad \gamma = \frac{\lambda}{2(\lambda + \mu)}, \quad K = \frac{3\lambda + 2\mu}{3} \tag{5-26}$$

5.2 岩石弹性的各向异性

从广义上讲,当材料性质及行为在物质空间同一点处随方向变化时,则可认为该材料就是各向异性(anisotropy)的。人们对物质各向异性的认识首先起源于 E. Bartholinus 在 1670 年对冰洲石晶体中双折射现象的观察。

在各向异性介质中,应力与应变的弹性张量包含 21 个独立常数。如果其中有两个方向弹性性质相同(横向各向同性),参数就减少到 5 个独立常数。弹性各向同性介质则只有两个独立弹性参数。在各向异性介质中有三种体波传播(两种 S 波,一种 P 波),波前不一定与波传播方向正交。

各向异性有时也用来指在整个层序中平行地层与垂直地层方向上波速之间的差别。在这种层序中,对垂直于地层方向的速度,所有层位所作的贡献正比于厚度,而平行于地层方向的速度则因为高速层对能量的优先传播而较大。

在微观上,各向异性主要是由于岩石(或岩体)中的矿物颗粒、孔隙和微裂隙等的定向排列,而使得岩石在不同方向上的弹性有所不同。在宏观上,各向异性主要是地层(或地壳)中不同性质的地层或岩体及断裂的定向分布,造成不同方向的弹性不同。

岩石不只在弹性特征上存在各向异性，在其他物理性质上也可存在各向异性，下面将从不同的地质尺度来讨论岩石的各向异性。

1. 矿物的各向异性

矿物晶体弹性的各向异性是因晶格的不同方向而异。矿物中原子或分子排列的周期性、疏密程度和化学键在个方向不尽相同，由此导致晶体在不同方向的弹性不同，这是矿物晶体各向异性最主要的原因。矿物的各向异性不仅表现在矿物晶体不同方向上的弹性模量、硬度、断裂强度、屈服强度等力学性能的不同，而且还表现为其他物性如热膨胀系数、导热性、电阻率、电位移矢量、电极化强度、磁化率和折射率等的不同。各向异性作为晶体的一个重要特性具有相当重要的研究价值。

单个矿物颗粒除了等轴晶系外，其他晶系的矿物都具有各向异性特征。三方、四方和六方晶系在两个方向为各向异性，三斜、单斜和斜方晶系在三个方向都具有各向异性，其中三斜晶系对称程度最低，各向异性较复杂。

如图5-5为石墨的晶体结构图。石墨晶体为六方晶系，横向和纵向碳原子的排列方式差异很大。碳原子成层状分布，层内为共价键及π键，层内结合力最强，而且横向碳原子之间的距离也最小。碳原子层之间由分子键结合，结合力最弱，而且纵向碳原子之间的距离也最大。由此就造成了石墨的各向异性，即纵向和横向的弹性及其他物性的不同。

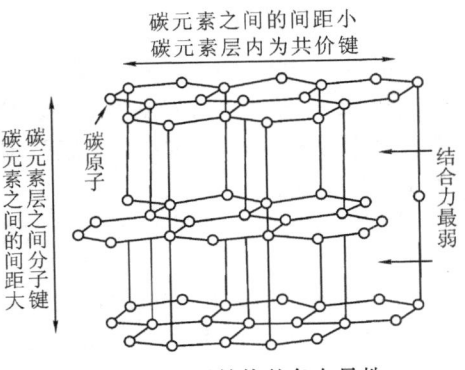

图5-5 石墨结构的各向异性

2. 岩石的各向异性

由于组成岩石的矿物颗粒具有各向异性，所以在矿物尺度范围内，也一般具有各向异性。但在岩石尺度范围内，包含有许许多多的矿物，如果矿物颗粒无规则随机分布，则岩石总体表现为各向同性，如果矿物颗粒定向排列分布，则有可能在岩石中表现出各向异性，尤其是片状和柱状矿物的定向分布，如片岩和片麻岩等应具有各向异性。矿物颗粒内及粒间的裂缝的定向性，也会导致各向异性。例如图5-6中的细小片状矿物虽然具有各向异性，但在左图中片状矿物无序随机分布，岩石整体显示各向同性特征。在右图中，这些片状矿物定向分布，岩石也就具有各向异性特征。

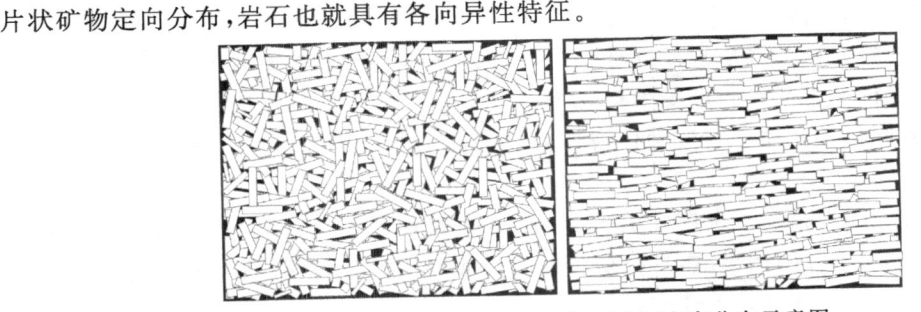

图5-6 岩石中片状矿物的无序与有序分布示意图

3. 岩体的各向异性

在岩体尺度范围内,除了岩石本身的各向异性外,还由于存在各种不连续面或者间断面,如节理、层理、裂隙和断裂等,岩石的弹性具有各向异性特征。一般来说,沉积岩横向和纵向具有各向异性;岩浆岩一般均匀为各向同性,如果存在定向分布的裂隙,则也会表现出各向异性;变质岩的各向异性视变质程度而定。总之,岩石中裂隙、节理和层理的发育与分布情况,直接影响岩石弹性的各向异性特征。

4. 地层的各向异性

近 20 多年来对地球的观测和研究表明,地层介质呈现强烈的各向异性。研究地层的各向异性特征,对自然资源开发和地震前兆演化规律认识都有十分重要的意义。

地层介质各向异性可分成三大类:

(1)固有的各向异性。这种各向异性的特点是具有均匀和连续性。其一是结晶固体岩石中各向异性的晶体;其二是原本为各向同性的固体当在某一方向上差应力具有优势时,便呈现出各向异性;其三为在沉积过程中,岩石颗粒受重力作用造成拉伸或拉平而导致岩石各向异性。

(2)裂隙造成的各向异性。地层中存在着大量裂缝或孔隙,其中充有流体,在外界条件(如应力场)作用下,其优势取向可产生各向异性效应。

(3)长波长各向异性。当波长远大于薄层厚度时,因各层组分和厚度的不同而在总体上产生各向异性。这种各向异性与前面定义的材料各向异性不同,它依赖于测量本身,称为视各向异性。

由于成因机理不同,不同类型各向异性的本构关系是有差异的。例如,周期性薄互层各向异性(又称 PTL 各向异性)是具有竖向对称轴的横向各向同性(又称 VTI),而 EDA 模型所表述的裂隙广泛扩容各向异性(extensive-dilatancy anisotropy),其对称轴是水平向的,称为方位各向异性或水平横向各向同性(又称 HTI)。

5.3　岩石弹性参数的测量

对岩石弹性参数的测量,基本原理是依据其定义在弹性限度内,只要对岩石能够实现外力作用下应变和应力的准确测量,就可以达到测量其弹性参数的目的。因此,可以在实验室对采集到的岩石样品进行测量,也可以在野外对原位岩石进行测量。

5.3.1　实验室测量方法

在实验室可以在单轴加压、三轴加压和流体静压状态下,对岩石样品的应力和应变进行测量,并绘制应力-应变曲线,测量各种弹性参数。单轴加压时,岩石样品没有侧压,为自由状态,只是单向加压,实验设备简单。三轴加压和流体静压的设备复杂,实验成本高。下面简要介绍一些基本的测量方法。

5.3.1.1　基本测量方法

1. 单轴加载

试样大多采用圆柱形,两端平整光滑,在样品的侧面粘贴应变片(电阻丝片),以观测轴向与横向变形。用压力机对岩石试样进行单向加压,其他方向为自由状态,如图 5-7 左图所示。在加压过程中不断测量岩石试样的轴向和侧向应变以及压应力。

设试样的长度为 l,直径为 d,试样在载荷 P 的作用下,轴向缩短 Δl,侧向膨胀 Δd,则试样的轴向应变和横向应变的表达式(5-27)如下:

$$e_z = \Delta l/l, \ e_x = \Delta d/d \qquad (5-27)$$

岩石在线性弹性条件下,应力对轴向应变曲线的斜率为杨氏模量,见式(5-28)。

$$\sigma = E e_z \qquad (5-28)$$

横向应变与轴向应变之比为泊松比,见式(5-29)。

$$\gamma = \frac{\Delta d/d}{\Delta l/l} = \frac{e_x}{e_z} \qquad (5-29)$$

由图 5-7 的右图可见,杨氏模量和泊松比基本上都是非线性的,尤其是在曲线开始部分与末段的非线性特征更显著,中部阶段线性特征明显。由此,可用初始弹性模量、切线弹性模量、平均弹性模量以及割线弹性模量来分别表示样品在不同过程中的杨氏模量。表 5-2 列出了一些岩石在无围压条件下的杨氏模量和泊松比值。

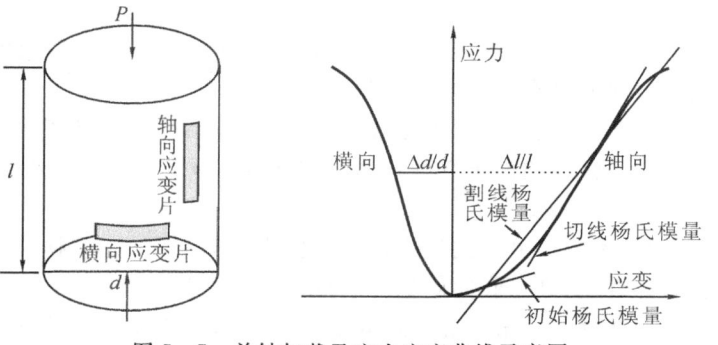

图 5-7　单轴加载及应力应变曲线示意图

2. 三轴加载

三轴加载一般可分为两种情况,即 $\sigma_1 > \sigma_2 > \sigma_3$ 和 $\sigma_1 > \sigma_2 = \sigma_3$。后者比前者容易实现,对岩石样品在横向施加流体围压,可实现 $\sigma_2 = \sigma_3$,如图 5-8 左图所示。通过改变流体温度,可实现高温高压试验。对岩石施加的围压介质可以是气体、液体和固体。孔隙流体和围压介质之间通过包裹在岩石样品外面的铜箔加以密封,以防围压介质进入样品,使得孔隙压力增大。底部的孔隙压力孔,可以做孔隙排压测量,也可以进行孔隙增压测量。在样品上粘贴应变片,以测量纵向和横向应变,可以求取不同围压下的弹性模量和泊松比。在横向应变保持不变的情形下,应力对轴向应变曲线的斜率为约束模量。图 5-8 右图是以熔化的食盐作为围压介质的设备示意图,可以用来测量更高围压和温度下的弹性参数。

杨氏模量和泊松比的三轴试验计算公式(5-30)如下:

$$E = \frac{(\sigma_1 - 2\gamma\sigma_3)}{e_1}, \ \gamma = \frac{B\sigma_1 - \sigma_3}{\sigma_3(2B-1) - \sigma_1} \qquad (5-30)$$

其中,B 为单轴试验的泊松比。

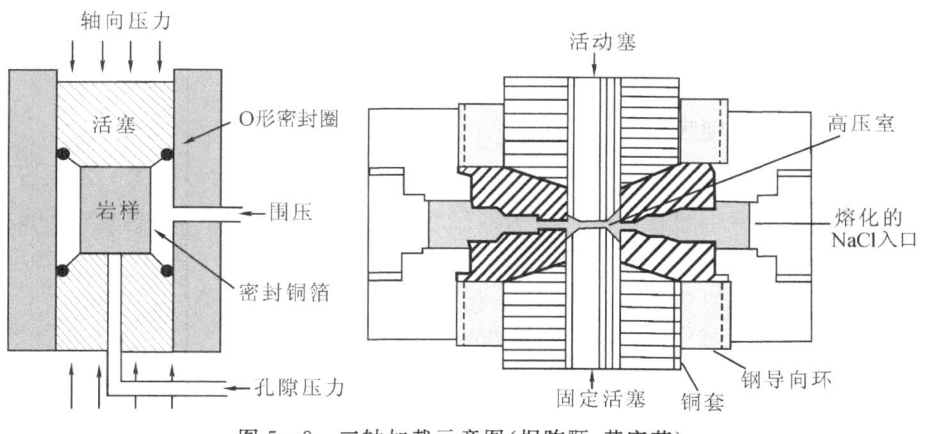

图 5-8　三轴加载示意图(据陈颙,黄庭芳)

表 5-2　无围压时一些岩石的弹性参数

岩石名称	E/MPa	γ	岩石名称	E/MPa	γ
花岗岩	$2\sim6\times10^4$	0.25	砂岩	$0.5\sim8\times10^4$	0.25
细粒花岗岩	$2\sim8\times10^4$	0.25	页岩	$1\sim3.5\times10^4$	0.30
正长岩	$2\sim8\times10^4$	0.25	泥岩	$2\sim5\times10^4$	0.35
闪长岩	$2\sim10\times10^4$	0.25	石灰岩	$1\sim8\times10^4$	0.30
粗玄岩	$2\sim11\times10^4$	0.25	白云岩	$4\sim8.4\times10^4$	0.25
辉长岩	$2\sim11\times10^4$	0.25	煤	$1\sim2\times10^4$	0.30
玄武岩	$2\sim10\times10^4$	0.25	石膏	$1\sim6\times10^4$	0.30

3. 流体静压加载

将岩石样品用易变形不渗漏的套子包裹住,放在流体介质中,通过流体介质对岩石样品施加各向均匀的压力。在施加流体压力的过程中,通过测量样品的体积变化和压力来实现体应变和体变模量的测量。岩石样品体积变化可用电阻应变片或流体体积的变化测量来实现。岩石在线性弹性区域内,在压应力-体应变曲线上,某压应力下的体变模量(K)为该曲线对应点的斜率,见式(5-31)。

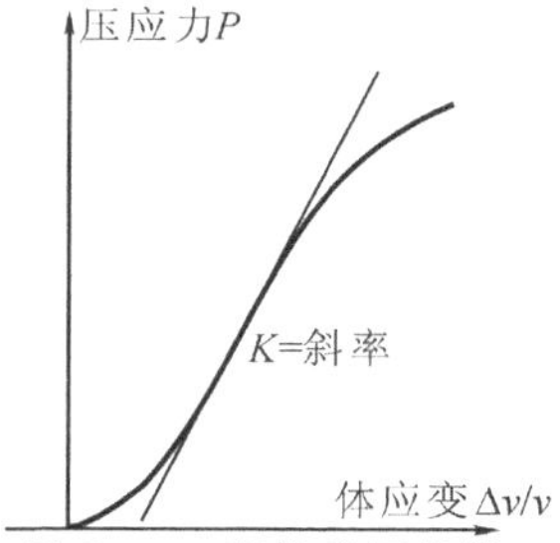

压应力对体应变曲线的形态常常也是非线性的,尤其是在初期和后期阶段,如图 5-9 所示。

$$P = K \cdot \theta \quad (\theta = \Delta v/v) \quad (5-31)$$

4. 循环加载

在岩石的强度范围内,加载应力可采用单轴、三轴或流体静压,施加载荷的时间为从最小到某一应力内的两个或两个以上的加载周期,在曲线的加载和卸载部分都可以测量轴向应变和横向应变,如图5-10所示。一般随着循环周期的增加,岩石会产生疲劳,强度逐渐降低,弹性也随之降低。在加载和卸载曲线上都可以进行模量测量。循

图 5-9　流体静压曲线

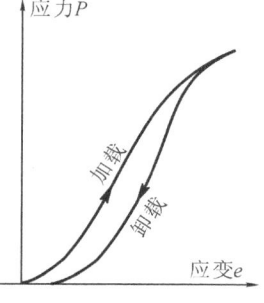

图 5-10　循环加载曲线

环加载曲线特征往往与岩石种类及结构构造有关。

5.3.1.2　实验室的一些试验结果

1. 单轴应力载荷(无围限)

该实验只对岩石在一个方向加载作用力,而周围应变不加限制,可存在一定围压。对于理想线性弹性物体,恒定围压的存在不会影响轴向应力-应变的关系,在这种情况下的应力为轴向应力和围压的差异应力。

通常岩石不是理想的线性弹性材料,实验表明,随着围压增大,曲线斜率增大,说明岩石的弹性模量增大。超过强度值后,在围压的作用下,岩石一般表现为韧性破坏,如图 5-11 所示。

据托鲁基安和贾德等作者的研究,节选了一些岩石在无围压(两个主应力为零)条件下,单轴压缩的杨氏模量和泊松比的数据,如表 5-3、表 5-4 和表 5-5 所示。要说明的是,这些数据的测量方法和条件很可能不一致,并且这些岩石的风化程度、裂隙发育程度、湿度等情况也可能存在差异,因此这些数据仅能作为对三大岩弹性参数的一般描述和参考。从这 3 个表可以看出,岩石的泊松比基本在 0.25 左右,岩浆岩的杨氏模量一般大于沉积岩,沉积岩和变质岩的杨氏模量和泊松比变化范围较大。

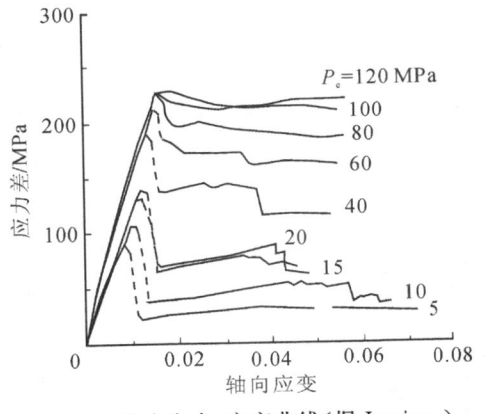

图 5-11　砂岩应力-应变曲线(据 Jamison)

表 5-3　岩浆岩杨氏模量和泊松比

岩石名称	方位	应力/MPa	杨氏模量/GPa	泊松比	参考文献
辉绿岩		77.9	61.36	0.25	Windes,1950
闪长岩	垂直	137	100.8	0.26	Blair,1956
花岗岩		34.5	61.40	0.24	Balmer,1953
玄武岩	垂直	97.2	68.53	0.20	Blair,1956
安山岩		41.4	38.61	0.16	Balmer1953
流纹岩		55	50	0.17	

表 5-4　沉积岩杨氏模量和泊松比

岩石名称	方位	应力/MPa	杨氏模量/GPa	泊松比	参考文献
硬砂岩		13.8	12.41	0.10	Balmer,1953
砂岩	垂直	86.9	18.06	0.37	Blair,1956
粉砂岩	垂直	18.3	31.03	0.42	Blair,1956
白云岩		157	17.44	0.24	Handin,1957
石灰岩	垂直	205	63.02	0.25	Blair,1956

岩石名称	方位	应力/MPa	杨氏模量/GPa	泊松比	参考文献
硬石膏	平行	11.7	20.48	0.42	Gard,1961
泥灰岩		40	21	0.35	

表 5 - 5　变质岩杨氏模量和泊松比

岩石名称	方位	应力/MPa	杨氏模量/GPa	泊松比	参考文献
片麻岩	垂直	55.8	38.61		Wild,1971
片岩		6.89	80.67	0.23	Rising,1971
千枚岩		3.45	8.96		Blair,1953
石英岩	平行	82.0	52.05		Wild,1971
页岩	垂直	196	51.50	0.24	Blair,1955
大理岩		110	34	0.30	

2. 单轴应变载荷(有围限)

该实验是保持两个水平方向无应变，或者说有围限，应变只产生在一个方向上，其他方向被限制住，无法产生应变，即 x 和 y 方向应变为零，体应变等于 z 轴方向的线应变，则杨氏模量为轴向应力与线应变之比，如式(5-32)所示。

$$E = \sigma/e_z \qquad (5-32)$$
$$e_x = e_y = 0$$
$$\theta = \Delta v/v = \Delta l \cdot (s/l) \cdot s = \Delta l/l$$

从图 5-12 中一些砂岩样品的单轴应变曲线来看，在同等应力条件下，深部砂岩比浅部砂岩的体应变程度要小，另外在低

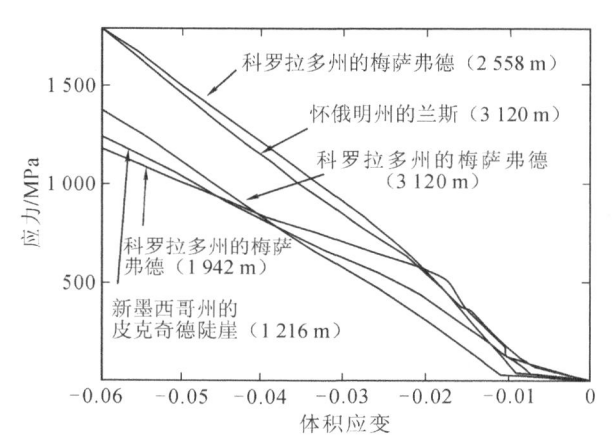

图 5 - 12　砂岩单轴应变曲线(据 Schock)

应力条件下不同砂岩体的应变程度差异不大，这和地质情况基本相符合。

从轴向应力与围限作用的应力差来看，同种岩石在不同的差应力条件下，单轴应变曲线的割线杨氏模量不同，杨氏模量随着差应力增大而减小，见表 5-6。

表 5 - 6　不同差应力下岩石的割线杨氏模量

岩石名称	围压/MPa	差应力/MPa	杨氏模量/GPa	岩石名称	围压/MPa	差应力/MPa	杨氏模量/GPa
石灰岩	101	107	10.70	砂岩	202	124	12.4
		169	8.45			245	12.25
		274	5.48			358	7.16
		346	3.46			400	4.00

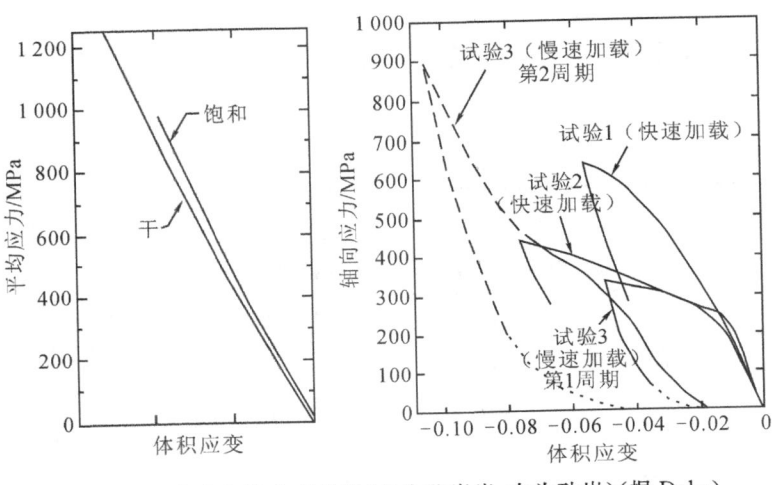

图 5-13　应力与体应变曲线（左为花岗岩，右为砂岩）（据 Duba）

　　图 5-13 的左图是花岗岩受到单轴应变载荷的平均应力对体应变的曲线。初始围压在 0.5～2.0 MPa 之间，在同等应力条件下，饱和状态花岗岩的体应变程度小于干燥状态。这是由于在给定的应力条件下，水的存在会使得体积应变减小（因为水的可压缩性比空气小，如果没有水，则空气便填满这些孔隙）。

　　在图 5-13 的右图中，砂岩具有 24% 的高孔隙度，应力-应变曲线非线性程度很高。在试验 1 和 2 的应力快速加载条件下，岩石破碎出现很大滞后现象，没有形成完整的加载与卸载弹性应变循环。而在试验 3 的慢速加载条件下，弹性的恢复性好，能形成 2 个加载与卸载周期，因此，岩石的弹性特征还与应力加载的速度有一定的关系。

3. 循环加载

　　受到应力循环加载的岩石，通常会在第一个循环内呈现出明显数量的永久变形和滞后现象，在后来的加载循环内，这些形变量会大幅度减少，特别是加载的应力水平越高时（如 50% 以上），这种现象越显著。在图 5-14 的贝瑞砂岩的单轴压缩加载下的轴向和横向应力-应变曲线中可以看到这种现象。实验中加载的应力水平大约为抗压强度的 90%，当载荷加到第 1476 次循环时，岩石完全失去弹性恢复性能，强度大大降低，出现破裂。

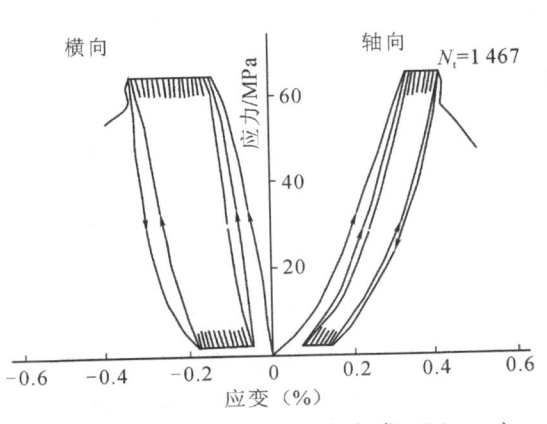

图 5-14　贝瑞砂岩循环加载曲线（据 Haimson）

　　表 5-7 中的实验数据也表明，随着循环加载作用次数的增加，杨氏模量有所降低，且不同岩石差异较大。而泊松比随着循环加载作用次数的增加而增大。在加载次数相同的条件下，大理岩比石灰岩的泊松比下降程度小，从泊松比的角度反映出了变质作用增强了岩石结构的稳定性和弹性性质。

表 5-7 岩石循环加载数据(据 Haimson)

岩石名称	第一个循环的 E/GPa	最后一个循环的 E/GPa	变化百分比(%)
大理岩	76.5	68.3	10.7
石灰岩	33.8	27.6	18.3
砂岩	25.2	23.6	6.3
花岗岩	75.2	73.6	2.1
大理岩		石灰岩	
循环次数	泊松比	循环次数	泊松比
1	0.281	1	0.235
5	0.271	20	0.433
10	0.270	67	0.444
20	0.282	68	0.488

4. 静压载荷

在流体压力作用下,岩石的压应力-体应变曲线一般是非线性的,可通过曲线的斜率或割线斜率来测定岩石的体变模量,见式(5-33)。

$$P = K \cdot \theta \qquad (5-33)$$

静压应力对体应变曲线的非线性原因,一般是由于颗粒之间的胶结物的破坏、孔隙体积减小、孔隙水结晶、颗粒本身压缩等因素引起的。这些因素的变化可反映在应变曲线形态上。如图 5-15 中的不同饱和度、不同孔隙度和不同深度砂岩的应变曲线具有明显的不同特征,深部的、饱和度大的、孔隙小的砂岩,其体应变程度小。

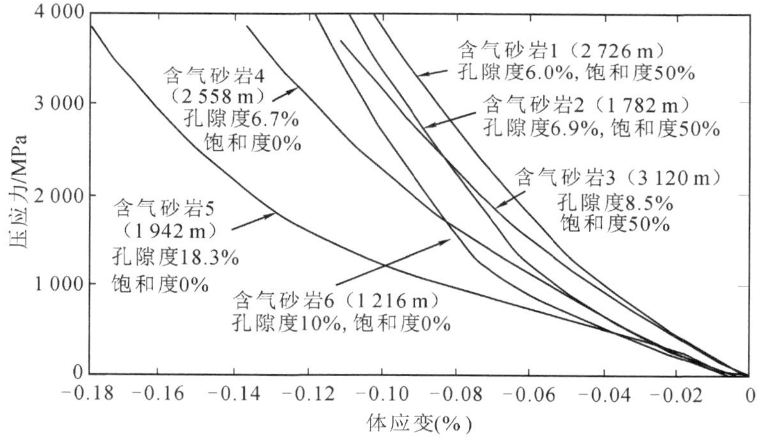

图 5-15 砂岩的静压力-体应变曲线(据 Schock)

5. 高温实验

不但岩石强度与温度有关,其反映应力-应变特征的弹性性质也明显取决于温度。前人已经做了大量的实验研究工作,结果表明:随着温度的增加,岩石强度降低,各种弹性模量也降低。如图 5-16 所示,在不同的温度下,应力-应变曲线初始部分近于线性,并且其斜率(杨氏模量)随温度升高而降低。同时,随着温度的升高,岩石的极限应力值也大幅降低。另一方面,由于花岗岩和白云岩成分和结构的不同,其应力-应变曲线特征明显不同,在拉应力与压应力下也有明显不同的特征。

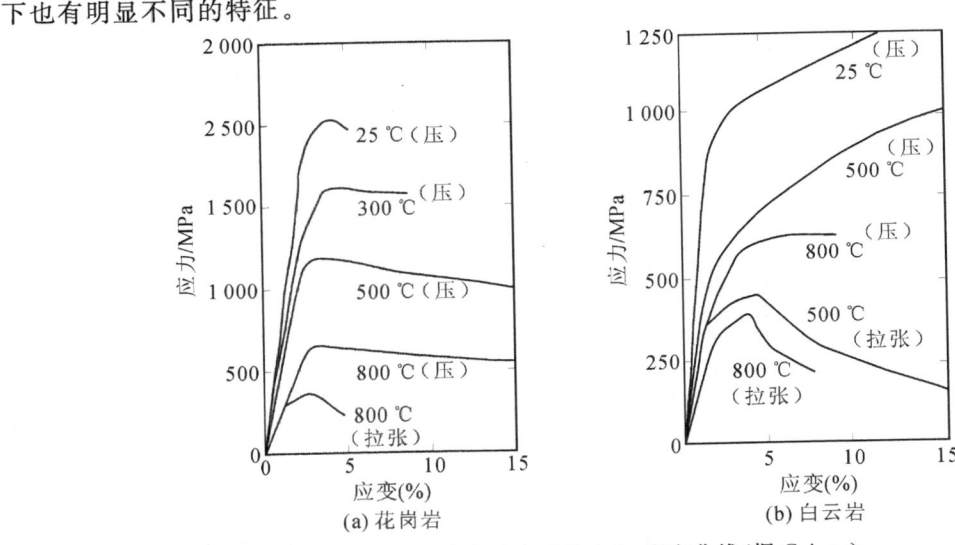

图 5 - 16　温度升高时岩石的应力-应变曲线(据 Griggs)

5.3.2　岩体弹性参数的原位测量

1. 平板千斤顶法

试验在隧道或地下坑室中完成,使用液压千斤顶朝着岩石面上下推压钢板,钢板的位移与载荷有弹性函数关系,通过测量位移、载荷等可求出杨氏模量,实验装置如图 5 - 17 所示,计算公式见式(5 - 34)。

$$E = \frac{mP(1-\gamma^2)A^{1/2}}{w} \tag{5-34}$$

式中,P——平板与岩面之间的应力;

A——支承面积;

γ——泊松比;

w——平板的平均位移;

m——支承面形状常数(圆板 0.96,方板 0.95,长方板 0.71)。

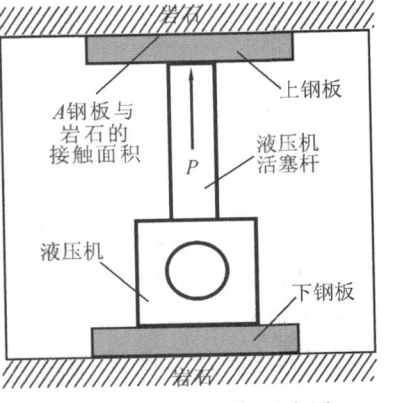

图 5 - 17　千斤顶法示意图

图 5 - 18 为黑云母片岩的千斤顶试验结果,试验显示,在每次的卸载过程中存在较大的剩余应变,当重新加载到先前的应力水平时,曲线会沿着早期的加载趋势延伸,这种现象在岩石的循环加载中普遍存在。

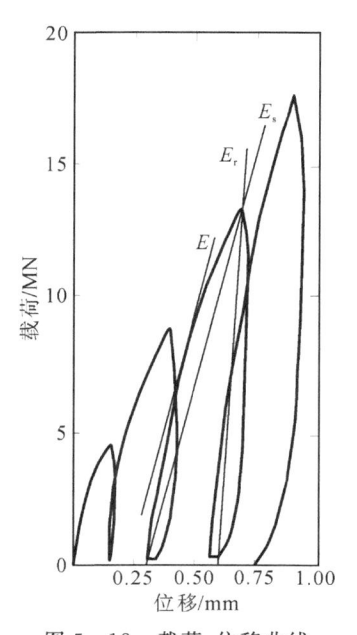

图 5 - 18　载荷-位移曲线

从载荷-位移曲线上可测量三种不同的弹性模量,E 为工作弹性模量(由载荷-位移曲线的斜率确定)、E_s 为割线模量(由零应力到最大应力的斜率确定)、E_r 为恢复弹性模量(由从最大应力卸载到零应力的斜率确定)。E/E_r 是岩石弹性恢复程度的度量,E/E_r 值大于 0.85 的岩石基本上认为是弹性的。如表 5 - 8 中的变质岩,从弹性模量特征的角度来看,不是完全的弹性体,而且不同岩石样品的弹性程度差异较大,其弹性的恢复程度也有一定的差异。所以采用这种方法可以在现场进行岩石原位的力学性质评价研究。

表 5 - 8　平板千斤顶试验的弹性模量(据 Meidal)

岩石名称	E/GPa	E_s/GPa	E_r/GPa	弹性恢复百分比	E/E_r
黑云母片岩 1	8.89	6.23	17.4	36%	0.51
黑云母片岩 2	2.07	1.58	4.30	36%	0.48
花岗片麻岩 3	26.5	15.2	85.0	17%	0.31
花岗片麻岩 4	18.3	15.5	31.3	41%	0.58
花岗片麻岩 5	20.5	18.0	62.9	29%	0.33

2. 扁平插板法

岩石原位弹性模量的测量也可以利用槽缝与扁平插板实验来实现,基本原理是利用岩石内部的应力和在该应力作用下槽缝的位移来测量。杨氏模量的计算公式见式(5 - 35),试验方法如图 5 - 19 所示。

$$E = \frac{cp}{v} \left\{ (1-\gamma) \left[\left(1 + \frac{y^2}{c^2}\right)^{\frac{1}{2}} - \frac{y}{c} \right] + (1+\gamma) \left(1 + \frac{y^2}{c^2}\right)^{\frac{1}{2}} \right\} \qquad (5-35)$$

式中,c——槽缝长度的一半;

　　p——扁平板的压应力;

　　v——参考钉相对于槽缝轴线的位移;

　　γ——泊松比;

　　y——从槽缝轴线到参考钉的间距。

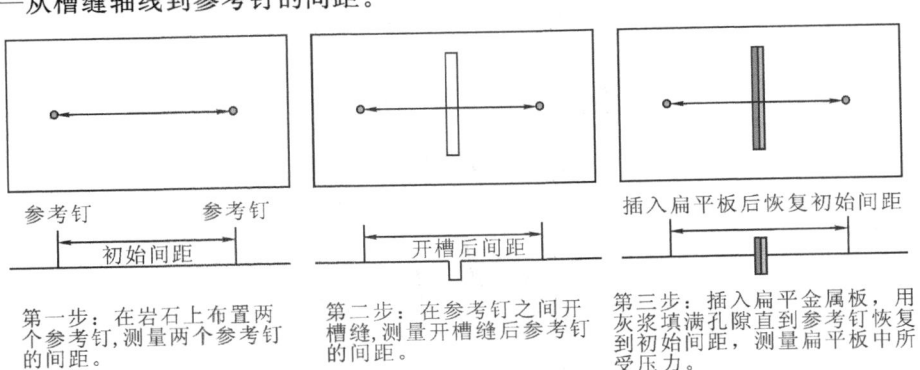

第一步:在岩石上布置两个参考钉,测量两个参考钉的间距。　　第二步:在参考钉之间开槽缝,测量开槽缝后参考钉的间距。　　第三步:插入扁平金属板,用灰浆填满孔隙直到参考钉恢复到初始间距,测量扁平板中所受压力。

图 5-19　扁平插板法示意图

3. 井眼千斤顶法

　　将井眼千斤顶装置放置在井眼的直径方向上,通过机械或液压向井侧壁施加压应力,并测量井径变化。此时,杨氏模量函数关系涉及压应力、井径位移等因素,经验公式见式(5-36)。

$$E = 0.86 K(\gamma) \frac{\Delta Q}{\Delta u / d} \qquad (5-36)$$

式中,d——井径的初始值;

　　Δu——井径变化值;

　　ΔQ——压应力增量;

　　$K(\gamma)$(常数)——泊松比的函数,见表 5-9。

表 5-9　泊松比与 K 常数的对照表

γ	0	0.1	0.2	0.3	0.4	0.5
$K(\gamma)$	1.38	1.29	1.27	1.23	1.17	1.09

5.4　常见岩石和其他材料的弹性参数

　　岩石弹性特性和强度一样,除地质因素外,还受负荷加载条件的影响较大(如围压情况、湿度状态、温度状态、加载速度、应力水平、循环周期等)。因此,许多资料中的数值都有所差异,一般情况下野外值比实验室值要小,表 5-10 所列举的参数仅为一般经验数值,具体岩石的弹性参数,要视情况而定。

表 5-10　常见岩石弹性参数经验数据变化范围

岩石种类	杨氏模量/GPa	泊松比	抗压强度/MPa	抗剪强度/MPa	内摩擦角/(°)，内聚力/MPa
花岗岩	50～100	0.10～0.30	37～379	15～30	45～60,10～50
流纹岩	50～100	0.10～0.25			45～60,15～50
闪长岩	70～100	0.10～0.30			45～55,15～50
安山岩	50～120	0.20～0.30			40～50,15～40
辉长岩	70～150	0.10～0.30			45～55,15～50
玄武岩	60～150	0.10～0.35	150～350	10～20	45～55,20～60
正长岩	15～110	0.16～0.10	120～180		
斑岩	60～80	0.10～0.20			
辉绿岩	69～80	0.10～0.30	200～250		
砂岩	10～100	0.20～0.30	11～252	5～15	35～50,4～40
石英砂岩	39～125	0.05～0.25	68～100		
碳质砂岩	6～22	0.10～0.30	50～140		
砂质页岩	20～40	0.15～0.30	60～120		
软页岩	10～20	0.25～0.35	20		
页岩	20～80	0.20～0.40	20～80	1.7～3.3	20～35,2～30
石灰岩	50～100	0.20～0.35	6～360	10～20	35～50,3.5～40
泥灰岩	20～40	0.20～0.30	40～60		
黑泥灰岩	10～25	0.25～0.35	2.5～30		
白云岩	50～94	0.15～0.35			35～50,8～40
凝灰岩	22～114	0.10～0.20	120～250		
砾岩	10～110	0.05～0.16	150～160		
石英岩	60～200	0.08～0.25			50～60,20～60
片麻岩	10～100	0.10～0.35			35～50,10～30
花岗片麻岩	70～100	0.10～0.30	180～200		
片岩	10～80	0.20～0.40			35～50,2～20
板岩	20～80	0.20～0.30			30～50,2～20
千枚岩	22～34	0.16～0.35			
大理岩	10～34	0.16～0.36	70～140		

表 5-11 列举了一些其他材料(包括金属、有机材料、无机材料等)的弹性参数。在金属中,钢的弹性参数最大,铅的弹性参数最小;在无机物中,钻石的杨氏模量最大(1 200 GPa),石膏最小(约为 3 GPa);在有机物中,尼龙 66 的杨氏模量最大(8.3 GPa),橡胶最小(0.007 8 GPa)。

表 5-11 常见其他材料弹性参数表

材料种类	杨氏模量/GPa	切变模量/GPa	体积模量/GPa	泊松比	极限应力/GPa
铅	16	6.8		0.42	
铝	70	26	75	0.34	60~160
金	80	28	167	0.42	110~230
冷拔黄铜	91~99	35~37		0.32~0.42	
黄铜	106			0.324	
铜	124	46	130	0.35	200~350
铸铁	113~157	44		0.3	
不锈钢	190			0.305	
合金钢	206	79.4		0.25~0.30	
镍铬钢	206	79.4		0.25~0.30	
软钢	210	81	170	0.30	480
碳钢	200~220	81		0.24~0.28	
石膏	2.9	1.2		0.26	
冰	10.76	33.6		0.33	
混凝土	13.73~39	4.9~25.69		0.1~0.21	27~55
石墨	36.5			0.425	
玻璃	55	1.96		0.25	
瓷	58.6	23.8		0.23	
钻石	1 050~1 200				
横纹木材	0.5~0.98	0.44~0.64			
电木	1.96~2.94	0.69~2.06		0.35~0.38	
纵纹木材	9.8~12	0.5			
橡胶	0.007 8	2.9		0.47	
ABS	0.2	0.318 9		0.394	
PE(高密度)	1.07	0.377		0.410 1	
PVC	2.41	0.833		0.383	
赛璐珞	1.71~1.89	0.69~0.98		0.40	
PC(高密度)	2.32	0.829		0.389 7	
有机玻璃	2.7~3.5			0.29	80~140
聚氯乙烯	3.38	1.36			
尼龙 66	8.3	3.2		0.28	

第6章　岩石的波速及衰减

地震波是一种能在岩石等介质中传播的机械震动波,它在岩石中的传播速度和衰减特性是岩石很重要的两个基本物性。不同的岩石对地震波的传播速度不同,对地震波能量的衰减影响也各自不同。其主要原因是这两个物性受岩石的矿物成分以及内部的结构构造、孔隙发育程度、流体饱和度、流体性状等因素的影响,因此,岩石的波速和衰减特性是联系有关地质学问题的有效桥梁,是研究地球内部构造最有效的工具之一。

岩石的弹性性质不仅可用杨氏模量、泊松比和剪切模量等弹性参数来表征,也可以用弹性波速度以及波的速度比和衰减特性来描述。

在各种地球物理勘探方法中,地震勘探具有重要的地位,如图 6-1 所示。地震勘探在地质构造研究、能源和资源勘探开发中已发挥了重要作用,在地震勘探的数据采集和处理解释的全过程中,地震波速与衰减是非常重要的物性参数。

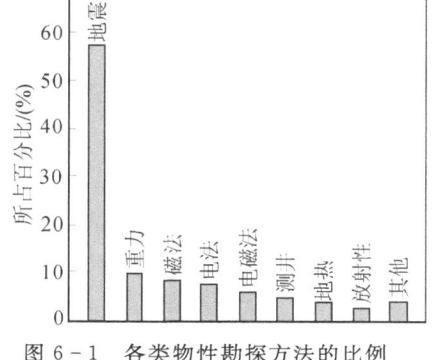

图 6-1　各类物性勘探方法的比例

6.1　岩石的波速

地震波作为一种机械震动波,是以质点机械震动的方式传递能量的,其震动方式有两种,质点的震动方向与传播方向一致为纵波,质点的震动方向与传播方向垂直为横波(又分 SH 波和 SV 波),其他各种面波是纵波与横波的合成。地震波在岩石中传播时,其纵、横波速大小与岩石的弹性性质和密度有关,它遇到物性界面时的透射与反射能力和传播方向与界面两侧岩石的波速和密度有关。地震波在介质中传播时的波动特征不但与空间位置有关,还与时间有关,其在时间域与空间域中的关系与岩石波速相关。因此,波速是地震勘探中最为重要的物性参数,涉及地震数据采集设计、数据处理以及资料解释的全过程。

6.1.1　波速与弹性参数

当岩石的密度确定时,地震波在岩石中传播时的速度大小取决于岩石的弹性性质。或者说,地震波的纵波和横波速度与岩石的弹性参数具有正比关系,即弹性参数值越大,纵波和横波的速度就越大。不同的岩石有不同的密度和弹性参数,从而就有不同的纵波和横波波速。因此,地震波速也是岩石等材料的一种基本物性。

1. 波速与拉梅常数及密度

在均匀各向同性弹性介质中,纵波和横波速度与切变模量 μ 和拉梅常数 λ 有着简单的关系。即纵波速度与弹性参数(μ, λ)为正比关系,与密度为反比关系;横波速度只与切变模量 μ

成正比关系。因此在 μ 为零的液体中，没有横波，只有纵波。地震波速与岩石弹性参数及密度的关系见式（6-1），其中 V_p 为纵波速度，V_s 为横波速度。

$$V_p = \sqrt{\frac{\lambda + 2\mu}{\rho}} \ , \quad V_s = \sqrt{\frac{\mu}{\rho}} \ , \quad \frac{V_p}{V_s} = \sqrt{2 + \frac{\lambda}{\mu}} \qquad (6-1)$$

如第 4 章所述，泊松比与切变模量和拉梅常数的关系式见式（6-2）。

$$\gamma = \frac{\lambda}{2(\lambda + \mu)} \qquad (6-2)$$

其中，μ 为切变模量，λ 为拉梅常数，γ 为泊松比。

当岩石的泊松比 $\gamma = 0.25$ 时，就有 $\lambda = \mu$，$V_p = \sqrt{3} V_s$。也就是说，对于泊松体，纵波的速度是横波的 $\sqrt{3}$ 倍。自然界大部分岩浆岩、变质岩石和部分沉积岩的泊松比都接近 0.25，因此，知道纵波速度就可以大致估计横波速度，反之亦然。从纵波与横波速度之比的公式可以看出，其比值的取值范围最小值为 $\sqrt{2}$，最大为 ∞，对应的泊松比在 0 到 0.5 之间。

2. 波速与杨氏模量、泊松比及密度

从式（6-3）中可以看出，地震波的纵波和横波速度也都与杨氏模量成正比关系，而与密度成反比关系。纵波速度和横波速度的比可化为泊松比的关系，见式（6-4），因此，纵波速度与横波速度的比值可以反映岩石泊松比的情况。因而在多波地震勘探中，可利用纵横波速度比来揭示岩石的岩性特征。

$$V_p = \left(\frac{\lambda + 2\mu}{\rho}\right)^{\frac{1}{2}} = \left[\frac{E(1-\gamma)}{\rho(1+\gamma)(1-2\gamma)}\right]^{\frac{1}{2}}, \ V_s = \left(\frac{\mu}{\rho}\right)^{\frac{1}{2}} = \left[\frac{E}{2\rho(1+\gamma)}\right]^{\frac{1}{2}} \qquad (6-3)$$

$$\frac{V_p}{V_s} = \left(\frac{\lambda + 2\mu}{\mu}\right)^{\frac{1}{2}} = \left[\frac{2(1-\gamma)}{1-2\gamma}\right]^{\frac{1}{2}} \qquad (6-4)$$

3. 已知波速求弹性参数

如上所述，岩石的弹性参数与地震波速有相关关系，因此可以利用地震波速计算岩石的弹性参数。在静态力作用下测得的模量为静态弹性模量，动态力作用下测得的模量为动态弹性模量（用下标 d 表示）。动态弹性模量与静态模量有一定的关系，一般动态杨氏模量大于静态杨氏模量，而动态泊松比小于静态泊松比。

地震波速相当于在动态力作用下测得的，因此用地震波速计算的弹性模量为动弹模量，其关系式如式（6-5）—式（6-9）所示。

$$E_d = \frac{\rho V_s^2 (3V_p^2 - 4V_s^2)}{V_p^2 - V_s^2} \qquad (6-5)$$

$$\gamma_d = \frac{V_p^2 - 2V_s^2}{2(V_p^2 - V_s^2)} \qquad (6-6)$$

$$K_d = \rho \left(V_p^2 - \frac{4}{3} V_s^2\right) \qquad (6-7)$$

$$\mu_d = \rho V_s^2 \qquad (6-8)$$

$$\lambda_d = \rho (V_p^2 - 2V_s^2) \qquad (6-9)$$

6.1.2 波速与波的反射和透射

地震波在介质中传播时，遇到波阻抗差异的物性界面，就会发生波的反射和透射（折射），同时部分入射波能量还会发生波形的转换,如图 6－2 所示。

如纵波入射时,部分能量转换成反射和透射横波,其传播方向也要发生改变。当入射角一定时,纵波和横波的反射系数和透射系数与界面两侧的波速和密度有关。而转换横波的反射角、纵波和转换横波的透射角,只与界面两侧的波速度有关,较详细的讨论如下。

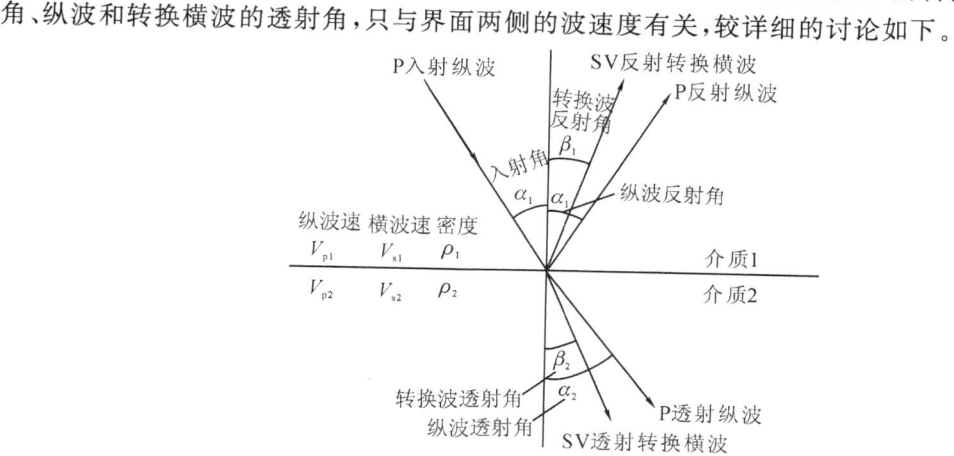

图 6－2　界面反射-透射示意图

1. 波速与地震波的反射与透射系数

在入射波垂直于物性界面入射的情况下,反射和透射系数与波速具有最简单的关系,见式(6－10)和式(6－11),但垂直入射不产生转换波。

$$K_1 = \frac{Z_1 - Z_2}{Z_1 + Z_2} \quad （反射系数） \tag{6－10}$$

$$K_2 = \frac{2Z_1}{Z_1 + Z_2} \quad （透射系数） \tag{6－11}$$

$$Z_1 = \rho_1 V_1, Z_2 = \rho_2 V_2 \quad （Z \text{ 为波阻抗}）$$

在入射波倾斜于物性界面入射的情况下,反射和透射系数与波速间的关系较复杂,如诺特(Knott)或佐普瑞兹(Zoeppritz)方程(6－12)和(6－13)所示。

P 波入射时,如方程式(6－12)。

$$\begin{bmatrix} \sin\alpha_1 & \cos\beta_1 & -\sin\alpha_2 & \cos\beta_2 \\ \cos\alpha_1 & -\sin\beta_1 & \cos\alpha_2 & \sin\beta_2 \\ \cos2\beta_1 & -\dfrac{V_{s1}}{V_{p1}}\sin2\beta_1 & -\dfrac{\rho_2 V_{p2}}{\rho_1 V_{P1}}\cos2\beta_2 & -\dfrac{\rho_2 V_{s2}}{\rho_1 V_{p1}}\sin2\beta_2 \\ \dfrac{V_{s1}^2}{V_{p1}^2}\sin2\alpha_1 & \dfrac{V_{s1}}{V_{p1}}\cos2\beta_1 & -\dfrac{\rho_2 V_{s2}^2}{\rho_1 V_{p1} V_{p2}}\sin2\alpha_2 & -\dfrac{\rho_2 V_{s2}}{\rho_1 V_{p1}}\cos2\beta_2 \end{bmatrix} \begin{bmatrix} R_{pp} \\ R_{ps} \\ T_{pp} \\ T_{ps} \end{bmatrix} = \begin{bmatrix} -\sin\alpha_1 \\ \cos\alpha_1 \\ -\cos2\beta_1 \\ \dfrac{V_{s1}^2}{V_{p1}^2}\sin2\alpha_1 \end{bmatrix}$$

$$\tag{6－12}$$

式中,α_1——纵波的入射角和反射角;

β_1——反射转换横波与界面法线的夹角;

β_2——透射转换横波与界面法线的夹角;

α_2——透射纵波与界面法线的夹角;

ρ_1, ρ_2——界面两侧的密度;

V_{s1}, V_{s2}——反射转换波和透射转换波的横波波速;

V_{p1}, V_{p2}——入射和透射纵波的波速;

R_{pp}, T_{pp}——纵波的反射和透射系数;

R_{ps}, T_{ps}——转换横波的反射与透射系数。

SV 波入射时,如方程式(6-13)。

$$
\begin{bmatrix}
\cos\beta_1 & \sin\alpha_1 & \cos\beta_2 & -\sin\alpha_2 \\
\sin\beta_1 & -\cos\alpha_1 & -\sin\beta_2 & -\cos\alpha_2 \\
\cos2\beta_1 & \dfrac{V_{s1}}{V_{p1}}\sin2\alpha_1 & -\dfrac{\rho_2 V_{s2}}{\rho_1 V_{s1}}\cos2\beta_2 & \dfrac{\rho_2 V_{s2}^2}{\rho_1 V_{s1} V_{p2}}\cos\alpha_2 \\
\sin2\beta_1 & -\dfrac{V_{p1}}{V_{s1}}\cos2\beta_1 & \dfrac{\rho_2 V_{s2}}{\rho_1 V_{s1}}\sin2\beta_2 & \dfrac{\rho_2 V_{p2}}{\rho_1 V_{s1}}\cos2\beta_2
\end{bmatrix}
\begin{bmatrix}
R_{ss} \\
R_{sp} \\
T_{ss} \\
T_{sp}
\end{bmatrix}
=
\begin{bmatrix}
\cos\beta_1 \\
-\sin\beta_1 \\
-\cos2\beta_1 \\
\sin2\beta_1
\end{bmatrix}
\quad (6-13)
$$

式中,α_1——横波的入射角和反射角;

β_1——反射转换纵波的反射角;

β_2——透射转换纵波的透射角;

α_2——透射横波的透射角;

R_{ss}, T_{ss}, R_{sp}, T_{sp}——横波的反射与透射系数,转换纵波的反射与透射系数。

从上述地震波反射与透射系数公式,可以明显地看出地震波速是至关重要的参数,当入射角为0°时,上述的四阶方程就可以简化成垂直入射公式,此时没有转换波产生。在深度较大的地震勘探中,偏移距离不太大的情况下,可以近似用垂直入射公式。

2. 波速与地震波的反射和透射方向

在物性界面上反射波的反射角等于入射角,其他波的传播角度只与界面两侧的速度有关,均服从斯奈尔定律,如图6-3所示。当各层的速度确定后,入射角一定时,各层的反射和透射波的方向也就确定了,而且各层上各种波角度的正弦与速度的比值都相同,这个比值称为射线常数 P。斯奈尔定律见式(6-14)。

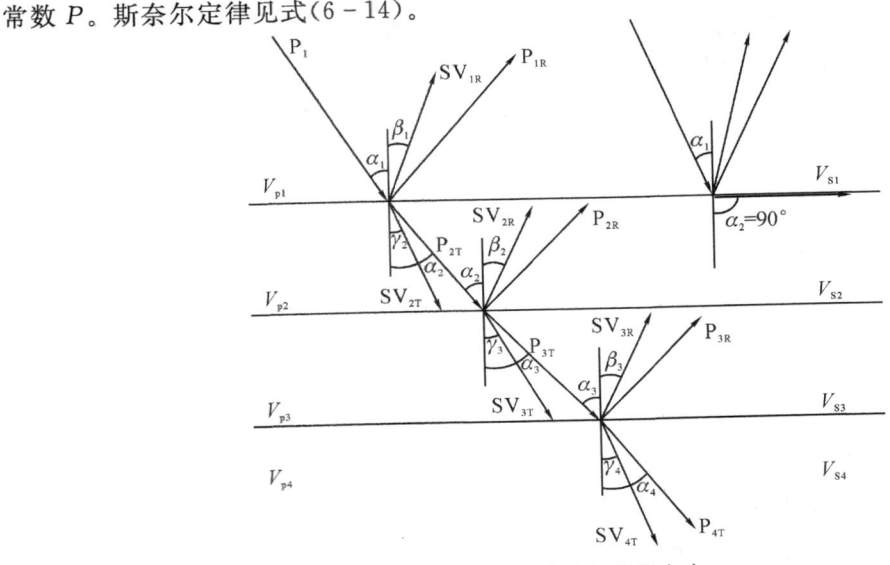

图6-3 波速与传播方向

$$\frac{\sin\alpha_1}{V_{p1}} = \left(\frac{\sin\alpha_2}{V_{p2}} = \cdots = \frac{\sin\alpha_n}{V_{pn}}\right) = \left(\frac{\sin\beta_1}{V_{s1}} = \cdots = \frac{\sin\beta_n}{V_{sn}}\right) = \left(\frac{\sin\gamma_2}{V_{s2}} = \cdots = \frac{\sin\gamma_n}{V_{sn}}\right) = P$$

$$(6-14)$$

式中，P 称为射线常数。

当 $\sin\alpha_1 = V_1/V_2$ 时，以 α_1 入射，就有 $\alpha_2 = 90°$，此时的入射角 α_1 称为临界角。入射波达到临界角时，透射波不再向下传播，而是沿下层介质的顶界面以该层的速度滑行，产生所谓的折射波。折射波又以临界角在上层向上传播。产生折射波的前提是入射层的速度要小于透射层的速度。当地层由多层岩石构成时，上覆地层中任意一层的速度一旦大于下层速度，以下的地层均不能产生折射波。

6.1.3　波速与波动方程

不论波是在一维介质还是在三维介质中传播，波动方程中位移量对时间的二阶偏导数与位移量对空间的二阶偏导数，是以速度为参数，或者为转换关系的，具体讨论如下。

1. 在一维介质中的波动方程

波长比传播介质的横向尺度大很多时，可以认为其介质为一维情况，其波动方程比较简单，见式(6-15)。此方程可做如下推导，假定杆的横截面在运动中始终保持为平面，而且其上的应力均匀分布，小单元长度为 δx，如图 6-4 所示。

左端受力为

$$\sigma_x \cdot A$$

右端受力为

$$\left(\sigma_x + \frac{\partial\sigma_x}{\partial x}\delta x\right) \cdot A$$

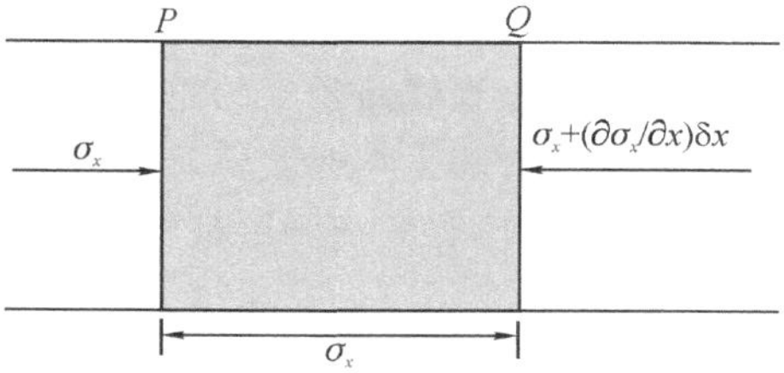

据牛顿第二定律：

$$右端力 - 左端力 = \rho A \delta x \frac{\partial^2 u}{\partial t^2}$$

据应力-应变关系得出

$$\sigma_x = E \cdot \frac{\partial u}{\partial x}$$

图 6-4　纵波在杆中的传播示意图

最后得出一维波动方程：

$$\rho \frac{\partial^2 u}{\partial t^2} = E \frac{\partial^2 u}{\partial x^2} \quad 或 \quad \frac{\partial^2 u}{\partial t^2} = v^2 \frac{\partial^2 u}{\partial x^2} \tag{6-15}$$

速度 $v = \sqrt{\dfrac{E}{\rho}}$，由此可见波在时间域和空间域的变化是以速度为参数的。

2. 在三维各向同性均匀介质中的波动方程

对于均匀各向同性弹性介质，在波传播时不受外力影响的情况下，可表现为三维齐次波动方程，其推导过程从略（可参考其他相关资料）。式(6-16)为纵波方程，式(6-17)为横波方程，两者一起称为弹性波方程。值得注意的是，三维波动方程在时间域的二阶偏导与空间域的二阶偏导的关系也是以速度为系数，或以速度为转换关系的。

$$\frac{\partial^2 \theta}{\partial t^2} = V_p^2 \left(\frac{\partial^2 \theta}{\partial x^2} + \frac{\partial^2 \theta}{\partial y^2} + \frac{\partial^2 \theta}{\partial z^2}\right) \quad 或 \quad \frac{\partial^2 \theta}{\partial t^2} = V_p^2 \nabla^2 \theta \tag{6-16}$$

$$\frac{\partial^2 \Phi}{\partial t^2} = V_s^2 \left(\frac{\partial^2 \Phi}{\partial x^2} + \frac{\partial^2 \Phi}{\partial y^2} + \frac{\partial^2 \Phi}{\partial z^2} \right) \quad 或 \quad \frac{\partial^2 \Phi}{\partial t^2} = V_s^2 \nabla^2 \Phi \tag{6-17}$$

其中，$V_p = \sqrt{\dfrac{\lambda + 2\mu}{\rho}}$，$V_s = \sqrt{\dfrac{\mu}{\rho}}$，$\theta$ 为体应变，Φ 为切应变。

6.1.4　地震勘探中几种波速的概念

在地震勘探和地球物理学资料中，经常会遇到地震波速有不同的名称，如平均速度、层速度、均方根速度、等效速度、叠加速度、射线平均速度等。这些速度的意义并不等同，应用场合也不同，只是在某些特殊情况下可能相等。一些速度是按地震波在地层中的传播路径不同而命名的，另一些是在地震数据处理中不同情况下的各种等效速度，并不是地震波在岩石中的实际速度。下面分别介绍不同地震波速度的概念和意义。

1. 平均速度 V_{av}

平均速度的基本假设是地震波沿着最短路径传播（直线传播），用来表示地层整体的速度，如图 6-5 所示，表达式见式（6-18）。一组水平层状介质中某一界面以上介质的平均速度就是地震波垂直穿过该界面以上所有地层的总厚度与总传播时间之比，倾斜入射时为直线路径上各层总距离与该直线路径上的总时间之比，这样倾斜和垂直入射的平均速度就是等同的。实际上，倾斜入射时，地震波在各层会发生折射，并不是按直线传播。

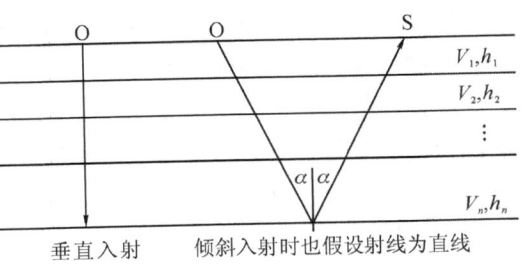

垂直入射　　　　倾斜入射时也假设射线为直线

图 6-5　水平层状介质平均速度

$$V_{av} = \frac{\sum\limits_{i=1}^{n} h_1}{\sum\limits_{i=1}^{n} h_i/V_i} = \frac{\sum\limits_{i=1}^{n} t_i V_i}{\sum\limits_{i=1}^{n} t_i} \tag{6-18}$$

2. 层速度 V_n

层速度是指在层状地层中，各岩石层地震波传播的速度，等同于各层岩石本身的速度，见公式（6-19）。它能够反映地层的岩性特征，因此利用层速度可以划分地层。可用地震测井或声波测井测得，一般是指纵波速度，也可以利用反射记录计算得出。对于海相和湖相沉积岩来说，在稳定沉积环境下，岩性和岩相横向比较稳定，其层速度也就趋于横向稳定。利用层速度可以研究岩性、沉积相、孔隙流体性质等。

$$V_n = \frac{\Delta H}{\Delta t} \tag{6-19}$$

3. 均方根速度 V_R

地震波在地层中的实际传播遵循费马原理，即沿着时间最短路径传播，在界面两侧遵循透射定律，而不是直线传播。对于水平多层介质，从震源点 O 到最下层反射点，再到地面接收点 S，地震波路径为折线，如图 6-6 左图所示。为了表征最下层反射点以上为"单一均匀"介质时，地震波按直线传播的走时与观测点位置的关系，如图 6-6 右图所示，引入均方根速度。也就是把水平多层介质情况下的反射时距曲线近似地处理成"单一均匀"介质情况下的双曲线，在保持走时不变的条件下,所求出的速度就是这个多层水平层状介质的均方根速度,其表达式如式(6-20)。

$$t^2 = t_0^2 + \frac{x^2}{V_R^2} \ , \ V_R = \sqrt{\frac{\sum\limits_{i=1}^{n} t_i V_i^2}{\sum\limits_{i=1}^{n} t_i}} \ , \ t_i = \frac{h_i}{V_i} \qquad (6-20)$$

其中,V_R 称为 n 层水平层状介质的均方根速度(略去了高次项),相当于均匀介质波速。

如果不做任何限制和简化,水平层状介质的反射波时距曲线方程只能写成以射线参数为参数的形式,见式(6-21),而不能写成简单的 $t = f(x)$ 的显函数形式。

$$\begin{cases} t = 2\sum\limits_{i=1}^{n} \dfrac{t_i}{\sqrt{1-p^2 V_i^2}} \\ x = 2\sum\limits_{i=1}^{n} \dfrac{p V_i^2 t_i}{\sqrt{1-p^2 V_i^2}} \end{cases} \Rightarrow \quad t^2 = t_0^2 + \frac{x^2}{V_R^2}, \quad t_0 = \sum\limits_{i=1}^{n} \frac{2h_i}{V_i} \qquad (6-21)$$

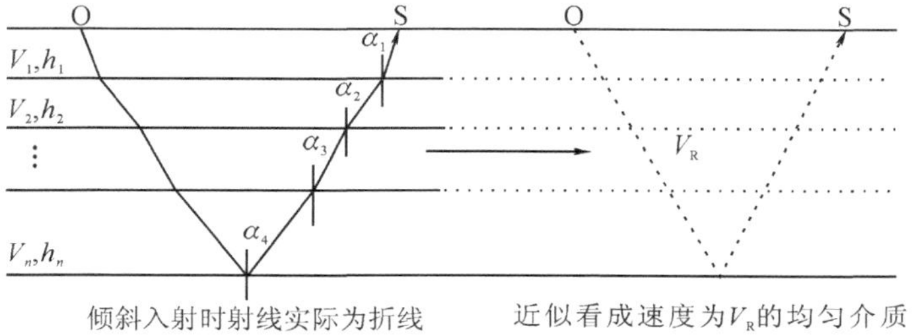

图 6-6　水平层状介质的均方根速度

4. 等效速度 V_φ

对于倾斜界面,其共中心点道集的叠加效果存在两个问题,即反射点分散和动校正不准确。引入等效速度后,用等效速度按水平界面动校正公式,对倾斜界面的共中心道集进行动校正,可以取得很好的叠加效果,没有剩余时差,但反射点分散的问题并没有解决。单层倾斜界面的共中心点反射波时距曲线方程为式(6-22)。

$$t^2 = t_0^2 + \frac{x^2}{V^2 / \cos^2\varphi} \ , \quad t_0 = \frac{2h_0}{V} \qquad (6-22)$$

引入 $V_\varphi = V/\cos\varphi$,得 $t^2 = t_0^2 + \dfrac{x^2}{V_\varphi^2}$,这样就得到了类似水平界面的曲线公式。

其中,V_φ 为倾斜界面均匀介质情况下的等效速度,φ 为地层倾角。

用 V_φ 代替 V ,倾斜界面共中心点时距曲线就可以变成水平界面形式的共反射点时距曲线。此时可较方便地用等效速度对倾斜界面的共中心道集进行动校正,如图 6-7 所示。

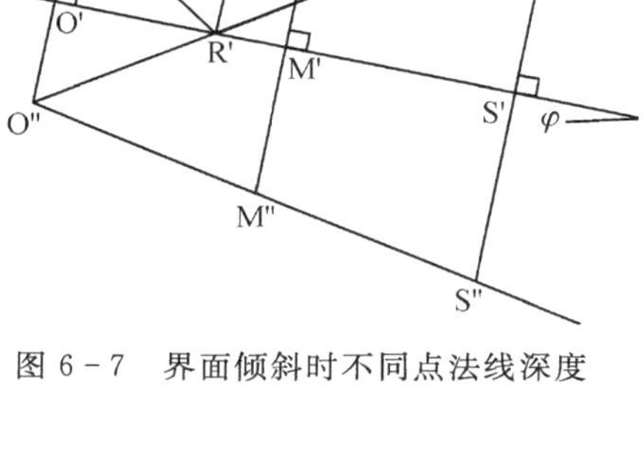

图 6-7　界面倾斜时不同点法线深度

5. 叠加速度 V_a

在一般情况下(水平界面均匀介质、倾斜界面均匀介质、覆盖层为层状介质或连续介质等),都可将共中心点反射时距曲线看作双曲线,用共同的方程式(6-23)来表示。

$$t^2 = t_0^2 + \frac{x^2}{V_a^2} \tag{6-23}$$

其中,V_a 为叠加速度,其简化条件为:介质横向速度变化不大,炮检距不大,观测面水平。

另外,V_a 也可以理解为,在动校正时,能使双曲线型的同相轴校正为直线的速度,也就是该同相轴对应的反射波的叠加速度。

对于不同的介质结构,V_a 有不同的意义。对于倾斜界面均匀介质,V_a 就是等效速度 V_φ;对于水平多层介质,V_a 就是均方根速度 V_R;对于单层水平介质,V_a 就是这层的层速度。因此,在地震资料处理中,不能直接利用测井资料获得的层速度进行动校正,要换算成叠加速度,或者通过地震剖面的速度扫描获得叠加速度。

6. 射线平均速度 V_{ray}

简单来说,就是射线经过的总路程与总时间的比值。对于一个层状介质,射线平均速度不唯一,与入射角有关,当入射角为零时,等同于平均速度;入射角增大时,射线平均速度增大,当入射角为大偏移距时,射线平均速度接近高速层的速度。其表达式如式(6-24)所示。

$$V_{ray} = \frac{\sum_{i=1}^{n} \dfrac{h_i}{\sqrt{1-p^2V_i^2}}}{\sum_{i=1}^{n} \dfrac{h_i}{V_i \sqrt{1-p^2V_i^2}}} = \frac{\sum_{i=1}^{n} \dfrac{h_i}{\cos a_i}}{\sum_{i=1}^{n} \dfrac{h_i}{V_i \cos a_i}} \tag{6-24}$$

其中,h 为各地层厚度,p 为射线系数,a 为各层的入射角,V_i 为各层的速度。

7. 各速度之间的关系

在水平层状介质情况下,炮检距为零时的射线速度即为平均速度;炮检距为无穷大时的射线速度等于水平层状介质中最高速度层的速度。均方根速度是构成等效均匀层的最佳射线速度,均方根速度大于平均速度。各速度之间的关系如图6-8所示。

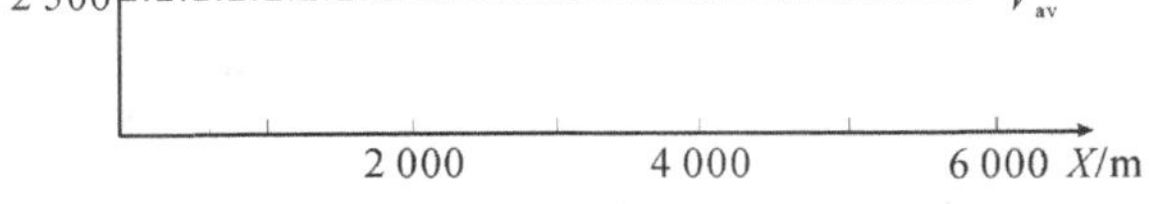

图6-8　各速度之间的关系图

6.2　岩石波速的测量

岩石地震波速的测量分为室内超声波法测量、原位岩石测量和地震勘探中的速度测量。室内测量的对象一般为岩芯或小块岩石样品,原位测量的对象一般为块体较大的原位岩石,而地震勘探测量对象的范围更大,一般为一个或几个地层或者岩体。因此,即便是对同种岩石进行测量,不同的测量方式得到的结果也会有所不同。一般在实验室测得的速度大于原位岩石测量速度,原位岩石测量速度大于地震勘探测量速度。

6.2.1 岩石波速的实验室测量

1. 岩石样品制备

将岩石样品加工成直径为 2.5～5 cm,长度为 10～20 cm 的圆柱体或类似同体积大小的长方体,并将两底面研磨平整,平行度在 0.2 mm 以内,加工时要避免对样品的特性产生各种影响。

2. 测试仪器条件

接收系统:频带宽度 50 kHz～1.5 MHz,总增益＞80 dB。

发射系统:发射电脉冲为方波(脉冲宽度 0.5～10 μs)或阶跃脉冲,发射电脉冲幅度为 0～100 V。

计时系统:时间分辨率≤0.1 μs。

压电换能器:应配有频率为 50 kHz～1.5 MHz 的不同频率的换能器,以满足岩石试样测试所必须满足的无限体的边界条件。即 $D \geqslant (2 \sim 5)\lambda, \lambda \geqslant 3d$,其中,$D$ 为试样直径,d 为样品中颗粒尺寸,λ 为测试波长。上述测试条件为我国 1986 年颁布的《岩石物理性质试验规程》要求。

3. 测试步骤

对岩石试样进行描述,将相同地质条件的样品分为一组,用游标卡尺精确测量试样尺寸。分别测量无样品时测量系统的延迟时间,如图 6 - 9(a)所示,和有样品时的初至波到达时间,如图 6 - 9(b)所示。用试样长度除以波在样品中的走时,可得到样品的波速。在测量横波速度时,激发换能器和接收换能器要和样品紧密接触,保证好的耦合条件,一

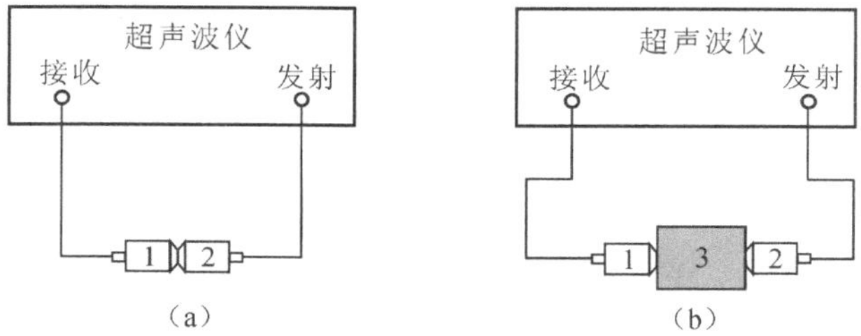

1—接收换能器;2—激发换能器;3—被测试样品。

图 6 - 9 测试过程示意图

般采用样品架将其压紧,如图 6 - 10 所示。虽然采用横波换能器激发仍然能接收到纵波,但其一般能量很弱且早于横波出现,而横波通常以能量很强,频率低为特征,如图 6 - 11 所示。

测量参数如下。

测量系统延迟时间:t_{op}(纵波),t_{os}(横波)。

测量纵波初至时间:t_p'。

测量横波初至时间:t_s'。

纵波和横波在样品中的走时整理如下:

$$t_p = t_p' - t_{op} \quad \text{(纵波,单位 μs)}$$
$$t_s = t_s' - t_{os} \quad \text{(横波,单位 μs)}$$

样品的纵波和横波速度可按式(6 - 25)和式(6 - 26)来计算。

$$V_p = \frac{l}{t_p} \times 10^3 \tag{6 - 25}$$

$$V_s = \frac{l}{t_s} \times 10^3 \tag{6 - 26}$$

其中,l 为样品长度,单位为 mm;V_p 为纵波速度,单位为 m/s;V_s 为横波速度,单位为 m/s。

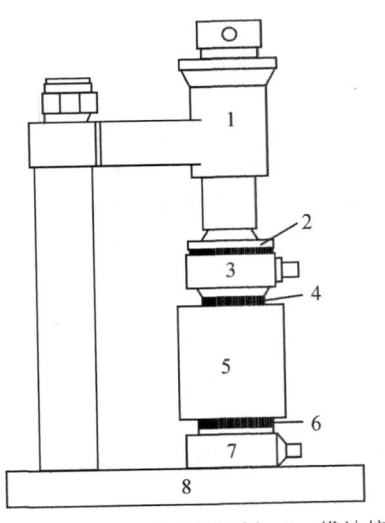

1—加压装置；2—球面传压板；3—横波接收换能器；4—铝箔；5—岩石试样；6—铝箔；7—横波激发换能器；8—底座。

图 6-10　横波速度测量

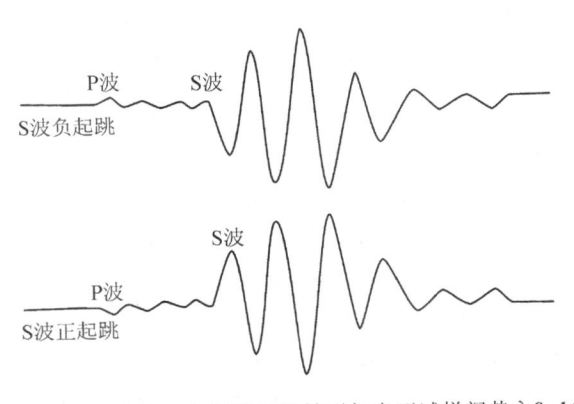

测量横波时，在换能器辐射面与岩石试样间垫入8~16层铝箔（或银箔）并适当加施压力，至接收波形清晰为止。

图 6-11　纵波与横波波形图

测量纵波可按图 6-9 所示方式进行，注意在岩石与换能器之间涂上黄油或凡士林进行耦合处理。当用同一样品测量横波时，要彻底清除试样端面上的耦合剂，并用 0.01～0.02 mm 的铝箔或银箔进行耦合处理，用图 6-10 所示方式进行测量。

理论和试验结果表明：试样横向（垂直声波传播方向）的最小尺寸（D）应大于测试超声波波长的 2 倍以上，以保证所测波速为无限体的波速。实验已证实，当 $D<2$ 倍波长时，所测得波速不再是无限体的波速。另外，考虑到岩石的非均匀性，用高频换能器时，激发换能器和接收换能器的主频要大于岩石样品中颗粒平均粒度的 3 倍（波长＞$3d$），以满足均匀性的测试要求。

6.2.2　岩体速度的原位测量

岩体原位地震波速的测量，主要有两种方式，即平测法和对测法。平测法是激发震源和接收换能器分布在岩体的同一个表面，通过测得震源与接收点的距离和地震波的走时，进而求出其波速。对测法是震源和检波器分布在岩体的两个相对的面上，通过测量求出两点的距离和走时来计算波速。另外，震源有多种，如炸药、锤击、电火花和超声震源等，不同的震源所产生的波的频率范围不同。

1. 平测法

将激发震源和接收换能器按一定的间距布置在岩体同一个表面上，如图 6-12 所示。这种方法下，检波器能够接收直达纵波、横波、瑞雷面波和其他的反射波。测量时，初至波为纵波，一般能量比较弱，频率高。后续的波为横波和面波，特征是能量强，频率低。激发震源可以是炸药、锤击、超声波震源等。检波器可以是单分量垂直检波器，也可以是三分量检波器。最好选用三分量检波器，使一个水平分量正对震源，以便接收到纵波，在另一水平分量上接收SH 波，在垂直分量上接收 SV 波。另外，还要保证检波器和岩石的良好耦合。

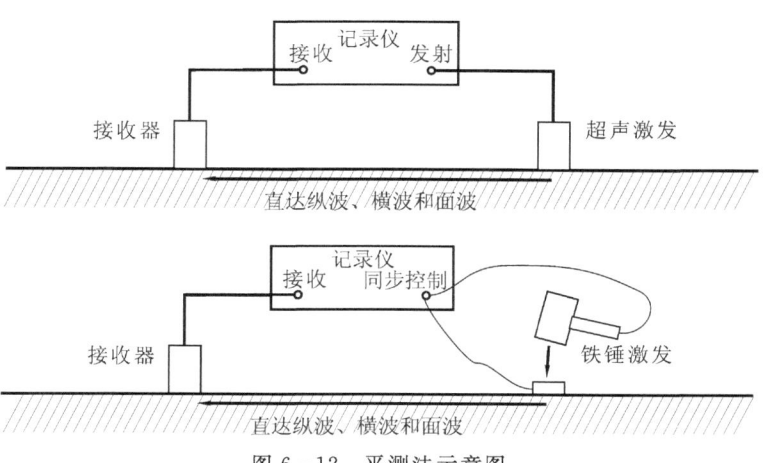

图 6-12　平测法示意图

2. 对测法

将震源和检波器布置在岩体的两个相对面上,或者在两个距离较近的井孔中,如图 6-13 所示。此方法能够接收到清楚的纵波,而且走时的拾取比较准确,没有面波的干扰。如果是纵波震源,则接收到的横波比较弱。如果在井孔中测量,孔中要注满水来耦合,为了接收到横波,检波器要设法靠紧孔壁。激发震源一般使用径向震源,或火花震源等。另外,要注意准确测量激发与接收的距离。

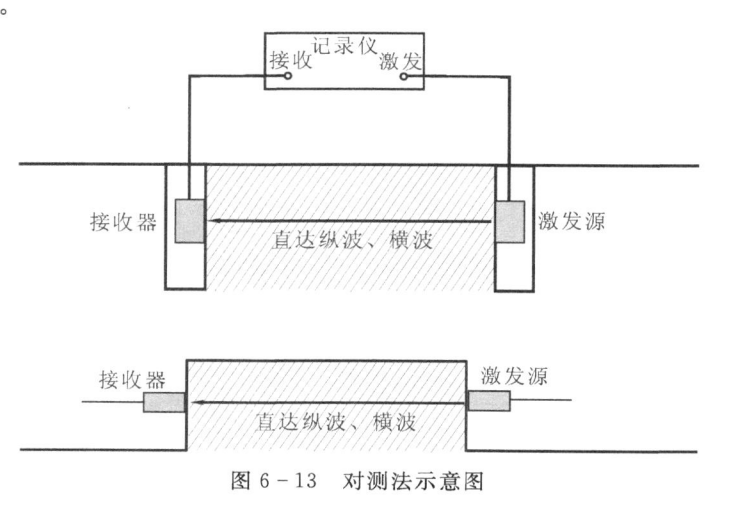

图 6-13　对测法示意图

6.3　岩石的波速特征

组成矿物的化学元素都具有各自的弹性性质,因而不同元素的波速不同。单一元素矿物的波速取决于该元素的波速,多种元素化合而成的矿物,其波速不但与各元素的波速有关,还与晶体结构有关。而岩石的波速主要与组成它的矿物种类及数量、矿物颗粒分布以及矿物之间的结合方式、微裂隙、孔隙度、流体的种类、饱和度等因素有关。岩体的波速不但与岩石自身的波速有关,而且与岩体裂隙、裂缝、层理、裂理等不连续面的分布与发育程度有关。除此之外,矿物和岩石的波速还与温度与压力密切相关,一般情况下,温度增大,岩石的塑性增大,其波速降低;压力增大,岩石的波速增大。

6.3.1　化学元素和矿物的波速特征

由于矿物是由一种或几种元素按一定的晶体结构方式化合而成的,因此,化学元素种类和晶体结构方式是构成矿物波速的最主要的因素。例如,石墨和金刚石的化学成分完全一样,但由于结构方式不同,其波速相差就很大(石墨纵波波速为 3.3 km/s,金刚石纵波波速为 18.3 km/s)。同样,结构方式一样的矿物,由于化学成分的不同,其波速也不尽相同,例如,方铅矿和石盐的微观结构方式完全一样,对称型都为 m3m,但两者的速度差别也比较大,方铅矿的纵波波速为 3 770 m/s,石盐的纵波波速为 5 000 m/s。

1. 化学元素的波速

各种元素的弹性是很不相同的,其弹性特征主要取决于电子壳层及质量不同的原子核,因此弹性波在元素中的速度与原子结构有关。如在图 6-14 中,元素的纵波速度在化学元素周期表里非常有规律,纵波速度与元素的密度、半径和壳层结构有关。在每一周期前半部分元素中,波速是增加的,而在后半周期的元素中,波速是减小的。在每个周期中,随元素序数的增加,元素半径变小,其波速增大,密度也随之增大,但不具有完全的对应关系,如第 5 周期密度最大值对应元素 Tc,波速最大值对应元素 Mo,第 4 周期后,密度最大值滞后于波速最大值所对应的元素序数。从第 2 周期到第 6 周期,随着周期增大,密度的最大值逐渐增大,而波速的最大值逐渐减小。

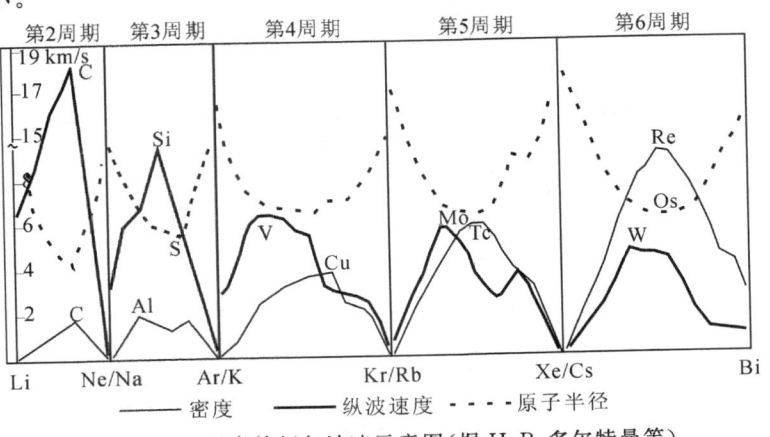

图 6-14　元素特征与波速示意图(据 H. B. 多尔特曼等)

在纵波速度与原子半径的函数 $V_p = f(R_a)$ 曲线中,对半径比较大的 Sp 型结构,原子半径减小,波速增加。对原子较小的 d 型结构元素来说,纵波速度随着相对原子质量的增加而减小,如图6-15所示。对中间型 Sp-d 结构元素,波速既与原子半径有关,又与相对原子质量有关。

2. 矿物的波速

矿物的弹性波速度与其晶体化学特征及原子结构有关。纵波在矿物中的传播速度在 2～18 km/s 之间,而横波速度在 1.100～10 km/s 之间。弹性波在自然金属(金、铂等)中的速度一般都很低,而在铝硅酸盐矿物及无铁氧化物矿物(如黄玉、刚玉、光晶石等)中的速度一般都

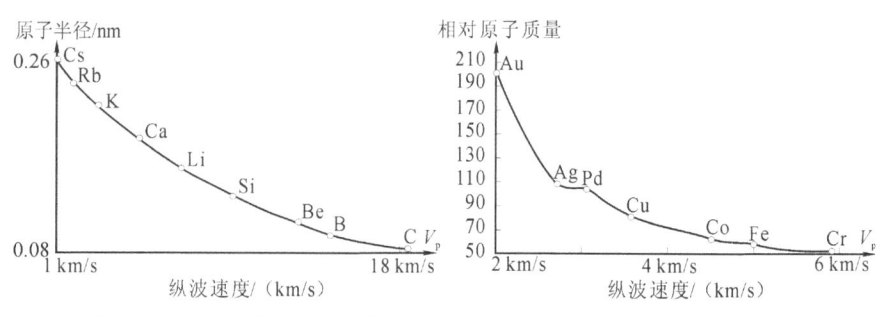

图 6-15 原子半径和相对原子质量与波速关系示意图（据多尔特曼）

高,弹性波在金刚石中速度最高,可达 18 km/s。

对主要由单一元素金属键组成的矿物,其弹性波速度等于在其元素中的波速,由于化学或物理杂质及缺陷等因素而略有偏离。当矿物由多种元素组成时,波速将有明显的变化,但元素所确定的弹性参数与结构因素及相对原子质量的定性关系,对多元素矿物仍有效。

从平均统计结果来看,纵波速度与矿物密度之间的相依关系有正比和反比两大类。

Ⅰ类:
$$V_p = f(\rho) \text{（正比关系）}$$

Ⅱ类:
$$V_p = f\left(\frac{1}{\rho}\right) \text{（反比关系）}$$

具体的经验公式列举如下:

Ⅰ类:
$$V_p = 5.75\exp[0.5(\rho - 2.6)] + 0.2(20 - m_a)$$

Ⅱ类:
$$V_p = \frac{1}{(\rho - 1)}$$

其中,m_a 为平均相对原子质量,ρ 为密度。

第Ⅰ类矿物有石英、方解石、透辉石、石榴石、黄玉、尖晶石、刚玉、金刚石等。

第Ⅱ类矿物有黄铁矿、铝铁矿、赤铁矿、方铝矿等。

所有主要由 Sp 型结构元素组成的造岩矿物都属于第Ⅰ类矿物。在相对原子质量的影响是次要因素的情况下,波速主要与原子半径有关,这种情况在很大程度上取决于原子在晶体中的堆积密度及其结构。属于 d 型结构的矿物和金属矿物基本上属于第Ⅱ类矿物。该类矿物的相对原子质量对物理参数的影响是主要的,当密度增加时,弹性波速度降低。

对第Ⅰ类矿物,随着矿物密度的增加,纵波速度、横波速度、杨氏模量、切变模量相应增大。在矿物晶体中,原子堆积密度的增加受控于矿物结构及其化学键形式的改变。于是,对于硅酸盐类矿物,从架状结构(微斜长石)到链状结构(辉石)再到岛状结构(橄榄石)硅氧四面体,价键的加强,使其弹性和波速增大。但同类型结构矿物的波速也不尽相同,例如,刚玉中由 Al—O 组成的四面体,硅铝酸盐中由 Si—O 组成的四面体,金刚石中由 C 组成的四面体等都具有岛状键型,但其波速有明显差异。另外,有更高配位数的矿物,其弹性波速度及其他参数均较高。在自然金属中存在金属键型杂质时,其弹性波速度要降低。

在有些矿物中,由原子间和分子间在不同方向的结合力不同而引起弹性波速度的各向异性是很显著的,如斜长石和黑云母在不同方向上的波速就具有明显差异。

斜长石:001 面波速为 6.2 km/s;010 面波速为 7.9 km/s;100 面波速为 4.7 km/s。

黑云母:001 面波速为 4.2 km/s;010 面波速为 7.2 km/s;100 面波速为 7.8 km/s。

石墨的各向异性很强,沿强键碳四面体组成的各层方向,其波速比垂直于层面方向要大得多。

而在金刚石中,由于碳四面体在各方向上具有相同的结合力,从而决定了它是各向同性的。

常见造岩矿物、金属矿物和副矿物的纵波速度、横波速度、杨氏模量、切变模量、泊松比及密度数值见表 6-1。

表 6-1 常见造岩矿物、金属矿物、副矿物的波速与弹性参数表(据赵鸿儒等)

造岩矿物	V_p/(km/s)	V_s/(km/s)	E/(10^{11} dyn/cm^2)	μ/(10^{11} dyn/cm^2)	γ	ρ/(g/cm^3)
微斜长石	5.70				2.55	
正长石	5.90	3.07	6.36	2.42	0.31	2.57
霞石	5.90	3.45	7.74	3.12	0.24	2.62
石英	6.03	4.11	9.64	4.40	0.08	2.65
钠长石	6.06	3.35	7.49	2.92	0.28	2.61
奥长石	6.24	3.39	7.85	3.05	0.29	2.64
拉长石	6.55	3.54	8.70	3.36	0.29	2.68
方解石	6.66	3.39	8.10	3.07	0.28	2.71
白云母	5.81	3.36	7.89	3.16	0.25	2.79
黑云母	5.13	2.98	6.96	2.74	0.25	2.75
角闪石	7.21	3.99	12.88	5.04	0.28	3.15
异辉石	7.01	4.25	14.50	6.00	0.21	3.30
辉石	7.20	4.17	14.37	5.78	0.24	3.16
古铜辉石	7.25	4.22	15.20	6.07	0.24	3.38
透辉石	7.80	4.39	16.03	6.36	0.26	3.27
橄榄石	8.40	5.16	20.01	8.08	0.24	3.32
副矿物	V_p/(km/s)	V_s/(km/s)	E/(10^{11} dyn/cm^2)	μ/(10^{11} dyn/cm^2)	γ	ρ/(g/cm^3)
刚玉	11.0	7.10	46.09	20.30	0.13	4.03
黄玉	8.90					3.38
金刚石	18.3	—	—	—	3.60	
锡石	6.95	3.40				7.02
辰砂	2.40	1.27				8.09
尖晶石	9.95	5.68	29.33	11.65	0.26	3.60
钙铝榴石	8.75	5.08	23.05	9.26	0.24	3.60
铁铝榴石	8.51	5.25	24.18	9.54	0.27	4.18
绿帘石	7.42	4.25	15.42	6.13	0.26	3.40
霓石	7.25	4.06	14.68	5.75	0.28	3.47
金属矿物	V_p/(km/s)	V_s/(km/s)	E/(10^{11} dyn/cm^2)	μ/(10^{11} dyn/cm^2)	γ	ρ/(g/cm^3)
磁铁矿	7.40	4.20	23.08	9.14	0.26	5.17
铬铁矿	7.70					4.11

金属矿物	V_p /(km/s)	V_s /(km/s)	$E/(10^{11}\text{dyn/cm}^2)$	$\mu/(10^{11}\text{dyn/cm}^2)$	γ	$\rho/(\text{g/cm}^3)$
黄铁矿	7.90	5.05	29.99	12.58	0.16	4.93
赤铁矿	6.70	4.30	21.17	9.28	0.14	5.10
闪锌矿	5.31	2.56	7.01	2.60	0.35	4.20
方铅矿	3.77	2.08	8.33	3.26	0.28	7.30
斑铜矿	3.80	1.70				5.06
辉钼矿	3.90	1.85				4.68
黑钨矿	4.20	1.80				7.50
金	2.00	1.18	7.70	2.67	0.44	19.3
银	3.60	1.50				10.5
铜	4.65	3.50				9.20
铅	2.22	1.49	—	—	—	11.7
镍	5.90					8.9
铁	5.10	—	—	—	—	7.87
铝	6.26	3.08				2.70

6.3.2　岩石的波速及影响因素

岩石的地震波速度是其矿物成分种类以及含量、岩石的结构构造、孔隙和裂隙发育程度、岩石完整程度,岩石中流体的种类及其含量、成岩程度、胶结物种类及含量等综合因素的多变量非线性函数。

同一种类岩石的波速具有较大的变化范围,而同种矿物的波速变化范围很小,与矿物相比,岩石波速变化范围要大得多。不同种类的岩石,其波速更是不同,而且其波速的分布范围有一定的重叠性。对于三大岩类来说,岩浆岩的波速比较高,变质岩次之,沉积岩最低,而且沉积岩波速变化范围最大,见表 6 - 2 和表 6 - 3。表中列出的岩石纵波和横波速度,仅是大致速度,不能完全代表所有同名岩石的波速。

表 6 - 2　三大类岩石的纵波速度范围

岩石类型	纵波速度/(m/s)
沉积岩	1 500～6 000
岩浆岩	4 500～8 000
变质岩	3 500～6 500

表 6 - 3　常见岩石的波速表(据赵鸿儒等)

岩石名称	纵波速度/(m/s)	横波速度/(m/s)	岩石名称	纵波速度/(m/s)	横波速度/(m/s)
二长岩	5 260	3 190	石灰岩	6 130	3 200
闪长岩	5 100		石盐	4 500～5 500	

岩石名称	纵波速度/(m/s)	横波速度/(m/s)	岩石名称	纵波速度/(m/s)	横波速度/(m/s)
辉长岩	6 460	3 500	砂	300~1 500	
辉绿岩	5 960	3 380	砂岩	800~4 500	
花岗岩	4 770	2 700	粗砂	1 836	250
斑岩	6 520	3 810	细粒岩	1 700~5 400	
玄武岩	5 930	3 140	粉砂	1 711	503
流纹岩	4 100	2 450	砾岩	1 450~5 600	
安山岩	5 320	2 730	角砾岩	1 450~5 600	
片麻花岗岩	3 870	2 200	黄土	300~600	
片麻岩	7 870	3 010	亚黏土	800~1 800	
泥质板岩	900~4 500		黏土岩	300~3 000	
大理岩	6 150	3 260	泥质灰岩	3 050~6 400	
白云岩	900~6 300		凝灰岩	1 410	830

1. 岩石波速与密度和矿物成分

岩石波速与其密度以及矿物成分有着密切的关系,一般来说,岩石密度越大,其波速就越大,岩石中含高波速的矿物越多,岩石的波速就越大,反之亦然。如图 6-16 中,岩浆岩的纵波速度随密度的增大而增大。加德纳(Gardner)统计经验公式(6-27)也表征了岩石密度和纵波速度的关系。

$$\rho = 0.31 \cdot V^{0.25} \quad (6-27)$$

式中,V 为纵波速度,单位为 m/s;ρ 为密度,单位为 g/cm^3。

对于三大类岩石,岩浆岩密度与速度的规律性较强,一般是密度增大其波速就增大。这是由于在岩浆岩中矿物紧密地结合在一起,孔隙空间很小,弹性波速度主要由其矿物成分决定。另外,由于波在 SiO$_2$ 中的传播速度较慢,使得酸性岩浆岩的波速一般比基性岩浆岩的波速要低。Birch 在 1961 年通过对大量岩浆岩的统计得出了波速与密度的经验公式(6-28)。

$$V_p = 2.76\rho - 0.98 \quad (6-28)$$

在实验室进行统计分析时经常采用如下的一般表达式:

$$V = a\rho + b + cm_A + \sum_{i=1}^{n} e_i c_i$$

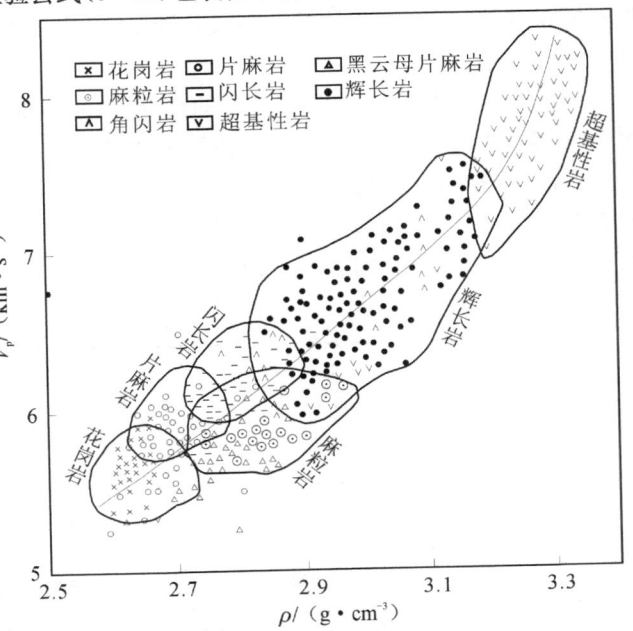

图 6-16 岩浆岩密度与纵波速度(据 Dortman)

式中，c_i 是第 i 种矿物的重量百分比；m_A 是岩石的平均相对原子质量；$a，b，c，e_i$ 为实验常数。

沉积岩相对于岩浆岩来说，不仅具有较多孔隙，而且组成丰富，它的波速规律不如岩浆岩那样清楚。总的来说，沉积岩波速比岩浆岩低，同类岩石波速变化范围大。

从图 6-17 可以看出，沉积岩和变质岩波速的变化范围比岩浆岩要大，喷出岩比侵入岩的变化范围大。岩浆岩波速显著高于沉积岩，沉积岩中化学沉积岩比砂岩的波速高，浅变质页岩的波速比未变质砂岩高。

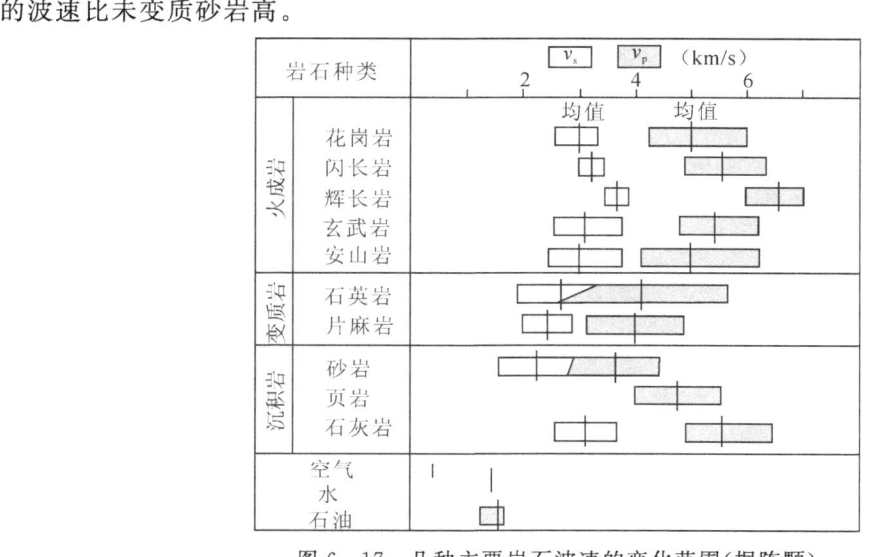

图 6-17　几种主要岩石波速的变化范围（据陈颙）

2. 岩石波速与孔隙和裂缝

孔隙和裂缝增加会导致岩石波速降低，如图 6-18 所示。由于孔隙或裂隙度的增加直接引起岩石体密度降低，孔隙度愈大，岩石的密度愈接近孔隙中流体的密度，见式（6-29），从而使得地震波速度总体降低，也使得岩石的波速小于组成岩石的矿物的波速。

$$\rho = \eta\rho_f + (1-\eta)\rho_m \qquad (6-29)$$

式中，ρ_f、ρ_m 和 η 分别为流体密度、岩石骨架密度和孔隙度。

大量实验表明，岩石波速与孔隙度呈反比关系。常用的经验公式见式（6-30）：

$$\frac{1}{V_p} = \frac{1-\eta}{V_m} + \frac{\eta}{V_f} \qquad (6-30)$$

孔 隙 度 与 波 速 关 系 的 修 正 公 式 见式（6-31）：

$$V_p = (1-\eta)^2 V_m + \eta V_f \qquad (6-31)$$

式中，V_f、V_m 和 η 分别为孔隙中流体的速度、岩石骨架的速度和孔隙度。

利用波速与孔隙度（包括孔隙、裂隙和裂纹等的总孔隙度）的关系，可对工程构件的质量和使用寿命进行评价，这一方法在工程科学

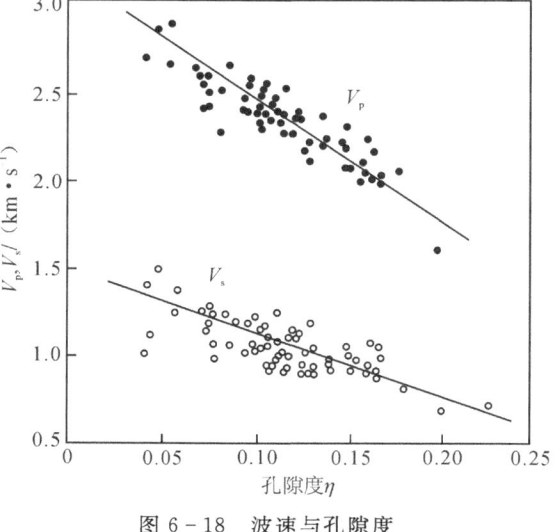

图 6-18　波速与孔隙度

中很受关注。其测量方法简单,也有一定的准确性,如 Fourmaintraux 在 1976 年提出的评价公式(6-32)及(6-33)。

$$\frac{1}{V^*} = \sum_i \frac{C_i}{V_i} \qquad\qquad (6-32)$$

式中,V^* —— 岩石没有裂隙时的波速;

　　　C_i —— 第 i 种矿物占岩石体积的百分比;

　　　V_i —— 第 i 种矿物的纵波速度。

$$IQ(\%) = \frac{V}{V^*} \times 100\%$$

IQ 可作为评价岩石破裂程度的定量指标,V 为岩石的实测波速。

　　另外,由于岩石孔隙不但包括裂隙还包括球形孔隙,Fourmaintraux 通过实验研究了球形孔隙度对 IQ 的影响,并按球形孔隙度与 IQ 值把岩石按工程上的标准分成了五类,绘制了球形孔隙度与 IQ 关系的分类图,如图 6-19 所示。

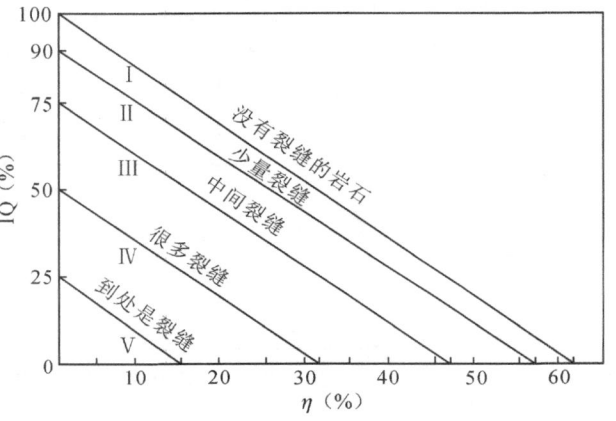

图 6-19　球形孔隙度与 IQ 值的关系

3. 岩石波速与压力、温度的关系

　　理论和实验表明,岩石在不同的压力和温度条件下,各种物理性质都会发生一定程度的变化,岩石波速同样也会发生一定程度的变化。温度和压力与岩石波速一般为非线性关系。总的来说,岩石的地震波速度随压力的增大而增大,随温度的增加而减小。因此,在地壳不同深度处,由于温度和压力的不同,岩石波速度也就不同。

　　1) 波速与压力

　　一般来说,岩石波速随压力的增加而增大,但不同岩石的变化程度差异比较大,而且变化关系为非线性。从图 6-20 中岩浆岩波速随压力的变化可以看出,波速随深度(压力)的变化不显示线性关系,低压情况下变化幅度大,高压情况下变化幅度小。花岗岩波速在低压下的变化幅度大于辉绿岩,其纵横波速度比也明显大于辉绿岩,这些差异性能够反映出岩石矿物成分和结构构造等因素的不同。

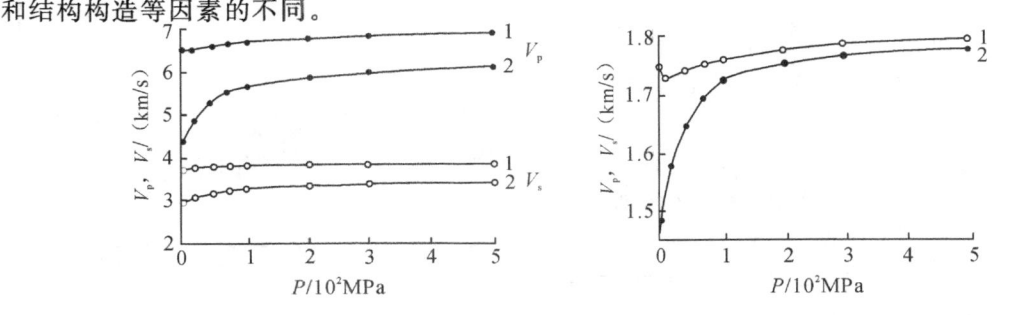

1—辉绿岩;2—花岗岩。

图 6-20　岩浆岩波速随压力变化关系(据 Simmons 等)

2）波速与温度

理论和实验结果已表明,温度升高,岩石的波速降低。不同岩石波速随温度的变化关系不尽相同,但基本上为非线性关系。岩石在不同的围压下,波速随温度的变化情况也有很大的不同。

从图 6-21 可以看出,花岗岩在不同的围压下,均表现出温度越高,波速越小的特征,但在不同围压下的区别较大,低压下(100 MPa)波速随温度的增加而大幅降低,高压下(600 MPa)波速降低幅度则比较小。

据此可以推断,当在地下深部时,岩石波速将面临两种趋势相反的作用,即压力增加波速增大和温度增高波速降低的作用。因此,在地壳内,波速随深度的变化受这两种作用的综合影响。从图 6-22 乌克兰地盾几种岩浆岩纵波速度随深度和温度的变化(①片麻岩,②混合岩,③辉长岩,④花岗岩,⑤紫苏花岗岩,⑥环斑花岗岩,⑦辉长-苏长岩,⑧闪辉长岩,⑨富拉玄武岩)可以看出,岩石波速随深度的增加变化比较复杂,但具有共同的规律,即在地壳浅部时,深度增加各种岩石的波速增大,到一定深度后,深度再增加岩石的波速反而减小。

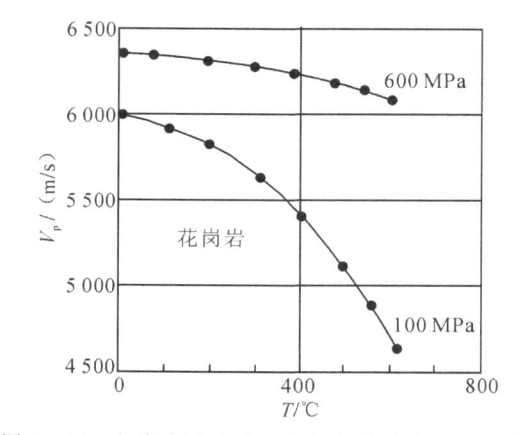

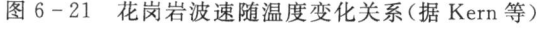

图 6-21　花岗岩波速随温度变化关系(据 Kern 等)

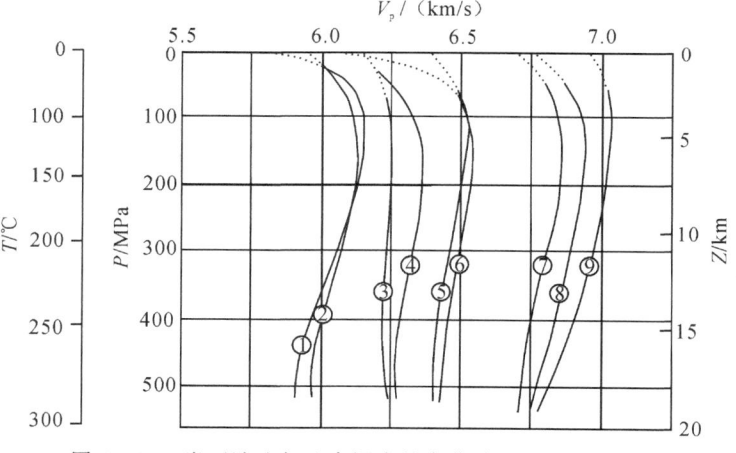

图 6-22　岩石波速与地壳深度的变化关系(据 Lebedev)

4. 岩石波速与地层深度

一般来说,随地层深度的增加,地震波速度非线性增大,如图 6-23 所示。但在不同地区,速度随深度变化的垂直梯度差别很大。在地壳浅部,速度梯度较大,随深度的增加,梯度逐渐减小。在沉积岩区,地层深度增加,静压力随之增大,由于上覆地层的高压作用,岩石内部孔隙度降低,孔隙流体减少,使岩石波速增大。因此,含泥质较多,孔隙度较大的沉积岩,其波速随温度和压力的变化程度要更大一些。不少学者进行了这方面的研究,总结出了如下一些经验公式。

沉积岩波速与深度/年龄的经验公式见式(6-34)：

$$V_p = L \times (A \times Z)^{\frac{1}{6}} \tag{6-34}$$

其中，L 为岩石学参数，实验观测 $L=46.6$，A 为岩石地质年龄，Z 为深度。

波速与深度和电阻率的经验公式见式(6-35)：

$$V = 2 \times 10^3 (Z \times R)^{\frac{1}{6}} \tag{6-35}$$

其中，V 为速度，单位为 m/s；Z 为深度，单位为 m；R 为电阻率，单位为 $\Omega \cdot$ m。

岩石的地震波速度也与地质年代、构造历史有关，不同地区有不同的表现，主要有以下几个特点：地质年代越长、构造历史越复杂，则波速越高，反之越低。在强烈褶皱地区，经常观测到地震波速度增大，而在隆起的构造顶部波速降低。

在沉积岩中，纵向上受地层的沉积顺序和岩性特点的影响，波速具有递增性，如图6-23所示，这种情况与深度和地质年代有关。沉积岩在横向上受地质构造、岩浆岩侵入和沉积相等变化的影响时，具有分区性，野外实际中，往往在平面上波速度具有明显的分区和分带性特征。

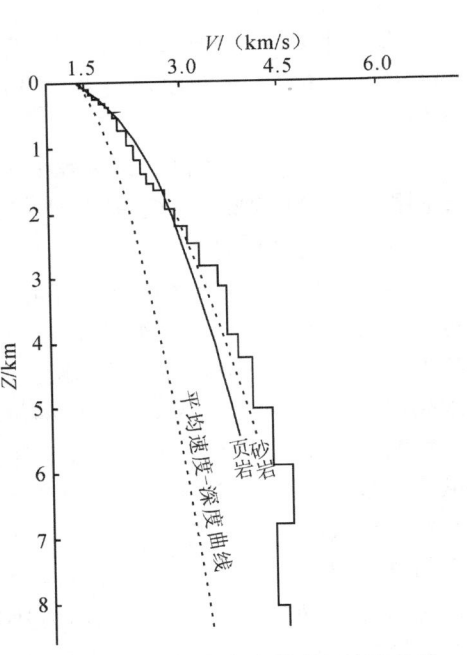

图6-23　砂岩、页岩的深度与波速关系

6.3.3　岩石的纵、横波速度比(波速比)

1. 波速比与岩性

虽然自然界的岩石不是完全弹性体，但在地震波力的短暂作用下，可以近似看成弹性体，因此就可以引入弹性体模量来近似地表征岩石物性。纵横波速度之比与岩石的泊松比(γ)具有相关性，如式(6-36)所示。

$$\frac{V_p}{V_s} = \sqrt{\frac{2(1-\gamma)}{1-2\gamma}} \tag{6-36}$$

当 $V_p/V_s=\sqrt{2}$ 时，$\gamma=0$，此时对应的岩石弹性性质接近刚性体；

当 $V_p/V_s=\sqrt{3}$ 时，$\gamma=0.25$，此时对应的岩石弹性性质为泊松体；

当 $V_p/V_s \to \infty$ 时，$\gamma \to 0.5$，此时对应的岩石弹性性质接近流体。

由于岩石弹性波速度受到岩石中矿物成分、孔隙度、饱和度、饱和流体性质、压力、温度和结构构造等许多因素的综合影响，弹性波速度与这些因素之间存在一定的内在联系。实验结果表明，波速比对上述因素的变化有着很敏感的响应。因此，我们可以利用波速比来研究岩石的一些物性，尤其是研究岩石中流体的存在对岩石物性的影响。

早期岩石物理学的研究内容主要是测量岩石的纵波速度，在地震勘探中也大量地利用纵波资料，然而单纯利用纵波来回答岩性问题是非常困难的。最近十几年来，随着科学技术的进步，横波的测量和应用引起了广泛重视。从单纯使用纵波，到综合利用纵横波，特别是 V_p/V_s 资料的研究与应用，已经成为一种重要的趋势。

2. 波速比的应用

1) 在岩石特性分析中的应用

表 6-4 是根据砂岩的已知物性,实验测得的岩石波速以及波速比结果,表中明显反映出了各种因素对砂岩弹性波速度和波速比的影响情况。例如,孔隙度增大,波速比也增大;晶粒增大,波速比减小;砂岩水饱和与气饱和的波速比有着不同的变化趋势等。

表 6-4　砂岩的一些因素对纵横波速及波速比影响(据陈颙等)

影响因素	因素变化	纵波变化	横波变化	波速比变化
孔隙度	↑	V_p ↓	V_s ↓	V_p/V_s ↑
黏土含量	↑	V_p ↓	V_s ↓	V_p/V_s ↑
差应力(湿)	↑	V_p ↑	V_s ↑	V_p/V_s ↓
差应力(干,气体)	↑	V_p ↑	V_s ↑	V_p/V_s ↓
由干到水饱和	↑	V_p ↑	V_s ↓	V_p/V_s ↑
由湿到气饱和	↑	V_p ↓	V_s ↑	V_p/V_s ↓
胶结程度	↑	V_p ↑	V_s ↑	V_p/V_s ↓
晶粒大小	↑	V_p ↑	V_s ↑	V_p/V_s ↓

Sheriff 对不同弹性波速度的砂岩、白云岩和石灰岩做了分析研究,如图 6-24 所示,统计结果表明,纵波速度以及速度比(他采用的是横波速度/纵波速度)能够明显地反映出各类岩石的区分特征,对同是碳酸盐的白云岩和石灰岩也有比较明显的区分效果。砂岩分布在高波速比区域,随纵波速度增加,波速比逐渐增大,而碳酸盐分布在低波速比区域,波速比随波速的增加变化不大。同样,泊松比对这两类岩石也具有明显的区分效果。

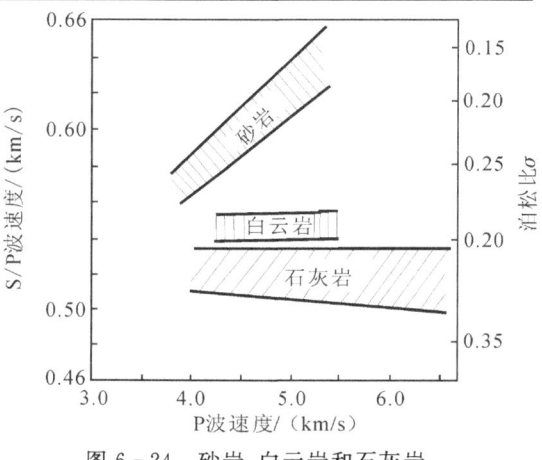

图 6-24　砂岩、白云岩和石灰岩

2) 在岩石孔隙流体研究中的应用

岩石孔隙中流体的性质对纵波速度影响较大,而对横波的影响小。当孔隙中含有水、油、气时,纵波速度将依次降低。纵横波速度比是研究孔隙流体性质的有利参数。如图 6-25 中,砂岩气饱和与砂岩水饱和在波速比-孔隙度关系上具有明显的分区现象。气饱和时的横纵波速度比大于水饱和,而气饱和的泊松比小于水饱和,但当孔隙度小于 0.25 时两者有部分重叠。

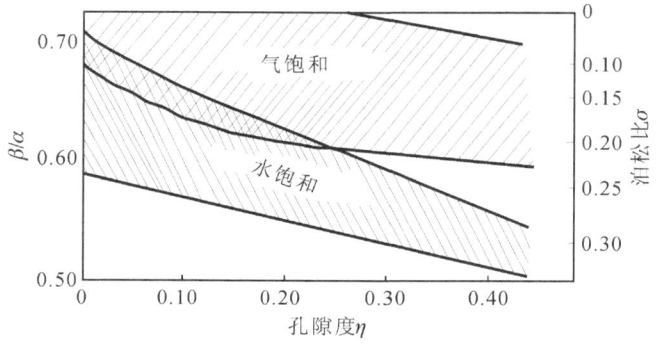

图 6-25　砂岩波速比与孔隙度(据 Sheriff)

3)在地震预报中的应用

1969 年,涅尔谢索夫等人发现加尔姆地区的许多地震之前,震源地区的波速比 V_p/V_s 都发生了变化。该地区的波速比多年基本保持在一个不变的值,地震发生前几个月比值突然下降,随后慢慢上升,直到达到原来值后不久,地震就发生了,如图 6-26 所示。

岩石物性实验结果表明,随着孔隙体积增加,干燥岩石波速比减少,饱和岩石波速比增加。当震源区的原有孔隙扩大或者产生了新的孔隙,会使早先饱和的岩石变为半饱和或干燥,从而造成比值的下降,如图中 ab 段。比值回升的可能原因是,周围地区的地下水通过扩散作用,慢慢地流入到这种新形成的孔隙中去,使岩石重新变饱和,波速比逐渐回升,如图中 bc 段。

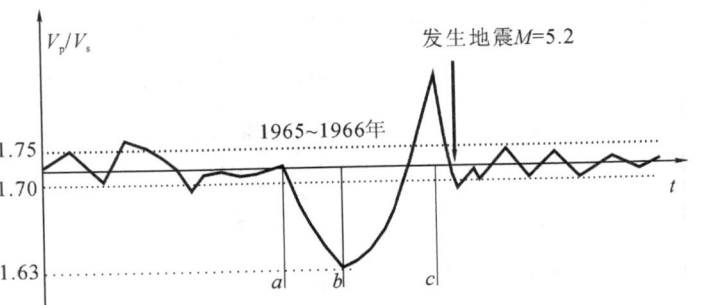

图 6-26   加尔姆地区岩石地震前后波速比变化

由于地下水流动的速率比岩石发生膨胀的速率慢得多,所以比值的回升要持续数个月,因此 bc 段持续的时间大于 ab 段。

6.4   岩石对地震波的衰减

地震波衰减是震动机械波在介质中传播时,其震动能量逐渐减小的现象。地震波衰减是岩石非弹性的一种体现,主要表现为震动体系能量随时间的耗散,或波传播时振幅随距离的衰减等。在自然界能够见到许多波衰减的现象,例如,天然地震对地面破坏的影响程度,越远离震中影响越小;在地震剖面中,越是深部的反射,其能量越弱;向平静的水面投入石头,越远离投入点,水波的幅度就越小;距离讲话人越远,其声音越听不清楚,等等。

地震波衰减的公认物理机制是,机械波在岩石中传播时存在内摩擦,使得一部分机械能转变为热能而被岩石吸收,这是一种客观存在,因此地震波衰减也是岩石的物性之一。但不同岩石对地震波的衰减程度不同,具有一定的规律性。另外值得注意的是,对于岩石物理状态的变化,测量衰减性质比测量波速还要灵敏得多,这一特点使得衰减性成为一个有价值的研究课题。衰减特性不取决于岩石的宏观形态,而主要是由岩石的微观性质,如岩石的黏弹性、岩石结构、孔隙度、孔隙结构、孔隙中流体特性、胶结物特性等因素所决定。

6.4.1   地震波衰减的表征

表征岩石衰减特性,目前常用的有 3 种方法:测量应力与应变过程中的损耗比(δ 值)、测量地震波振幅能量随传播距离增大而减弱的衰减系数(α 值)、测量介质强迫振动中频率响应特征的品质因子(Q 值)等,都是从不同角度描述岩石的衰减特性。在地球物理学研究中,一般使用衰减系数和品质因子来表述岩石对地震波的衰减特性。

1. 损耗比(δ)

损耗比的测量方法属于位移或变形观测法。在弹性限度内,对介质施加作用力,进行一个加载和卸载循环,观察其位移,绘制出加载曲线和卸载曲线,加载曲线下的面积为 W,卸载曲

线下的面积为 W_1，如图 6-27 所示。利用式(6-37)和式(6-38)可计算出损耗比。

$$\Delta W = W - W_1 \qquad (6-37)$$

$$\delta = \Delta W / W \qquad (6-38)$$

当 $\delta = 0$ 时，没有能量损耗，其介质为完全弹性。当 $\delta = 1$ 时，能量损耗最大，为非弹性体。

2. 衰减系数(α)

衰减系数是地震波在介质中经历一定的传播距离后，通过其振幅的变化来表征波衰减性能的系数(常数)。$\alpha = 0$ 为完全弹性，α 越大黏性越明显，表明内摩擦作用越大。

若在坐标原点(激发点)，波的振幅为 A，传播到 x 处时。振幅衰减到 $A(x)$。原始振幅 A 是以 α 为系数，随距离 x 的变化呈 e 的指数衰减，如式(6-39)和式(6-40)所示。

$$A(x) = A_0 \exp(-\alpha x) \qquad (6-39)$$

$$\alpha = -\frac{1}{x} \ln \left[\frac{A(x)}{A_0} \right] \qquad (6-40)$$

衰减系数的量纲是长度的倒数，单位是奈培/米(Np/m)，也可用分贝/米(dB/m)。损耗比($\delta = \Delta W / W$)与衰减系数 α 的关系式(6-41)如下：

$$\frac{\Delta W}{W} = \frac{4\pi V \alpha}{\omega} \qquad (6-41)$$

其中，V 为波速，ω 为角频率，α 为衰减系数。

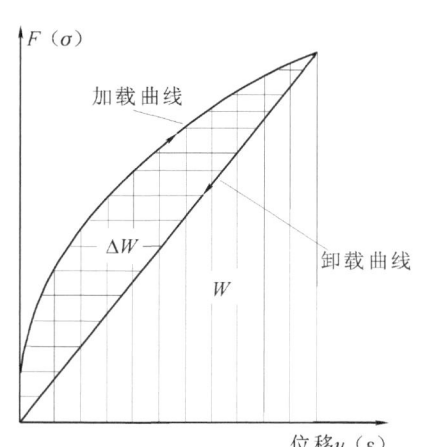

图 6-27 循环加载实验测量

3. 品质因子(Q 值)

品质因子(Q 值)是描述岩石弹性特性的一个常用参数，其基本定义是在一个振动周期内的总能量与振动所消耗的能量之比。岩石的品质因子越大，机械振动所消耗的能量越小，越接近完全弹性，对于完全弹性体，$Q \rightarrow \infty$，Q 值越小，非弹性特性就越突出。

可通过强迫振动系统的运动方程推导 Q 因子，过程如下。

设体系力的平衡方程式(6-42)如下：

$$F = M \frac{\mathrm{d}^2 u}{\mathrm{d}t^2} + \eta \frac{\mathrm{d}u}{\mathrm{d}t} + Eu \qquad (6-42)$$

其中，F 为强迫振动的外力，u 为位移，M 为质量，η 为阻尼系数，E 为弹性常数。

以 ω 为角频率的交变外力如式(6-43)和式(6-44)。

$$F = F_0 \sin \omega t \qquad (6-43)$$

$$F_0 \sin \omega t = M \ddot{u} + \eta \dot{u} + Eu \qquad (6-44)$$

其特解为式(6-45)：

$$u = A(\omega)(\sin \omega t - \delta) \qquad (6-45)$$

$$A(\omega) = \frac{F_0}{\omega Z}$$

$$Z^2 = \left(\frac{E}{\omega} - M\omega \right)^2 + \eta^2$$

其中,δ 为初始相位,振幅 $A(\omega)$ 随 ω 的变化情况如图 6-28 所示。

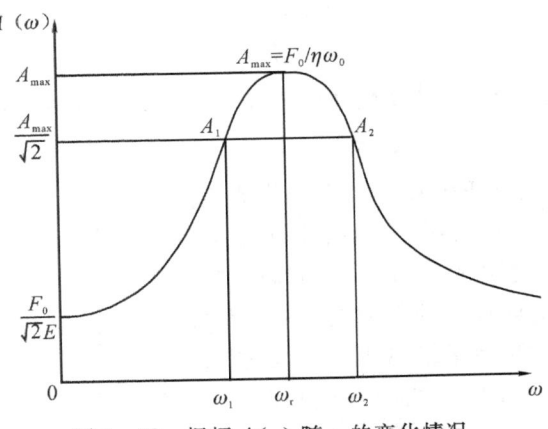

图 6-28　振幅 $A(\omega)$ 随 ω 的变化情况

当 $\dfrac{\partial}{\partial \omega}(\omega Z)=0$ 时,求出 ωz 的极小值,再求出 $A(\omega)$ 的极大值时的 ω 为

$$\begin{cases} \omega_r^2 = \dfrac{E}{M} - \dfrac{\eta^2}{2M^2} \\[2mm] A_{max} = \dfrac{F_0}{\eta \omega_0} \end{cases}$$

其中,ω_0 为固有频率。

$$A_1^2(\omega_1) = A_2^2(\omega_2) = \frac{1}{2} A_{max}^2$$

$$\Delta\omega = \omega_2 - \omega_1$$

$$\frac{\Delta\omega}{\omega_r} = \frac{1}{Q}$$

$$Q = \frac{\omega_r}{\Delta\omega} \tag{6-46}$$

　　式(6-46)中的 Q 称为该系统的品质因子,内摩擦越小,Q 值就越大,弹性越好,图6-28中的曲线也就越尖锐。可以推导出品质因子 Q 与损耗比 δ 和衰减系数 α 的关系式(6-47)所示。

$$\frac{2\pi}{Q} = \frac{\Delta W}{W} = \frac{4\pi V\alpha}{\omega}$$

$$Q = \frac{\omega}{2V\alpha} \tag{6-47}$$

还可以从下面不同的角度来描述 Q 值:

(1)经历一个应力循环后,损耗能量与应变极大时所储存的应变能量之比见式(6-48)。

$$\frac{1}{Q} = \frac{\Delta W}{2\pi W} \tag{6-48}$$

(2)经历一个应变循环后,用振幅损耗来描述 Q 值,见式(6-49)。

$$\frac{1}{Q} \approx \frac{1}{\pi} \ln\left[\frac{u(t)}{u(t+\pi)}\right] \tag{6-49}$$

（3）从相位延迟的情况描述 Q 值，见式（6-50）。

$$\frac{1}{Q} = \tan^{-1}\varphi \qquad (6-50)$$

（4）从衰减系数角度来描述 Q 值，见式（6-51）。

$$\frac{1}{Q} = \frac{\alpha V}{\pi \cdot f} \qquad (6-51)$$

有一点应该指出，在实验室测量岩石衰减的方法很多，但各种方法能够测量的频率范围不同，每种方法只适用于一定的频率范围，如果将不同方法的测量结果进行比较，必然存在着一定的误差。下面列出了几种常用方法对应的比较适合的频率范围：

（1）强迫共振适合 100 Hz～100 kHz；

（2）波传播法适合 >100 kHz；

（3）应力应变曲线适合 <1 Hz。

6.4.2　地震波衰减的影响因素

地震波的衰减性能，主要与岩石本身的特性有关，其次与地震波的特性有关，还与岩石的温压条件有关。由于地震波的衰减性对岩石特性的反应很敏感，因此利用地震波的衰减特征来研究岩石特性，具有很大的应用价值和意义。一般来说，岩浆岩和变质岩的衰减性能比较小，沉积岩较大，其中未固结松散沉积物的衰减程度最大，如图 6-29 所示。黄土比岩石的衰减程度大，裂隙发育岩石比裂隙不发育岩石的衰减程度大，岩石围压增加能使地震波的衰减程度有所降低，岩石在较高的温度下衰减程度有所增大，岩石中的黏土量增大会使岩石的衰减程度增大，总之地震波衰减特性与岩石特性有着密切的联系。

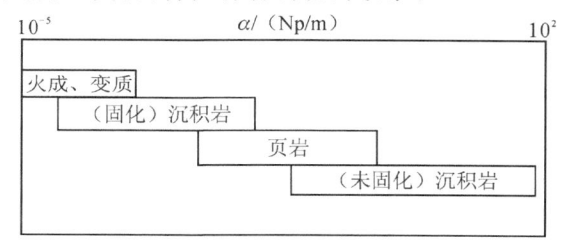

图 6-29　在 50～100 Hz 情况下不同类岩石衰减系数对比（据陈颙等）

1. 衰减与频率的关系

频率与衰减的关系目前尚未有一致定论。许多研究结果表明，Q 值与频率有关，但还有一些研究结果却表明二者无关。如一些实验资料反映出，干燥岩石衰减与频率无关，而部分饱和或完全饱和的岩石，其衰减通常与频率有关；也有许多实验结果表明，在相同介质中，使用不同频率的地震波，其衰减特性不同，或者说在不同频率下测量得到的衰减系数 α 是不同的，随着频率的升高，衰减系数 α 增加，它们之间为正比关系，见式（6-52），其中 f 为频率。因此，一般情况下认为衰减性与频率有关，且随频率的增加而增加。

$$\alpha \propto f \qquad (6-52)$$

大量的地震勘探实践表明，衰减与频率有关，并明显地表现出高频地震波的衰减系数大于低频的特征。这在地震剖面资料中的主要表现是，浅部的地震中高频地震波成分多，而在来自深部的地震中，高频地震波成分少，低频地震波成分多，且越往深部地震波的频率越低，这显然是高频地震波成分容易被地层衰减而减少，而低频地震波衰减程度小才能到达地层深部的原因。

2. 衰减与岩性的关系

不同特性的岩石，对地震波衰减的影响不同。高波速岩石，衰减性弱，低波速岩石，衰减性强。例如，砂岩的衰减性比页岩和灰岩强，砂岩含有油气时，其衰减性显著增强。总之，岩石的弹性越好，地震波在其中传播的能量损耗越小，衰减系数越小，或 Q 值越大。

由于受岩石结构构造、裂隙和流体等因素的影响，地震波在岩石中的衰减远比组成其岩石的矿物的衰减性要大。例如，方解石 $Q=1\,900$，而石灰岩 $Q=200$。火成岩和变质岩中的原生孔隙等远小于沉积岩，所以其衰减程度也就远小于沉积岩，如图 6-29 所示。

3. 衰减与孔隙度的关系

实验表明，无论何种岩石，随着孔隙度的增加，衰减性能的增加趋势都非常明显。例如，同一种砂岩，孔隙度越高，其 Q 值越小，岩石衰减性越强。当岩石的孔隙中含有黏土矿物时，会更加增强岩石对地震波的衰减作用。

通过对 32 个砂岩样品的衰减系数 α、孔隙度和黏土含量关系的分析发现，黏土含量越高，衰减越明显，在黏土含量相同情况下，孔隙度越高，衰减越明显，如图 6-30 所示（图中的直线代表了不同黏土含量关系的分界线）。通过线性回归分析得到的线性方程来看，黏土含量的线性系数是孔隙度的 8 倍，其线性方程式见式(6-53)。

$$\alpha = 0.031\,5\eta + 0.241c - 0.132 \tag{6-53}$$

式中，η 为孔隙度，c 为黏土含量。

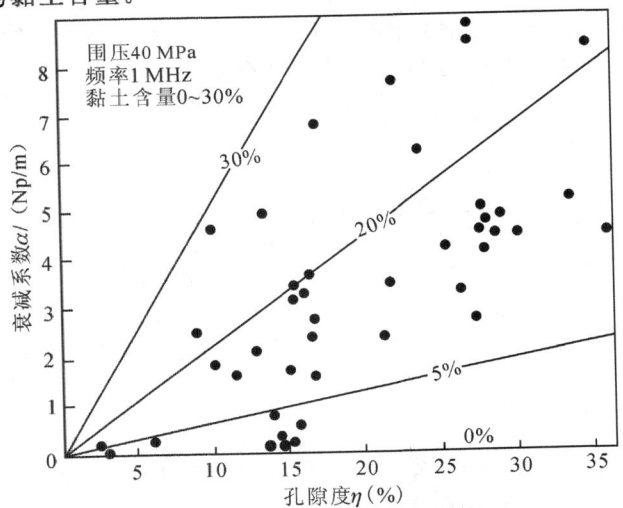

图 6-30　衰减系数与孔隙度（据 Klimentos）

图 6-31 中，Johnston 等给出了岩浆岩、变质岩、石灰岩和沉积岩的实测实验数据。从图中可以看出，无论岩浆岩、变质岩或者沉积岩在性质上差异如何，其衰减程度都随着孔隙度的增加而增加的趋势是明显的。岩浆岩和变质岩的 Q 值总体大于石灰岩和沉积岩，石灰岩一般大于沉积岩。图中的三类岩石在相同的孔隙度下可具有不同的 Q 值，有一定的分散性，这是由于除孔隙度因素外，岩石受其他因素影响程度不同所致，这些因素如黏土含量、胶结程度、孔隙度、饱和度等。

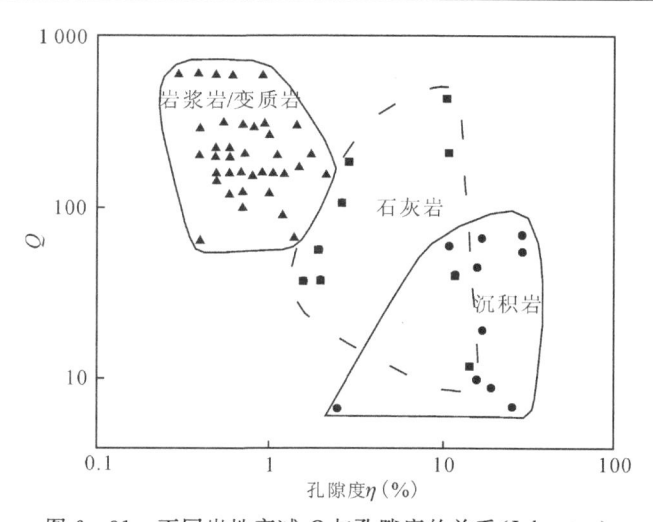

图 6-31　不同岩性衰减 Q 与孔隙度的关系（Johnston）

4. 衰减与岩石饱和度的关系

当岩石孔隙中饱和的液体较少时，衰减系数随着饱和度的增加呈线性增大。当饱和度增大到一定程度时，衰减系数随饱和度增加的速度放缓，衰减系数随饱和度的增加变成了非线性增大。衰减系数达到极大值后，当饱和度还继续增加时，衰减系数随着饱和度的增加变成了非线性下降，如图 6-32 所示。实验结果表明，岩石孔隙中含有部分饱和流体时，衰减系数才会达到最大值。或者说，部分饱和岩石的衰减系数大于完全饱和的岩石。对于低黏度流体（如水、油）完全饱和的岩石来说，纵波衰减系数大于横波；对于部分饱和的岩石，则纵波衰减系数小于横波。另外，液体的黏滞性越大，其衰减系数越大。

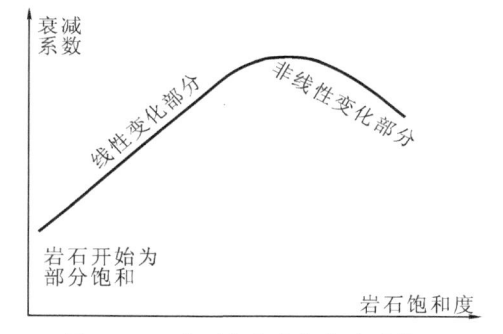

图 6-32　岩石饱和度与衰减系数的关系（据席道瑛）

5. 衰减与岩石围压的关系

P 波和 S 波在所有饱和岩石中，随着压力的增加，Q 值增大（衰减系数 α 减小），到一定的高压后则保持为一稳定值。并且其波速在低压时增加较快，高压时也趋于某个稳定值。在干燥岩石中，随压力的增加，Q 值明显增大，这主要是因为压力增加能减少岩石中裂缝和孔隙的体积，压实黏土类矿物，从而使内摩擦作用减小。图 6-33 给出了 5 个岩浆岩和变质岩的实验结果（图中 1 为辉长岩，2 为石英岩，3 为经过热裂后的石英岩，4 为花岗岩，5 为非晶质石英岩）。在 32 kHz 的频率下，岩石波速随围压的增加而增大，衰减系数随围压的增加而减小，但不同岩石的变化程度有所不同。因此，一般来说，围压增加，波速增高，衰减系数减小。

图 6-34（a）给出了沉积岩的压力与衰减的实验结果，与岩浆岩有着类似的变化趋势。在 25 kHz 频率下，干燥砂岩的纵波速度随压力增加而增大，而衰减系数随压力增加而减小，但它们之间并非线性关系，往往在较低压力下变化大，而高压力下的变化趋于平稳。在双对数坐标系中，波速随压力增大和衰减系数随压力减小的趋势成近于直线关系，如图 6-34（b）所示。

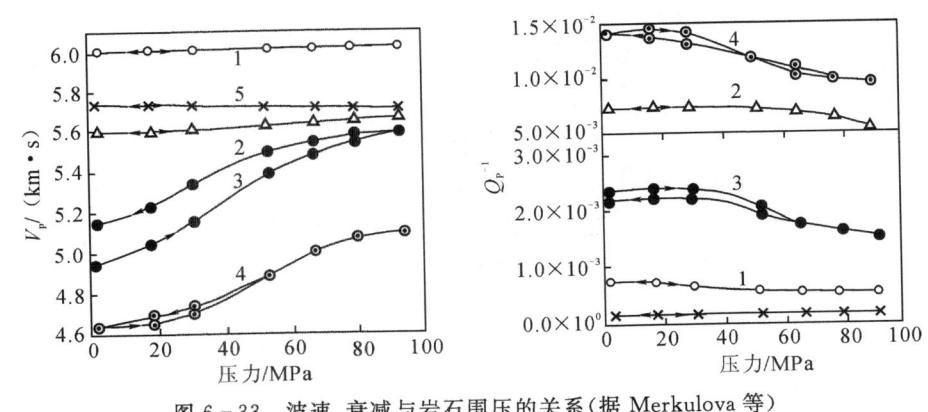

图 6-33　波速、衰减与岩石围压的关系（据 Merkulova 等）

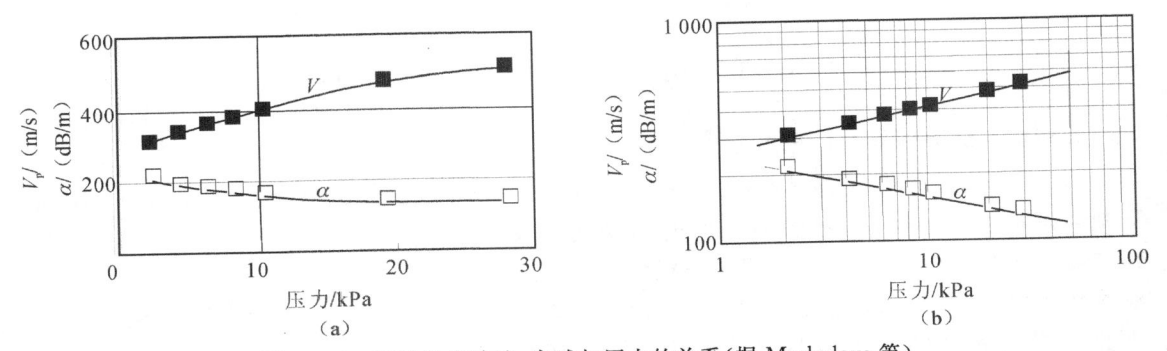

图 6-34　干燥砂岩波速、衰减与压力的关系（据 Merkulova 等）

6. 衰减与岩石温度的关系

在较低的温度下，Q 值与温度无关，但在高温下，当温度达到使岩石中的某些固态性质发生变化时，温度就对地震波衰减的影响明显。另外，如果在高温下使岩石中的其他特性发生改变，也会影响岩石的衰减，如在温度高于 150 ℃时，在石英砂岩中，岩石中发育的热裂缝会引起衰减的增加。在孔隙流体的沸点附近，岩石的衰减随温度会产生剧烈的变化。

7. 衰减与应变振幅的关系

对于低应变来说，衰减与应变振幅无关。实验数据表明：在应变振幅大于 61°时，衰减程度迅速增加，这个现象与摩擦滑移这一类非线性衰减机制相联系。再如温丹等学者在，压力机上对砂岩和花岗岩等多种岩石样品进行了一系列的循环加载实验，实验结果表明，在各次循环中平均应力相等的条件下，岩石样品的衰减程度随应变振幅的增加而增加，与内时理论的推导结果相一致。

8. 衰减与岩石埋深的关系

地震波的衰减与岩石的埋藏深度有一定的关系，一般随着埋藏深度的增加，衰减性能减小。尤其在沉积岩地区，深部的老沉积岩比浅部的新沉积岩的衰减性要小一些，而且随深度增加，具有一定规律的减小。其主要原因是，随着上覆地层厚度的增大，静压力随之增大，使得沉积岩孔隙度减少，孔隙中的流体也随之减少，裂隙闭合，岩石的固结程度增大，岩石变得更加致密。

6.5　波速和衰减的理论模型分析方法

在地震波速度和衰减特性的理论模型研究中要注意频率或波长的适用性。岩石是矿物的集合体,它是由多种矿物和孔隙中流体组成的多相体,是一类不均匀物体。当波长比岩石中存在的不均匀体尺寸大许多时,可以将岩石看作一个统计意义上的均匀体,这时所表征的岩石特性参量,可以看作是一个"等效体"的参量,前面讲述的波速和衰减都是这个意义上的参量。但当波长比岩石中存在的不均匀体尺寸小或者接近时,则表现为非均匀体,难以用等效体来表述。

理论模型的研究方法基本上采用正演和反演的方法。正演研究是通过建立岩石的物理模型,已知岩石矿物成分及所占比例、几何特征和矿物物性等,通过实验测量或者理论计算,得出岩石波速和衰减的等效体参量,并建立相互关系。反演则是通过测量得到岩石的波速和衰减量,通过理论计算求出岩石的矿物成分、孔隙度、流体特征、结构构造特征等基本情况。正演研究可为反演研究提供依据,反演研究的理论方法在利用地球物理手段解决实际地质问题中有着很重要的意义。

因此,国内外学者很重视岩石物理模型的研究,而且这方面的研究工作已经开展了很久,取得了一些重要进展(一些主要的理论模型将在后面的小节中进行较详细的介绍)。值得一提的是,虽然为了实现理论计算分析,建立科学合理的模型非要重要,但建模却不是一件很容易的事,模型不但要与影响波速和衰减的因素密切相联系,能够实现正确的理论计算,还要简单可操作。如图 6 - 35 中的三类模型就比较成功,既简单又从一些方面抓住了影响波传播特性的因素,构思很科学,从而得到了广泛的应用与不断的发展。目前常用的模型有以下 5 种。

空间平均模型:由矿物性质进行体积平均,来计算分析岩石物性。

时间平均模型:对固体和孔隙部分按时间平均,来计算分析岩石物性。

裂隙模型:考虑到岩石中裂纹对岩石性质的影响,来计算分析岩石物性。

球堆模型:考虑矿物颗粒堆积的紧密程度和方式,来计算分析岩石物性。

衰减模型:从不同角度考虑固体中的内摩擦机理,来分析岩石衰减特性。

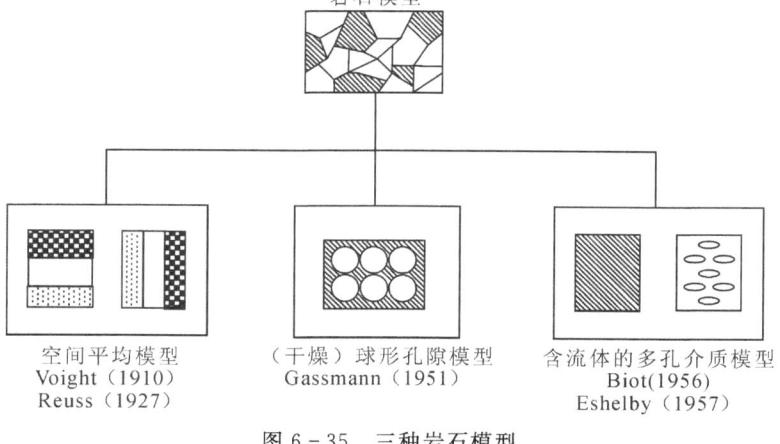

图 6 - 35　三种岩石模型

6.5.1　计算岩石波速的空间平均模型

对均匀各向同性介质,利用波动理论研究岩石中的波速,需要知道两个弹性参数,即拉梅常数 λ 和剪切模量 μ,与密度 ρ,就可根据式(6-54)计算出弹性介质的速度。

$$V_p = \sqrt{\frac{\lambda + 2\mu}{\rho}} = \sqrt{\frac{K + 4\mu/3}{\rho}}, \quad V_s = \sqrt{\frac{\mu}{\rho}} \qquad (6-54)$$

但在讨论岩石模型时,用岩石体积模量 K 和剪切模量 μ 更为方便。体积模量还可以写成式(6-55)的表达形式,为压缩系数。

$$K = V\frac{dP}{dV} = \frac{1}{\beta}, \quad K = \lambda + \frac{2\mu}{3} \qquad (6-55)$$

它表示发生单位体积应变(dV/V)时,岩石所受压应力的增量。K 越大,表示可压缩程度越小。比如,空气:$\beta \rightarrow \infty$,$K \rightarrow 0$;水:$\beta \approx 100$ MPa^{-1},$K \approx 0.01$ MPa;多数岩石:$\beta \approx 1$ MPa^{-1},$K \approx 1$ MPa。

用下面三种模型可求出岩石的等效 K 和 μ 值。

1. Voigt 模型(等应变模型)

1910 年,沃伊特(Voigt)提出了一个模型,如图 6-36 所示,假定组成岩石的各种矿物沿着受力方向平行排列,并假定岩石中有 N 种矿物,第 i 种矿物的体积模量为 K_i,剪切模量为 μ_i,它所占岩石体积的百分比为 $V_i(i=1,\cdots,N)$。这时,通过空间体积平均方法,可以求出作为多相等效体,在 Voigt 模型下的岩石体积模量和剪切模量,分别如式(6-56)所示,该类型类似电路的串联模式。

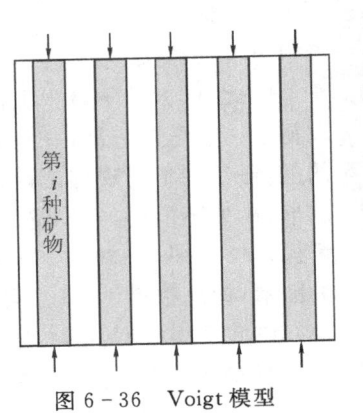

图 6-36　Voigt 模型

$$K_V = \sum_{i=1}^{N} K_i \cdot V_i, \quad \mu_V = \sum_{i=1}^{N} \mu_i \cdot V_i \qquad (6-56)$$

2. Reuss 模型(等应力模型)

1929 年,奥伊斯(Reuss)也提出了类似的模型,如图 6-37 所示。在他的模型中,矿物也是成层分布(排列)的,层面与应力方向垂直。同样通过空间体积平均方法,或者说进行体积加权,可以求出岩石的体积模量和剪切模量,分别用 K_R 和 μ_R 来表示,如式(6-57)所示,该模型类似电路的并联模式。

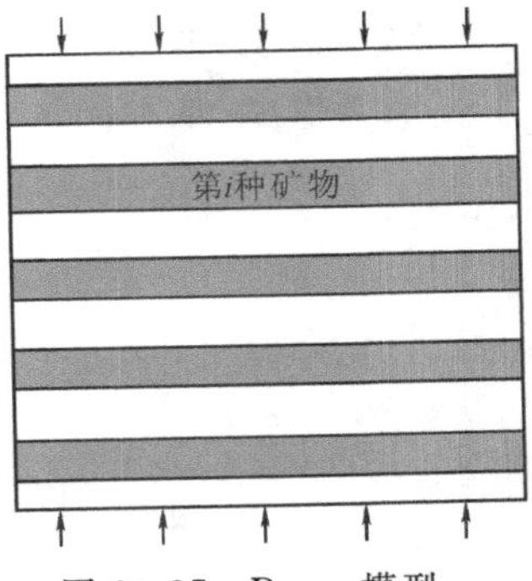

$$K_R^{-1} = \sum_{i=1}^{N} K_i^{-1} \cdot V_i, \quad \mu_R^{-1} = \sum_{i=1}^{N} \mu_i^{-1} \cdot V_i \qquad (6-57)$$

图 6-37　Reuss 模型

3. Hill 模型(平均模型)

不难证明,通过 Voigt 模型得到的结果是等效弹性参数估计的上限值,而通过 Ruess 模型得到的则是参数估计的下限值,实际岩石测量到的参数必定落在这两个估计值之内,如图 6-38 所示。由此,Hill 提出了将这两种模型的计算结果取算数平均值的办法,所得到的平均值称为 VRH 值,如式(6-58)所示。

$$K_{VRH} = \frac{1}{2}(K_R + K_V), \quad \mu_{VRH} = \frac{1}{2}(\mu_R + \mu_V) \qquad (6-58)$$

1969 年，Kumazawa 仿照 Hill 的做法，对两种模型的结果取了几何平均，如式(6-59)所示。

$$K_{\text{geom}} = (K_{\text{R}} \cdot K_{\text{V}})^{1/2}, \mu_{\text{geom}} = (\mu_{\text{R}} \cdot \mu_{\text{V}})^{1/2}$$

$$(6-59)$$

假定岩石由两种矿物组成，且 $K_1/K_2 = 1/0.2$，变化第 2 种矿物的体积百分比，通过上述四种方法计算出来的岩石等效 K 值的 K/K_1 值与第 2 种矿物体积百分比的关系，如图 6-38 所示。从该图可以看出，Voigt 方法给出了估计的上限，Reuss 方法给出了估计的下限，而算数平均和几何平均值则位于上限和下限之间。大量的实验结果表明，通过矿物的弹性参数和矿物体积百分比计算出的岩石波速，在高压状态下，与实际情况吻合得很好，见表 6-5。

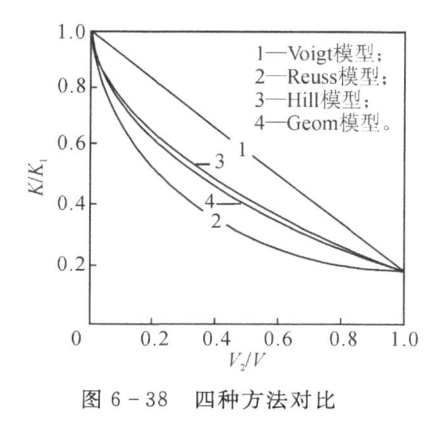

图 6-38　四种方法对比

表 6-5　实际测量的岩石 K 值和计算的 K_{VRH} 值比较(1 GPa 压力下)

岩石种类	实际测量的 K 值	计算的 K_{VRH} 值
花岗岩	49.1	49.0
花岗岩	54.6	52.3
花岗二长岩	60.4	57.3
辉长岩	81.5	84.3
辉岩	94.8	94.2

6.5.2　计算岩石波速的时间平均模型

仿照空间平均模型的思路，1956 年，Wyllie 提出了计算岩石波速的时间平均模型。用这种模型，可以解释许多岩石波速的实验结果，特别是孔隙率低或压力较高情况下的结果。该模型的构建思路比较巧妙，构建过程如下。

设立方体的边长为 1，可以想象让其中的孔隙全部集中成一层，此时，固体骨架部分的厚度应为 $1-\eta$，孔隙部分的厚度为 η(孔隙度)，如图 6-39 所示。这时弹性波穿过这个岩层的总时间 Δt 由两部分构成，即穿过岩石骨架的时间 Δt_{m} 和穿过孔隙的时间 Δt_{f}，计算公式见式(6-60)。

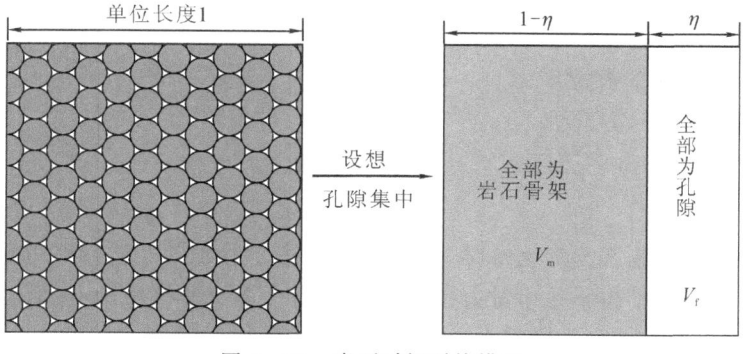

图 6-39　岩石时间平均模型

$$\Delta t = \Delta t_{\mathrm{m}} + \Delta t_{\mathrm{f}} \tag{6-60}$$

其中，$\Delta t_{\mathrm{m}} = (1-\eta)/V_{\mathrm{m}}$（$V_{\mathrm{m}}$ 为岩石骨架的速度）；

$\Delta t_{\mathrm{f}} = \eta/V_{\mathrm{f}}$（$V_{\mathrm{f}}$ 为孔隙流体的速度）；

$\Delta t = 1/V$（V 为岩石的等效速度）。

最后可以得出岩石的等效速度与孔隙度的关系式（6-61）。

$$\frac{1}{V} = \frac{1-\eta}{V_{\mathrm{m}}} + \frac{\eta}{V_{\mathrm{f}}} \tag{6-61}$$

6.5.3　计算岩石波速的其他模型

1. 裂纹模型

裂纹模型是考虑岩石中存在许多裂纹，矿物晶粒边界的缺陷以及矿物内部缺陷而提出的模型。假定一块立方体岩石，同样想象把裂纹都集中起来，并用 D 表示单位体积岩石中的裂纹占的体积比例，就可以得出等效模量 M 与 D 的关系式（6-62）。

设等效模量：

$$M = \lambda + 2\mu$$

$$V_{\mathrm{p}} = \sqrt{\frac{M}{\rho}}$$

$$\overline{M} = M_{\mathrm{m}} \cdot (1-D) \quad （在干燥岩石情况下） \tag{6-62}$$

其中，V_{p}——纵波速度；

M_{m}——没有裂纹的岩石固体部分的平面波模量；

$\overline{M}$——有裂纹的岩石等效模量。

若忽略有裂纹和无裂纹时岩石的密度差异，可以得出纵波等效速度与裂纹的关系式（6-63）。

$$V_{\mathrm{p}} = V_{\mathrm{m}} \cdot (1-D)^{\frac{1}{2}} \tag{6-63}$$

当裂纹岩石受到压力 P 作用时，其中的裂纹体积会减少，可认为其体积的减少与裂纹的体积成正比，即 $-\dfrac{\mathrm{d}D}{\mathrm{d}P} \propto D$，由此可得到式（6-64）。

$$D(p) = D_0 \cdot \exp\left(-\frac{P}{P^*}\right) \tag{6-64}$$

再由式（6-63），可得到式（6-65）。

$$V_{\mathrm{p}} = V_{\mathrm{m}}\left[1 - D_0 \cdot \exp\left(-\frac{P}{P^*}\right)\right]^{\frac{1}{2}} \tag{6-65}$$

式中，D_0——零压力时的孔隙度；

P^*——为某一个参考压力；

V_{m}——岩石固体部分的波速。

2. 球堆模型

假定组成岩石的矿物都是等大球体，其球状矿物按立方或六方晶格结构排列。显然，这种模型适合于描述那些固结得不是十分好的沉积岩。这个模型的核心是：在低压下，矿物之间是点接触，受压后由点接触转变为面接触，而且接触面积随压力的增大而增大。这就是 1881 年由 G. Hertz 提出的著名的点接触球的物理模型。

Gassmann 在 1951 还发表了球堆积的经典文章。他在文章中证明了不管矿物球体按立方排列,还是按六方排列,由于岩石非线性的应力与应变关系,岩石波速随压力 P 和深度 Z 的变化关系如式(6-66)所示。

$$V \sim P^{1/6}, V \sim Z^{1/6} \qquad (6-66)$$

这与实验结果是很吻合的,但利用球堆积模型得到的波速与孔隙度、矿物颗粒大小等之间的关系的结论与实验结果却不太相符。1996 年,Schon 等在球堆模型的基础上,做了新的改进,他们改变了球半径一样大和球体按晶格排列等假定,加入了随机因素,提出了球堆的统计模型,对上述问题的解释,有了明显改善。

6.5.4　岩石的地震波衰减模型

1. 关于地震波的衰减机制

地震波在岩石中衰减的解释远比波速度要复杂,目前国内外已经发展出了多种衰减解释理论,概括为以下 3 种:一是把地层当成黏弹性介质,通过模型模拟地层性质来研究地震波吸收特性;二是把地层当作不均匀介质,用散射理论来解释地震波能量的衰减;三是把地层当作双相介质来进行解释。由于地层介质的复杂性,到目前为止,还没有一个统一结论。尽管不同条件下的岩石具有不同的衰减机制,但在大多数情况下,岩石颗粒表面和岩石中裂缝之间的摩擦仍是主要的衰减机制,此问题至今还是非常前沿性的研究课题。

2. 关于地震波的衰减模型

波在岩石中的衰减难以用一种模型来研究,这是一个很客观的问题。就目前的研究情况来看,波在岩石中的衰减机理分为两大类,如图 6-40 所示。

第一类:用广义或非线性弹性波方程解释衰减。

从宏观整体的角度,用不同的流变方程描述岩石,从而研究波衰减系数与流变参数的关系。如 Arts 的论文指出,波衰减系数 α 与频率 f 的关系是:$\alpha \sim f^2$,但这与实验结果 $\alpha \sim f$ 并不相符。

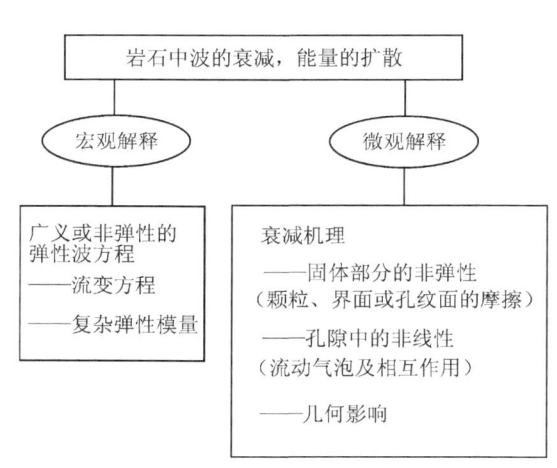

图 6-40　描述岩石中波衰减的几种解释和模型

第二类:从岩石的矿物成分、结构构造、孔隙度、渗透率、流体性状、饱和度、胶结物、矿物颗粒之间的胶结性以及有关几何形态等微观因素的影响来研究衰减问题。

不管是从宏观方面,还是从微观机理方面研究波的衰减,目前都还没有得出被广泛接受的结果。

第7章　岩石的电学性质

　　自然界岩石作为天然介质,具有一定的电学性质。不同种类岩石的导电性、导磁性、极化性能和介电性能等都是不同的,具有一定的差异性。一般来说岩石的导电性很差,基本为介电质,但当岩石裂隙中含有导电性高的流体时,导电性能就大为改善,岩石中含有导电性高的矿物时,岩石导电性就增高。因此,岩石的电学性质是与岩石所含矿物的种类及含量、结构构造、孔隙度、流体种类、饱和度等因素有着密切关系的物理量。

　　在地球表面存在着各种局部和大规模的天然电场,如矿物的化学作用、不同岩体的温度差和人工供电等等,这些电流都是局部的,而与地磁场或高空物理现象有关的地下电流,其规模比较大,在地壳内或更深处流动。所以,地下岩石往往处在一定的电场和电磁场中,电磁场的分布特征与地下岩石的电性特征和产状等因素密不可分。

　　当我们利用地球表面的电磁场(例如电离层变化引起的自然电磁感应、海洋潮汐引起的电场、人工源产生的电场和电磁感应场等),研究地下岩石、矿产和地质构造时,了解和掌握岩石的电学性质是十分重要的。利用岩石的电学性质进行测井、找矿、资源调查等已被人类广泛应用。

7.1　岩石电学性质的基本参数

　　表征岩石电学性质的参数主要有电阻率(ρ)、电导率(κ)、电导(G)、极化率(η)和介电常数(ε)等。这些参数在不同种类的岩石中具有不同的特征,使岩石表现出不同的电场特征,因此研究岩石的电学性质在电法地球物理勘探和研究中具有重要意义。

7.1.1　导电特性参数

1. 电阻率(ρ)

　　电阻率是用来表征某种物质电阻特性的物理量。有别于电阻的是,电阻率与导体的尺寸、横截面积等因素无关,是导体本身的电学性质,由导体的材料性质决定,电阻率越大,材料的导电性质越差,电阻率与温度有着密切的关系。电阻率在量值上等于用某种材料制成的长 1 m、横截面积为 1 mm² 的导线,在常温(20 ℃)下的电阻。电阻率的单位为 Ω · m(欧姆·米)或 Ω · mm(欧姆·毫米)。

　　在温度一定的情况下,电阻率用式(7-1)表示,式中 S 为材料面积,l 为材料的长度,R 为材料的电阻(式中用 ρ 表示电阻率是现在的习惯用法,注意其与密度符号的区别)。

$$\rho = R \cdot \frac{s}{l} \tag{7-1}$$

　　如果我们知道岩石中某一点的电场强度和电流密度,利用欧姆定律的微分公式也可求取电阻率,其公式如式(7-2)。

$$\rho = \frac{E}{j}, \quad E = \frac{\mathrm{d}V}{\mathrm{d}r} \tag{7-2}$$

式中，E 为电场强度，j 为电流密度（$\boldsymbol{E}$ 和 $\boldsymbol{j}$ 均为矢量，方向指向电位降低的方向）；$\mathrm{d}V$ 为电场中相近两点间的电位增量；$\mathrm{d}r$ 为两点间的距离。

2. 复电阻率（ρ^*）

岩石电性实验表明，当外加不同频率的交变电场时，电阻率存在频散特性，在测量频率范围内存在阻性和容性。复阻抗由实部和虚部构成，满足式（7-3）的关系。

$$Z^* = R - \mathrm{i}X, \quad \rho^* = Z^* S/L \tag{7-3}$$

式中，R 为复阻抗实部，X 为复阻抗虚部，ρ^* 为复电阻率，S 为导电截面积，L 为长度。

复电阻率的频散特性与岩石特性有一定的关系，如在电法测井中利用这一特性，能够在一定程度上克服岩性和地层水矿化度的影响，能够较好地反映地层的含油性，其识别油气层的能力优于常规电阻率测井的方法。

复电阻率频散机理仍处于研究探讨阶段，如有的学者认为，岩石的电阻率频散与岩石介质的极化有关，在介质中的总电流密度可表示为式（7-4）。

$$J = (\kappa + \mathrm{i}\omega\varepsilon)E = \kappa^* E, \qquad \kappa^*(\omega) = \kappa'(\omega) + \mathrm{i}\kappa''(\omega) \tag{7-4}$$

式中，J 为电流密度，E 为外电场强度，κ 为电导率，ε 为介电常数，ω 为角频率，κ^* 为复电导率。可以导出复电阻率公式（7-5）：

$$\rho^*(\omega) = \frac{1}{\kappa^*(\omega)} = \rho'(\omega) + \mathrm{i}\rho''(\omega) \tag{7-5}$$

$$\rho'(\omega) = \frac{\kappa}{\kappa^2 + (\omega\varepsilon)^2} \quad （实部）$$

$$\rho''(\omega) = \frac{-\omega\varepsilon}{\kappa^2 + (\omega\varepsilon)^2} \quad （虚部）$$

3. 视电阻率（ρ_s）

在外电场的作用下，通过测量介质电场和电极分布关系可计算得到介质的电阻率。如果是均匀介质或者同一种材料，所测电阻率就是这种材料的电阻率。如果介质是多种材料的组合体，这时测得的电阻率就不是哪一种材料的电阻率，而是几种材料综合影响下的电阻率，把这种电阻率叫作视电阻率。

地球物理电法勘探中定义的视电阻率是：在电场的有效作用范围内，各种地质体对电阻率的综合影响值。这是因为在电场的作用范围内，地下的各种地质体共同影响着地下电流的分布，自然也影响着地表测量极处的电流大小，影响着测量极间的电位大小。如果地下存在高阻体，则地表处电流增大，视电阻率增大，相反则减小。因此，电法勘探野外观测值应该都是视电阻率，其表达式见式（7-6）。

$$\rho_s = K \frac{\Delta V_{MN}}{I} \tag{7-6}$$

式中，K 为装置系数，与供电电极和测量电极的相互位置有关；ΔV_{MN} 为测量极电位差；I 为供电极的电流。

4. 电导率（κ）

电导率是表示物质传输电流能力强弱的物理量，等于电阻率的倒数。电导率越大则导电性能越大,反之越小。电导率与温度具有很大的相关性,如金属的电导率随着温度的升高而减小;电介质和半导体的电导率随着温度的升高而增大。岩石的电导率主要与所含溶液有关,溶液中含溶质的盐浓度越大电导率越大。岩石电导率也存在各向异性,因此在各向同性介质中为标量,而在各向异性介质中为张量。

电导率与电阻率、电导率与电场强度和电流密度的关系式见式(7-7)。

$$\kappa = \frac{1}{\rho}, \quad \kappa = \frac{j}{E} \qquad\qquad (7-7)$$

电导率单位为 S/m(西门子/米)(S 为西门子,1 S= 1 Ω^{-1}),还有 mS/m、S/cm、μS/cm。
单位换算:1 S/m=1 000 mS/m =1 000 000 μS/m =10 mS/cm=10 000 μS/cm。

5. 电导(G)

电导是表示一种物体允许电流通过它的容易性的量度,或表示导体传输电流能力强弱程度。对于纯电阻线路,电导在数值上等于电阻的倒数。在交流电路中,电导定义为导纳的实部(不是电阻的倒数),见式(7-8)和式(7-9)。电导也会随着温度的变化而有所变化。

纯电阻线路中:

$$G = \frac{1}{R} \qquad\qquad (7-8)$$

电阻、电感和电容线路中:

$$G = \frac{R}{R^2 + Z^2} \qquad\qquad (7-9)$$

式中,G 为电导,其单位为西门子(S);R 为电阻;Z 为电抗(包括感抗和容抗)。

上述导电特性参数的区别是:电阻表示导体阻碍电流的程度,而电导则表示导体容许电流通过的程度;电阻率表示导体阻碍电流的性能,而电导率则表示导体容许电流通过的性能。前二者与导体的尺寸和截面积有关,而后二者则与导体的尺寸和截面积无关。

7.1.2　极化特性参数

自然界的岩石矿物在一定的地质和水文条件下,由于氧化还原、渗透、扩散、吸附等过程而产生一定程度的电场,称为自然极化。另外,在电磁场激发作用下岩石也会产生一定的二次电场,岩石产生这种电场的性质,称为岩石矿物的电极化特性。多数岩石矿物一般为电介质或半导体,因此在电场作用下具有一定的电容极化特性。岩石矿物极化特性的参数主要有以下3 种。

1. 自然极化电位(V)

岩石矿物在一定的地质条件下,如在氧化还原、渗透、扩散、吸附等过程中被极化而产生的自然电场,单位为 mV。例如电子导电的矿体处在潜水面附近,矿体上部为氧化环境,下部为还原环境,则在矿体上部形成负电位,矿体下部形成正电位,矿体被极化。在岩石裂缝和孔隙中由于过滤和吸附作用,在入水端形成负电位,而在出水端形成正电位。因此,在野外可用电位计测量自然地表岩石的电位特征,勘测和研究地下矿体和地下水的分布等地质问题。

2. 极化率(η)和频散率(P)

极化率是描述在外电场的作用下,岩石矿物被极化难易程度的物理量。地下的岩石或金属矿体,在直流或交流电场的作用下,会产生不同程度的二次电场。当取消一次电场后,这种二次场会逐渐衰减,最后消失(如图 7-1 所示)。直流激发极化参数用极化率来表示,而交流激发极化参数则用频散率来表示。这两种极化都与岩石种类、孔隙发育程度、流体种类、矿物种类、矿体特性和埋深有关。因此,可以通过极化率测量研究,解决一些与极化率相关的地质问题。尤其是对浸染状矿体的探测,利用极化率测量具有一定的优势。

极化率和频散率的计算公式见式(7-10)和式(7-11)。

$$\eta = \frac{\Delta V_2}{\Delta V} \times 100\% \text{(直流激发)} \qquad (7-10)$$

式中,η 为极化率,ΔV_1 为一次场电位,ΔV_2 为二次场电位,ΔV 为总场电位。

$$\rho = \frac{\Delta V_{f1} - \Delta V_{f2}}{\Delta V_{f2}} \times 100\% \text{(交流激发)} \qquad (7-11)$$

式中,ρ 为频散率,ΔV_{f1} 为低频激发时的电位,ΔV_{f2} 为高频激发时的电位。

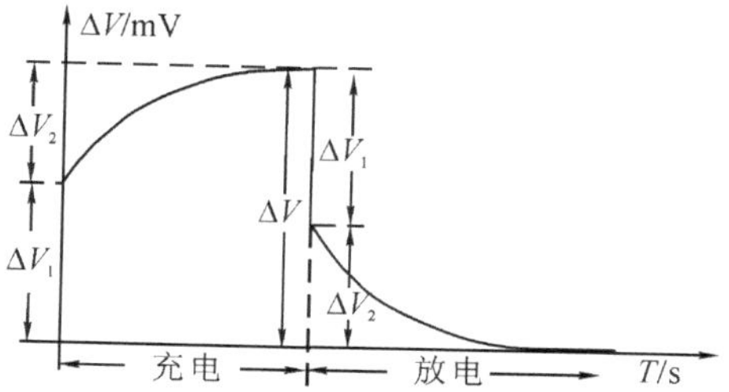

图 7-1　极化充-放电曲线

3. 视极化率(η_s)和视频散率(ρ_s)

和视电阻率一样,极化率是指单一岩石(或介质)的极化率,而视极化率是指多种介质结合在一起所表现出的极化率,因此视极化率不是其中某一种介质的极化率,而是几种介质共同作用的结果,电法勘探在野外观测到的极化率一般都是视极化率。

4. 介电常数(ε)

介电常数(也叫介质常数、介电系数、电容率)是用于衡量绝缘体储存电能的物理量。介电常数代表了电介质的极化程度,也就是对电荷的束缚能力,介电常数越大,对电荷的束缚能力越强。介电常数还分为绝对介电常数和相对介电常数,介质的绝对介电常数与真空绝对介电常数的比值称为相对介电常数,在应用中如果不加说明,一般指相对介电常数。

相对介电常数(ε_r)可以在静电场中测量,为两块金属板之间以绝缘材料为介质时的电容与同样两块板之间以空气(或真空)为介质时的电容量之比,见式(7-12)。

$$\varepsilon_r = C/C_0 \qquad (7-12)$$

式中,C 为电极板充满介质时的电容量,C_0 为真空时的电容量。

绝对介电常数与相对介电常数间的关系见式(7-13)。

$$\varepsilon = \varepsilon_r \varepsilon_0 \qquad (7-13)$$

式中,ε 为绝对介电常数,ε_r 为相对介电常数,ε_0 为真空介电常数,单位均为 F/m。$\varepsilon_0 = 8.85 \times 10^{-12}$ F/m。

电介质是电的绝缘体,它内部的自由电荷少到可以忽略的程度。虽然电介质分子内部在化学键力的约束下,其中的带电粒子不能发生宏观位移,然而在外电场的作用下,这些带电粒子仍然可以发生微观位移,即电介质被极化。可用极化率来表示电介质的极化性能,电介质中各点的极化率都相同,真空中的极化率都等于零,而除此之外任何介质的极化率都大于零,介电常数是综合反映介质内部电极化行为的一个主要的宏观物理量,介质的介电常数也具有频散特性,是一个复数。

岩石基本上都是电介质,当电场或电磁场作用于岩石时,岩石的介电常数是影响电场和电磁场因素之一,如电磁波在岩石中的传播速度受介电常数影响,介电常数大时,电磁波速度变慢。

7.1.3 矿物的其他电性

1. 压电性

某些矿物晶体在机械作用的压力或张力影响下,因变形效应而呈现的电荷性质,称为压电性。在压缩时产生正电荷的部位,在伸张时就产生负电荷。在机械的一压一张地不断作用下,就可以产生一个交变电场,这种效应称为压电效应。反过来,具有压电性的矿物晶体,把它放在一个交变电场中,就会产生一伸一缩的机械振动,这种效应称为电致伸缩。压电性只发生在无对称中心、具有极性轴的矿物晶体中。矿物的压电性在现代科学技术中的应用越来越广泛,如各种换能器、超声波发生器等。

2. 热电性

当温度变化时,在矿物晶体的某些结晶方向产生电荷的性质称为热电性(或称焦电性)。如电气石晶体加热到一定温度时,其 Z 轴的一端带正电,另一端则带负电;若将已热的晶体冷却,则两端电荷变号。矿物的热电性主要存在于无对称中心、具有极性轴的介电质矿物晶体中,如电气石、方硼石、异极矿等。热电性已在红外探测中得到广泛应用。

7.2 岩石导电性分类及导电机理

自然界各种岩石矿物的导电性能都具有较大的差异,这与岩石矿物的种类、内部结构、孔隙及流体性状等有着密切的联系。岩石矿物的导电机理多种多样,有电子导电、离子导电、半导体导电和电介质极化等。有单一因素导电,也有混合因素导电。现将目前的导电性分类和一般性导电机理简述如下。

7.2.1 岩石导电性分类

按照电导率大小,岩石矿物基本可以分为三类:

第一类为导电体,包括具有电子导电和离子导电的岩石和矿物,其电导率范围为 10^5 S/m$<\kappa<10^8$ S/m。主要包括金属及一些金属矿物和溶液,如石墨、斑铜矿、辉钼矿等。

第二类为半导体,其电导率范围约为 10^{-7} S/m$<\kappa<10^5$ S/m。主要包括造岩矿物及一些岩石,如金刚石、尖晶石、氧化铜、透辉石、锂云母、蛇纹石、高岭石、金红石等。

第三类为电介质,其电导率范围为 $\kappa<10^{-7}$ S/m。包括大部分岩石和矿物,如石英、长石、云母、方解石、石膏、尖晶石、橄榄石、石盐、紫苏辉石、自然硫、金云母等。

7.2.2 岩石导电机理概述

1. 电子导电

电子导电是导体内存在大量自由电子,在电场作用下,这些自由电子因流动而导电,在电子导电过程中没有物质的迁移变化。对于矿物而言,主要是由金属键决定的,其中非定位电子越多,导电性越强。当矿物的晶键为共价金属和离子金属时,则其中存在的电子导电元素就决定了一系列矿物的导电性,一般范围在 $10^{-6}\sim10^{-3}$ Ω·m。电子导电物质的电阻率随着温度的升高而增大,这是由电子不断增长的不规则热运动引起的。另外,有化学杂质时,电阻率也增高。

　　造岩矿物不具备电子导电性能,自然金属和金属矿物具有一定的电子导电性能,如黄铁矿、磁铁矿、黄铜矿和石墨等,这类矿石的电阻率一般比较低。一般来说,沉积岩不具有电子导电性,部分岩浆岩、变质岩和金属矿体具有一定的电子导电性,其电子导电性能取决于所含电子导电矿物的种类和含量。

2. 离子导电

　　离子导电是因导体或溶液中存在能够自由移动的离子而使导体或溶液导电的性质。对于矿物来说,具有离子型结晶键的许多矿物都有离子导电性。其导电机理是,当电子脱离原子时,或在其结合时,原子的中性遭到破坏,变成正离子或负离子,在外电场的作用下,离子运动产生电流而导电。

　　对于干燥岩石,离子导电性非常小。岩石的离子导电,主要是由于岩石裂隙和孔隙中存在液体和电解质,此时岩石的离子导电性是最典型的。在天然条件下,岩石孔隙中一般都填充有一定矿化度的水,因而具有一定的离子导电性。在盐类水溶液中,随溶液矿化度的增高,离子导电性增大,电阻率下降。离子导体随着温度的上升,其导电性增强。和电子导电相比,在离子导电的过程中会伴有物质的转移。

　　许多沉积岩之所以能导电,就是因为它们在形成过程中不同程度地发育一定的孔隙,并在其中充填了一定数量的盐水溶液所造成的。这些存在于岩石中的盐水溶液,由于盐类离解会形成正离子(如 Na^+、Ca^{2+}、Mg^{2+} 等)和负离子(如 Cl^-、F^- 等),在电场作用下这些离子发生运动,就构成了沉积岩中电流的流动。于是,当电流通过孔隙中的流体而流经岩石时,岩石就有了一定的导电性。

3. 半导体导电

　　半导体导电主要表现为电子-空穴对导电,此时的电子导电远不如导体中那样自由。在没有外电场时,这些微量的电子和空穴随机流动相互抵消而宏观不显示电场,当施加外电场时,电子向正极流动,空穴向负极流动而形成电流。

　　在纯化学元素矿物中,移动的电子与空穴数相等。当含有化学杂质时,会使这种平衡遭到破坏,从而可以观察到典型的电子导电或空穴导电。半导体导电的特点是电阻率随温度的升高而下降。在空穴导电的状态下,某些半导体在温度升高到 800 ℃时,电阻值可下降至 $1/10^6$。

　　对所有半导体而言,电阻值与极微量的化学杂质都有着密切的关系,另外半导体还对不同种类光辐射的灵敏性很强。半导体可分为两类,即本征半导体和杂质半导体。

　　本征半导体:无杂质无晶格缺陷的半导体为本征半导体。在绝对温度下,半导体的价带是满带,受到光电入射或热激发后,价带中的部分电子会越过禁带进入能量较高的空带。空带中存在电子后成为导带,价带中缺少一个电子后形成了带正电的空穴。导带中的电子和价带中的空穴称为电子-空穴对,这种电子和空穴能自由移动,称为自由载流子。它们在外电场作用下定向流动而形成宏观电流,分别称为电子导电和空穴导电,合称为本征导电。

　　杂质半导体:在本征半导体中掺入少量杂质元素,可形成 N 型半导体,主要以电子导电为主,或形成 P 型半导体,主要以空穴导电为主。例如,四价锗掺入五价元素形成 N 型半导体,掺入三价元素形成 P 型半导体。N 型和 P 型半导体以不同的方式组合,具有不同的电性特征,例如:

　　PN 半导体:晶体二极管(单向导电);

PNP 半导体：晶体三极管（放大电流）；

PNPN 半导体：晶体可控硅（调整交流频率）。

具有共价或离子型结晶键的许多化学元素和大多数硅酸盐与氧化物均为半导体。虽然在许多矿物结构中都包含着电子导电性元素，但矿物的坚固结晶格架使电子不易移动，因此，总体表现为半导体或电解质特性，一般都具有较高电阻率值。

4. 电介质极化

电介质基本上没有可自由移动的电荷，但是在外电场作用下，其内部会产生一定程度的电极化效应。具有共价键型的化学元素和矿物，对电子束缚相当严格，矿物晶格上的原子排列极为紧密，在电场作用下电子或离子基本不发生流动，所以表现为对电的绝缘特性，这部分矿物的电阻率一般为 $10^{10} \sim 10^{16}$ $\Omega \cdot m$。但在强电场中，电介质也具有一定的电子导电性。电介质的电阻率与温度成反比关系，即温度增高，电阻率降低。

电介质最典型的特点是极化现象，在电场作用下，带电粒子（电子或离子）发生一定的位移，使极性分子定向排列，从而产生极化。许多半导体也具有极化特性。电介质的极化可用强度向量 p 表示，见式（7-14）。

$$p = \chi E \qquad (7-14)$$

式中，χ 表示介质极化率，E 为电场强度。

极化类型：由于电介质结构不同，可分两种类型的极化，即位移极化和弛张极化。位移极化又分为电子位移极化和离子位移极化。由电子相对原子核的位移而产生的电子位移极化，实际上是瞬间发生的，在所有的固体、液体和气体物质中均可观察到。离子位移极化是一种符号的离子相对于另一种符号的离子在 $10^{-12} \sim 10^{-13}$ s 内发生的移动，这种现象可在具有离子晶格的固体物质中存在，也可以在有离子的非晶质电解质中观察到。

在电介质中，弛张极化与极性分子或连接不牢固离子极性基（偶极子）的分子有关，也与热能激发出的过剩"残缺"电子或"空穴"的存在有关。根据引起极化的粒子类型，可将极化分为偶极子极化、离子极化和电子极化等。能发生弛张极化作用的物质，具有高的介电常数。

在实际的电介质中，极化是由不同的极化过程引起的。产生这种或那种类型的极化与物质的物理化学性质以及所采用的频率范围有关，如图 7-2 所示（图中 1 为结构极化 ε_s，2 为偶极子极化 ε_d，3 为原子极化 ε_a，4 为电子极化 ε_e）。

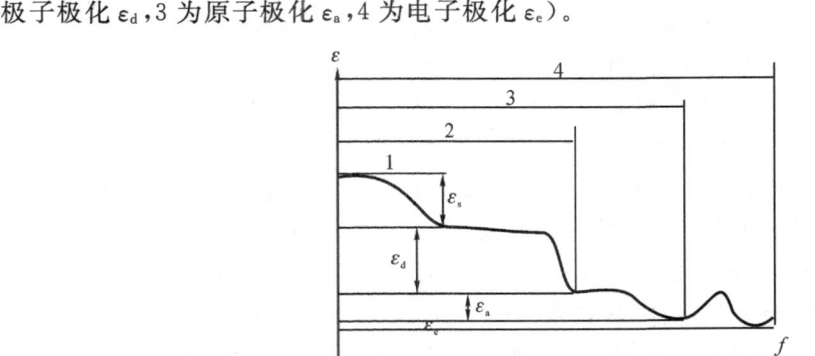

图 7-2　介电常数与频率的关系曲线

极化参数:岩石的介电性能主要用介电常数 ε 和介电损耗角正切值来表征,其中介电常数是综合反映电介质极化行为的宏观物理量,而介电损耗角(δ)正切值,即 $\tan\delta$ 表征每个周期内介电损耗的能量与其储存能量之比,或者说是电介质材料在施加电场后,介质损耗大小的物理量,是指电介质在单位时间内的每单位体积中,将电能转化为热能(以发热形式)而消耗的能量。而电介质的介电损耗角是电介质在交变电场作用下,电位移与电场强度的位相差。

在实际应用中,用 $\tan\delta$ 值,见式(7-15),来研究电介质损耗有两个明显的优点:① $\tan\delta$ 值可以和介电常数同时测量到;② $\tan\delta$ 值与测量样品的大小和形状都无关,是电介质自身的属性,并且在许多情况下,$\tan\delta$ 值比介电常数对介质特性的改变敏感得多。

$$\tan\delta = \frac{i_a + i'_a}{i'_r + i_c} \tag{7-15}$$

式中,i'_a 为作用电流;i'_r 为反作用电流;i_c 为电容电流;i'_a 为传导电流。

7.3 岩石电性参数的测量

岩石电性参数比较多,其测量方法也很多。下面主要按实验室测试和岩石原位测试来介绍电阻率、介电常数和极化率的常用测量方法。这三种电性参数是地球物理学研究中最常用的电性参数。

7.3.1 电性参数的实验室测量

1. 电阻率测试

对岩石样品施加电场时,电流可在样品内部和表面流动。样品内部和表面的电阻特性是不同的,因此,电阻率又分为体积电阻率(通常所说的电阻率)和表面电阻率。体积电阻是样品的两个对面上所放置电极之间的电压与稳态电流之商(不包括表面电流和电极极化),此时的电阻与样品截面积和长度之间的比例系数称为体积电阻率。体积电阻率常用的测量方法有二极法和三极法等。表面电阻率是在材料表面上,单位长度的电位梯度与单位宽度上流过的电流之比,与材料的表面性质有关,单位用欧姆表示。

1)二极法测试

二极法测量岩石电阻率的步骤是,首先测量长度为 L、截面积为 S 的岩石样品的电阻值 R,然后用电阻率公式来计算电阻率值。如式(7-16)和图7-3所示。

$$\rho = \frac{S}{L} \cdot R \tag{7-16}$$

测量时,电极对称布置在标本的两个相对端之上。测量低电阻岩石时,可用伏特计法。对于高电阻岩石,可用高灵敏度的检流计。电压表内接法适合测量低阻值电阻,外接法适合测量高阻值电阻。利用直流电二极法测量电阻时,误差主要来自表面电流、极化作用和接触电阻。为了减少接触电阻,可采用磨光标本表面,或用石墨、金属喷涂、银质胶膜等涂敷接触表面等方法。为了估计电极的极化影响,需要测量极

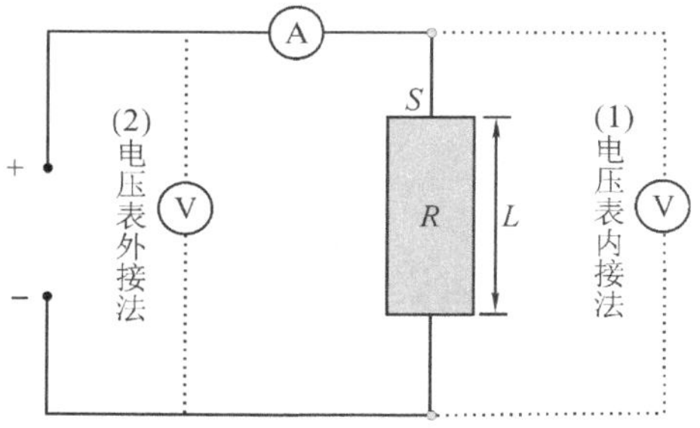

图7-3 二极法电路图

化电流。

2）三极法测试

三极法是在二极法的基础上增加了一个保护极，如果保护极接地，主极接测量表，其作用是防止表面电流进入测量表，使只有通过岩石样品内部的电流进入测量表，用来测量体电阻和电阻率。如果保护极接测量表，主极接地，则用来测量表面电阻。一般将两个主极设计为园板状置于样品的上下端，另一个保护极设计为圆环状套在一个主极上，两者的间距很小并绝缘，如图 7-4 所示。

3）四极法测试

测定岩石电阻率的四极法是在两个供电电极上提供电流 I，测定两个测量电极间的电压差 ΔV，再根据式（7-17）来计算电阻率。式中 K 为装置系数，它与标本形状大小、测量电极和供电电极之间的距离有关，如图 7-5 所示。四极法的优点在于消除了电极附近极化作用的影响。

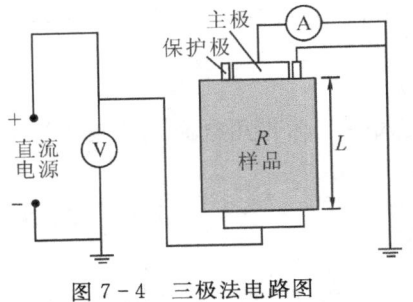

图 7-4　三极法电路图

$$\rho = \frac{\Delta V}{I} \cdot K \qquad (7-17)$$

两端布极时（如图 7-5 上）：$K = S/l$；

同面布极时（如图 7-5 下）：$K = \dfrac{\pi}{4} \dfrac{L^2 - l^2}{l}$。

式中，S 为接触面积，l 和 L 为测量极和供电极距。

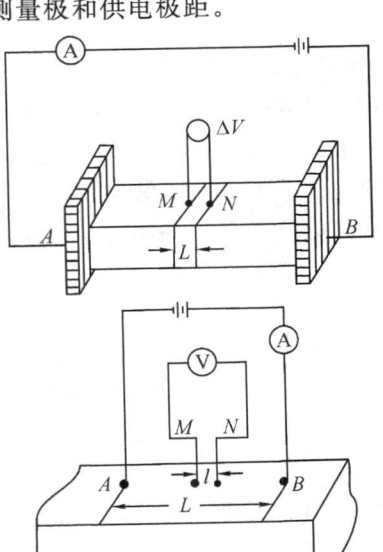

图 7-5　四极法设置图

测量高阻值岩石的电阻率时，可使用保护环，以消除表面电流造成的误差，采用补偿电路可以消除电极本身电阻所造成的误差。除了利用二极、三极和四极法测量电阻率外，在实际工作中还可利用电位法、岩石电阻与标准溶液比较法等测量电阻率。

2. 介电常数测试

可采用电桥法测试岩石样品电容的方法来测试介电常数。在平行板电容之间分别为空气和置入的岩石样品时测得电容值 C_1 和 C_2，如式（7-18）和图 7-6 所示。

$$C_1 = C_0 + C_{边1} + C_{分1}, C_2 = C_{串} + C_{边2} + C_{分2} \tag{7-18}$$

其中，C_0 是电极间以空气为介质、样品面积为 S、电极距为 D 时计算出的电容；$C_{串}$ 是岩石样品和空气组成的串联电容；$C_{边}$ 为样品面积以外电极间的电容与边界电容之和；$C_{分}$ 为测量引线及测量系统等引起的分布电容之和。

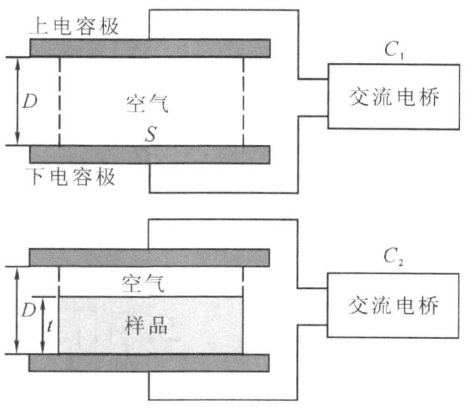

图 7-6　电桥法介电常数测量

$C_{串}$ 的计算见式（7-19）。

$$C_{串} = \frac{\varepsilon_r \varepsilon_0 S}{t + \varepsilon_r (D - t)} \tag{7-19}$$

当两次测量中电极间距 D 为一定值，系统状态保持不变时，则有

$$C_{边1} = C_{边2}, C_{分1} = C_{分2}$$

得

$$C_{串} = C_2 - C_1 + C_0$$

最后导出式（7-20）。

$$\varepsilon_r = \frac{C_{串} t}{\varepsilon_0 S - C_{串}(D - t)} \tag{7-20}$$

此公式消除了系统误差。

在测量岩石介电性时，要特别注意岩石的含水程度，水对介电性测量有着很大的影响。通常干燥的岩石，其介电性除了与电场频率有关外，还与矿物成分、不同介电常数矿物的数量比、岩石的结构构造特征以及孔隙度等因素有关。

3. 极化率和频散率的测试

直流法测定岩石样品的极化率采用四极装置，其装置与测定电阻率相似。利用测量极测量供电时的电压 Δt 和断电时的二次电压 ΔV_2，用式（7-21）计算岩石的极化率。

$$\eta = \frac{\Delta V_2}{\Delta V} \times 100\% \tag{7-21}$$

电极采用铜网构成，为减小接触电阻，供电极和测量极与岩石样品间可夹有硫酸铜浸泡过的棉花或垫子。可分别测定平行层面及垂直层面的极化率，总极化率取二者的几何平均值。

7.3.2 电性参数的原位测量

1. 利用测井方法测量视电阻率

在井中对原位岩石的电阻率进行测量时,所测电阻率值既不等于某一岩层的真电阻率,也不是电极周围各部分介质电阻率的平均值,而是在离电极装置一定距离范围内各介质电阻率的综合影响值(视电阻率)。

单电极法供电:井下供电装置由供电极 A 和测量极 M、N 组成。

电阻率计算公式如式(7-22),供电装置如图 7-7(a)所示。

$$\rho_s = K \frac{\Delta V_{MN}}{I}, \quad K = \frac{4\pi \cdot \overline{AM} \cdot \overline{AN}}{\overline{MN}} \tag{7-22}$$

双电极法供电:井下由供电极 A、B,测量极 M 组成。

电阻率计算公式如式(7-23),供电装置如图 7-7(b)所示。

$$\rho_s = K \frac{\Delta V_{MN}}{I} \quad K = \frac{4\pi \cdot \overline{AM} \cdot \overline{BM}}{\overline{AB}} \tag{7-23}$$

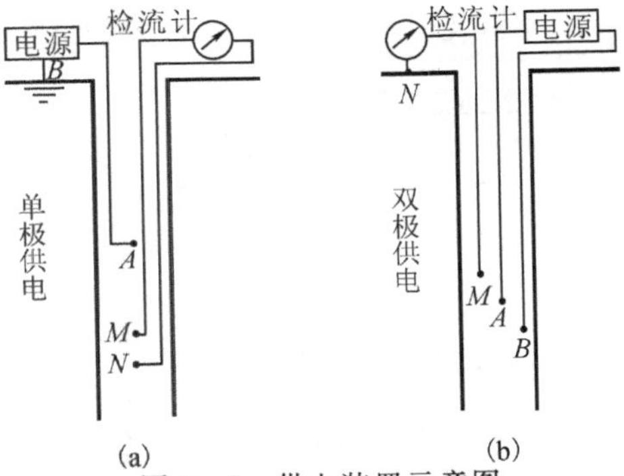

图 7-7 供电装置示意图

在井中除上述普通电阻率测试外,还有侧向测井(三电极侧向测井、七电极侧向测井、双侧向测井)、微电阻率测井、感应测井等。侧向电阻率测井方法能够降低泥浆和高阻屏蔽的影响,使电流更好地进入地层,提高纵向分辨率。微电阻率测井也能够提高纵向分辨率,不易漏掉薄层,能够较准确地了解地层厚度。在油基泥浆和空气井中上述方法无法使用时,可采用感应测井,它是通过研究交变电磁场的特性反映介质电导率的一种电性测井方法。目前此方法应用较普遍,也适用于淡水泥浆井。

2. 电法勘探中测量岩层视电阻率和极化率

电阻率法勘探中的电剖面法(包括联合剖面法、中间梯度法、对称四极法等),是在地表一条线上逐点测量电场影响范围内所有地质体的综合电阻率,既视电阻率。而电测深法是测量测点以下不同深度地层的视电阻率。激发极化法可以测量地下岩石的视极化率(直流)和视频散率(交流)。

电剖面法以对称四极法为例,供电极有 A 和 B,测量极有 M 和 N,这四个电极分布在一条直线上,两测量极在两供电极之内,在 MN 的中点两侧对称分布,如图 7-8所示,一般取 $MN=(1/5\sim1/3)AB$,四个电极一起搬动,

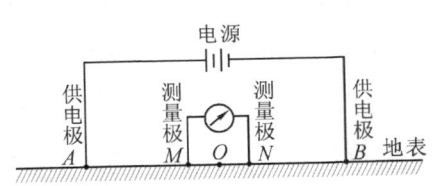

图 7-8 对称四极装置图

逐点测量,可按式(7-24)求得视电阻率值。

$$\rho_s = K \frac{\Delta V_{MN}}{I}, \quad K = \pi \frac{\overline{AM} \cdot \overline{AN}}{\overline{MN}} \tag{7-24}$$

式中,K 为电极系数,I 为供电电流,ΔV_{MN} 为测量极电位差。

电测深法实际上是对称四极法的改良,只是不断改变供电极距而已。由于大供电极距能使电流向更深部流动,因此不同电极距可反映不同深度的电场影响情况。所以不断改变电极距,就可测到不同深度岩层的视电阻率,计算公式与对称四极法一样。

激发极化法的装置和电剖面法及测深法一样,可以在一条线上测量地下岩石的视极化率和视频散率,也可以像电测深法那样测量不同深度岩层的视极化率和视频散率。其计算公式前文已述,在此不再重复。

3. 频率电磁法测量视电阻率

电磁法的视电阻率测量方法是在地面测点上,用磁偶极子(不接地水平线圈)发射交变电磁场,在一定距离处用线圈接收电磁场,并用电极 MN 接收电场。如图 7-9 所示。据电磁理论,电磁波在地下的传播深度与其波长有关,通过改变电磁波频率,就可以改变其波长,从而改变电磁波的穿透深度。高频电磁波衰减快,穿透深度小,只反映浅部地层电阻率特性,低频电磁波衰减慢,可以反映较深处的电阻率特性。在中区场条件下,视电阻率计算公式如式(7-25)所示:

$$\rho_s = KC \left| \frac{E_y}{H_x} \right|^2 \tag{7-25}$$

式中,E_y 为电场水平分量振幅值,H_x 为磁场水平分量振幅值,C 为接收线圈格值,K 为校正系数。通过校正系数可以把中区场的测量结果校正为远区场的视电阻率。

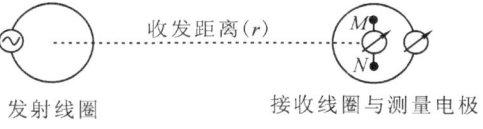

图 7-9 收发装置示意图

7.4 岩石的电性参数特征

矿物的电性主要取决于元素种类和化学键类型以及晶体结构。而岩石的电性除了与矿物的电性有直接的关系外,还取决于岩石中的各种构造面、孔隙发育程度、所含流体种类以及饱和度等。

7.4.1 矿物的电性

1. 化学元素的电阻率

在学习矿物导电性时,有必要简单了解元素的导电性。自然(自由)状态的原子,由于电子的负电荷数与原子核质子的正电荷数相等,故呈中性,电流是在外电场或其他因素作用下促使外层电子运动而产生的。每一周期中开始的元素往往有未被电子占满的外层轨道,此时的元素具有良导电性的特点,而周期末尾的元素则以高阻值的半导体和电介质为特征,这是由于这些元素的电子占满轨道,运动性差所导致的。化学元素电阻率与原子序数的关系如图 7 - 10 所示。

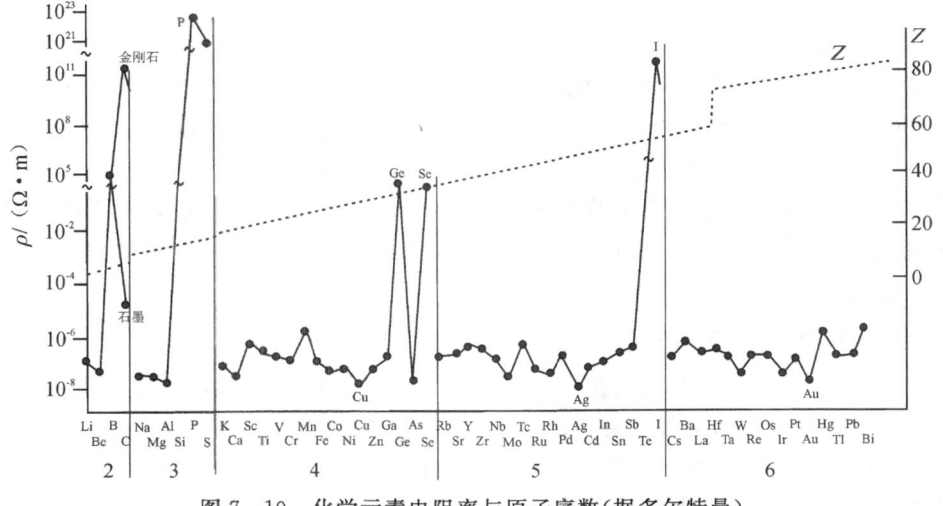

图 7 - 10　化学元素电阻率与原子序数(据多尔特曼)

第四、第五、第六周期的第二个半周期开始的元素,如 Cu(铜)、Ag(银)、Au(金)为最良导体,Ge(锗)、Se(硒)、Te(碲)和某些稀有元素为半导体,而 C(碳)、P(磷)、Si(硅)等则具有非常高的电阻率。

2.矿物的电阻率

大多数金属矿物,如方铅矿、斑铜矿、铜蓝、磁铁矿、黄铁矿、磁黄铁矿和黄铜矿等具有电子导电性,其电阻率为 $10^{-6} \sim 10^{-2}$ Ω·m。石墨由于内层电子的缘故也具有电子导电性。造岩矿物,如钾长石、斜长石、普通角闪石、辉石、橄榄石、霞石和石英等具有半导体或电介质的特性,电阻率极高($10^2 \sim 10^{16}$ Ω·m)。矿物的电阻率的分布如图 7 - 11 所示,这些矿物的电阻率见表 7 - 1。

一般来说,密度比较大的矿物,如自然金属和金属矿物,由于其结晶键为金属键型、离子-金属键型和共价-金属键型的缘故,电阻率很低,如金、银、黄铜矿、方铅矿等。中等密度矿物的电阻率可能很高,也可能很低。具有离子键或共价键且密度较低的矿物,电阻率高,如钾盐、星云母、长石、石英、方解石等。

3.矿物的介电常数

矿物介电常数的大小主要取决于阳离子和阴离子的类型、离子半径和极化率,而与矿物的结构特征关系较小。矿物中出现的各种形式的极化作用,与组成矿物的粒子类型——原子、分子或离子有关,也与化学键的性质有关。介电常数高的矿物主要在硫化物和氧化物矿物中。大多数硅酸盐矿物的介电常数在 6~7 范围内。当成分中含有 Ca^{2+}、Fe^{2+}、Fe^{3+} 离子时,介电常数较高(约 10 左右),常见矿物的相对介电常数见表 7 - 2。

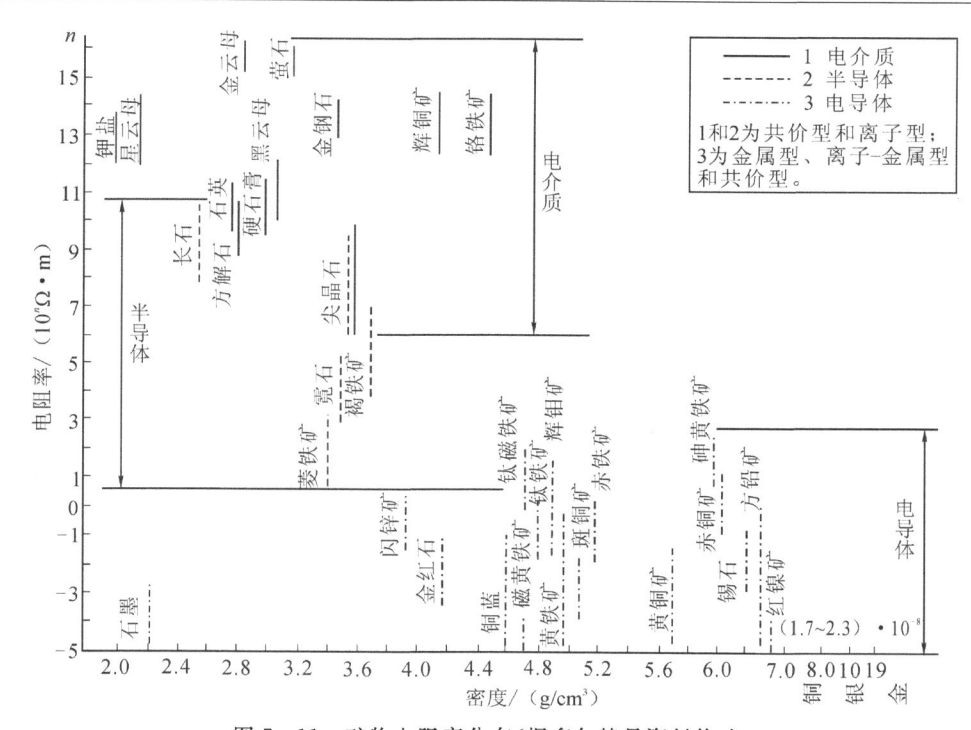

图 7-11　矿物电阻率分布(据多尔特曼资料修改)

表 7-1　一些主要矿物的电阻率

矿物名称	电阻率/(Ω·m)	矿物名称	电阻率/(Ω·m)	矿物名称	电阻率/(Ω·m)
石油	$10^9 \sim 10^{16}$	云母	$10^{14} \sim 10^{15}$	磁黄铁矿	$10^{-6} \sim 10^{-3}$
烟煤	$10^2 \sim 10^6$	方解石	$10^7 \sim 10^{12}$	白铁矿	$10^{-2} \sim 10^0$
无烟煤	$10^{-4} \sim 10^{-2}$	硬石膏	$10^7 \sim 10^{10}$	软锰矿	$10^0 \sim 10^3$
钾盐	$10^{13} \sim 10^{15}$	褐铁矿	$10^6 \sim 10^8$	闪锌矿	$10^3 \sim 10^6$
盐岩	$10^{14} \sim 10^{15}$	赤铁矿	$10^{-3} \sim 10^6$	方铅矿	$10^{-3} \sim 10^0$
硫磺	$10^{12} \sim 10^{15}$	镜铁矿	$10^{-2} \sim 10^{-1}$	黄铜矿	$10^{-3} \sim 10^{-1}$
石英	$10^{12} \sim 10^{15}$	黄铁矿	$10^{-4} \sim 10^{-3}$	辉铜矿	$10^{-3} \sim 10^0$
长石	$10^{11} \sim 10^{12}$	磁铁矿	$10^{-4} \sim 10^{-2}$	石墨	$10^{-6} \sim 10^{-4}$
白云母	$10^{10} \sim 10^{12}$	菱铁矿	$10^0 \sim 10^3$	锡石	$10^{-3} \sim 10^6$

表 7-2　常见矿物的相对介电常数

矿物	介电常数	矿物	介电常数	矿物	介电常数
石英	6.53	铁榴石	4.3	尖晶石	7.00
正长石	6.20	黄玉	6.09	刚玉 *	$5.65 \sim 6.3$
黑云母	9.28	方沸石	6.36	金红石 *	10.6
白云母	10	白榴石	6.78	金刚石	4.58

矿物	介电常数	矿物	介电常数	矿物	介电常数
锂云母 *	96.7	阳起石 *	6.6	石墨	＞81
滑石	9.41	蛋白石	6.74	硅灰石	6.57
蛇纹石	11.84	玻璃	4.1	磷灰石	7.36
高岭石	11.18	白云石	8.45	萤石 *	6.2~8.5
普通辉石	6.72	方解石 *	6.5~8.1	雌黄 *	7.6
普通角闪石	7.37	菱铁矿 *	5.2	锆石 *	3.0~5.2
电气石 *	5.6	孔雀石 *	4.4	褐铁矿 *	3.2
透闪石 *	7.6	硬石膏	6.09	独居石 *	3.0~6.6
透辉石	7.16	石膏	6.83	辰砂 *	6.2
橄榄石	6.77	重晶石	7.86	钙长石	7.05

注:测试条件为电压 220 V,频率 60 Hz,粒度 250 目;介液:甲醇、四氯化碳、水; * 表示在干燥空气中。

7.4.2 岩石的电性及影响因素

下面主要介绍岩石的导电性、介电性和极化性的一般特征,以及这些岩石电性的影响因素。岩石的这些电性特征在地球物理勘探与研究中具有重要的意义,利用岩石的电性特征能够比较有效地分析研究解决相关地质问题。

1. 岩石的电阻率

岩石电阻率最显著的特点是取值范围十分宽泛,变化范围大。岩石导电性比其他物性(如密度、速度等)变化范围大得多,影响电阻率的因素也比较多,并且电阻率对诸多因素的影响都十分敏感。尤其是岩石中所含流体的情况,对岩石电阻率的影响最大,同样的岩石由于所含液体的不同,电阻率可以很高,也可以很低。如在图 7 - 12 和表 7 - 3 中,每类岩石的电阻率都有比较大的变化范围。由于岩石对各种因素影响的敏感性,使得导电性质可成为地壳岩石组成和性状的一个灵敏指示计。

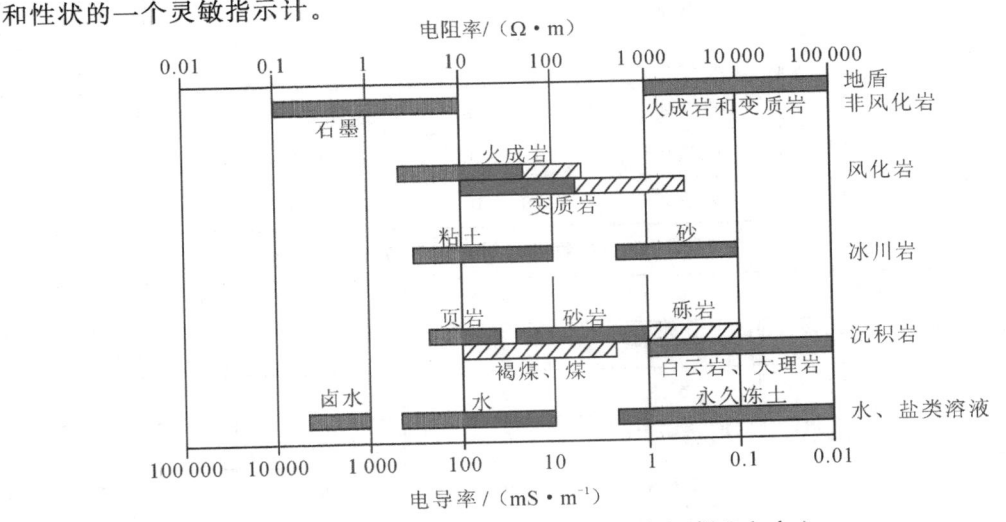

图 7 - 12　各种岩石电阻率的分布(据 Palacky)

表 7 - 3 常见岩石的电阻率

岩石名称	电阻率	岩石名称	电阻率	岩石名称	电阻率
硬石膏	$10^4 \sim 10^6$	白云岩	$6 \times 10 \sim 10^3$	砾岩	$2 \times 10 \sim 2 \times 10^2$
页岩	$6 \times 10 \sim 10^3$	石灰岩	$10^2 \sim 10^5$	花岗岩	$10^2 \sim 10^5$
砂岩	$10^{-1} \sim 10^3$	玄武岩	$10^2 \sim 10^5$	石英岩	$10^3 \sim 10^5$
黏土	$10^{-1} \sim 10^1$	片麻岩	$10^2 \sim 10^4$	大理岩	$10^2 \sim 10^5$
泥岩	$10^1 \sim 10^2$	闪长岩	$10^2 \sim 10^5$	辉长岩	$10^2 \sim 10^5$
岩盐	$10^4 \sim 10^6$	辉绿岩	$10^2 \sim 10^5$	正长岩	$10^2 \sim 10^5$
片岩	$2 \times 10 \sim 5 \times 10^4$	板岩	$10^1 \sim 10^2$	泥质页岩	$6 \times 10 \sim 1 \times 10^3$

岩石的导电机理有可能是离子导电、电子导电和混合导电，这不但与组成岩石的造岩矿物、副矿物或金属矿物的各种导电性有关，还与岩石孔隙部分的导电性有很大的关系。一般岩固相（矿物骨架）的电阻率超过液相 6～8 个数量级，气相为电介质。因此，充满岩石孔隙中的流体和孔隙结构是决定大多数岩石电阻率的主要因素。如图 7 - 13 中饱水结晶岩的实验结果表明，电阻率随着孔隙度的增大而迅速降低，这说明孔隙部分对岩石的电阻率有着重要影响。

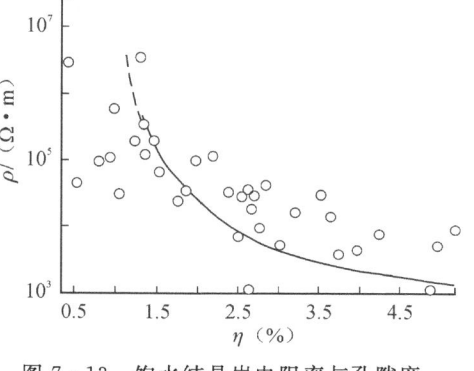

图 7 - 13 饱水结晶岩电阻率与孔隙度

1）孔隙度-饱水度与岩石的电阻率

岩浆岩的电阻率除本身电阻特性外，还与其中的饱水度有很大关系，电阻率随着饱水度的增高而减少。一般来说，从酸性到基性直至超基性岩类，其电阻率逐渐增高，主要原因是孔隙度减少和含水量相对减少。例如，结晶岩的孔隙度从零增加到 5%，其电阻率有规律地从 $10^6 \sim 10^7 \ \Omega \cdot m$ 减少到 $10^3 \sim 10^4 \ \Omega \cdot m$，如图 7 - 14 所示。碎屑沉积岩和低黏土质砂岩的电阻率与含水量和孔隙度的关系也是一样的，即孔隙度越高，含水量越大，岩石电阻率越小，如图 7 - 15 所示。但岩浆岩电阻率随着孔隙度和饱和度的增加会较快速地减少。总之，不论什么岩石，只要孔隙度和饱和度增加，其电阻率都会明显降低。

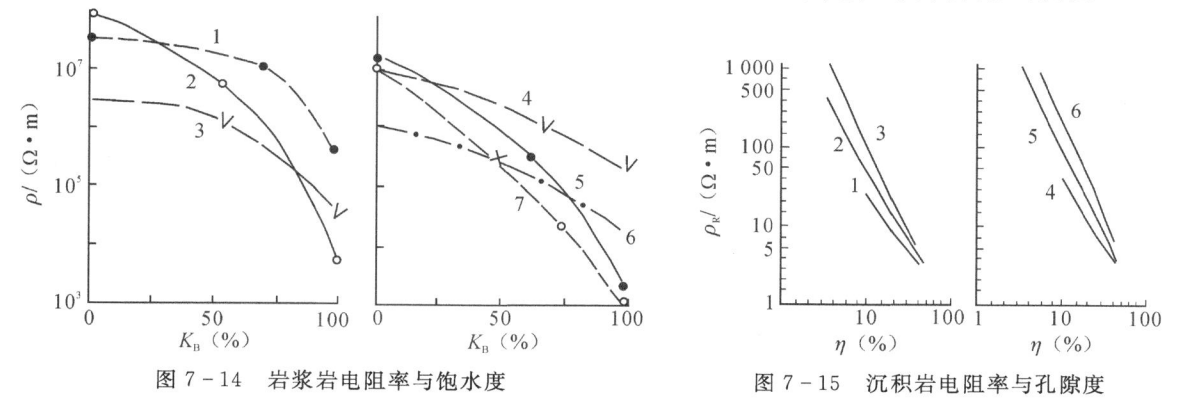

图 7 - 14 岩浆岩电阻率与饱水度

图 7 - 15 沉积岩电阻率与孔隙度

图 7 - 14 中的这些岩石，随着饱水度的增大，其电阻率都会不同程度地下降（1 橄榄岩，2 花岗岩，3 辉长岩，4 辉绿岩，5 玢岩，6 石英斑岩，7 玄武岩）。图 7 - 15 中的砂岩（1、2、3）和碳

酸盐(4、5、6),随着孔隙度的增大,其电阻率显著呈线性下降,同时,为了消除水矿化的影响,纵坐标采用多孔饱水岩石电阻率与饱和溶液电阻率的比值 ρ_R。

　　对自然界岩石而言,往往在潜水位以下,岩石中充有孔隙水、层间水、裂隙-断层水或不同浓度的各种盐类的矿化水。而矿化水的电阻率取决于溶解于其中的盐类的数量和成分,并随着矿化程度的增大呈线性下降,这对于任何一种盐类都适用,见表 7-4。因此,岩石孔隙和裂隙中的矿化水会极大地影响岩石的电阻率。

表 7-4　主要矿化溶液的电阻率　　　　　　　单位:$\Omega \cdot m$

溶质数量/(g/L)	NaCl	KCl	$MgCl_2$	$CaCl_2$	变化趋势
纯水	25×10^4	25×10^4	25×10^4	25×10^4	电阻率下降至 10^{-6}
0.010	511	587	438	483	
0.100	55.2	58.7	45.6	50.3	
1.000	5.83	6.14	5.06	5.56	
10.000	0.657	0.678	0.614	0.66	
100.000	0.080 9	0.077 6	0.093 6	0.093	

2)各种天然水的电阻率

　　地球表面各种水的电阻率变化范围很大,主要取决于水的矿化度以及温度等。从下面所列的各种水的电阻率来说,天然水的电阻率值都比较低,但矿化度低的天然冰和降雨水的电阻率值比较高。矿化度的影响情况可以从表 7-4 中进一步看出,水溶液的电阻率随着离子浓度的增加,近似于线性下降,电阻率从纯水的 0.25×10^6 $\Omega \cdot m$ 下降到 100 g/L 溶液的 0.1 $\Omega \cdot m$,其电阻率下降至 $1/10^6$。但 4 种溶液相比较来看,随着矿化度的增加,电阻率下降的变化程度基本一样,与所含离子种类的关系不大。地球表面各种水体的电阻率值如下:

　　地下水电阻率$< 10^2$ $\Omega \cdot m$;

　　岩溶水电阻率 $1.5 \sim 3 \times 10^2$ $\Omega \cdot m$;

　　河流水电阻率 $10^{-1} \sim 10^2$ $\Omega \cdot m$;

　　海洋水电阻率 $10^{-1} \sim 10^2$ $\Omega \cdot m$;

　　天然冰电阻率 $10^4 \sim 10^8$ $\Omega \cdot m$;

　　降雨水电阻率$> 1 \times 10^3$ $\Omega \cdot m$。

3)温度压力与岩石的电阻率

　　在高温高压下,一般来说,岩浆岩的电阻率随着温度的增大而降低,随着压力的增大,有的岩石是增大,有的则是降低。但对于含有较多孔隙的岩石,其电阻率随着压力的增大而增大。例如在图 7-16(a)的实验中,钠长岩和玄武岩随着压力的增大,其电阻率增大;随着温度的增大,其电阻率降低。而橄榄岩随着压力增大,其电阻率减小;同样随着温度增大,其电阻率也降低。在图 7-16(b)的实验中,蛇纹石化橄榄岩也表现出高压下的电阻率低于低压,高温下的电阻率明显低于低温下的电阻率的特征。

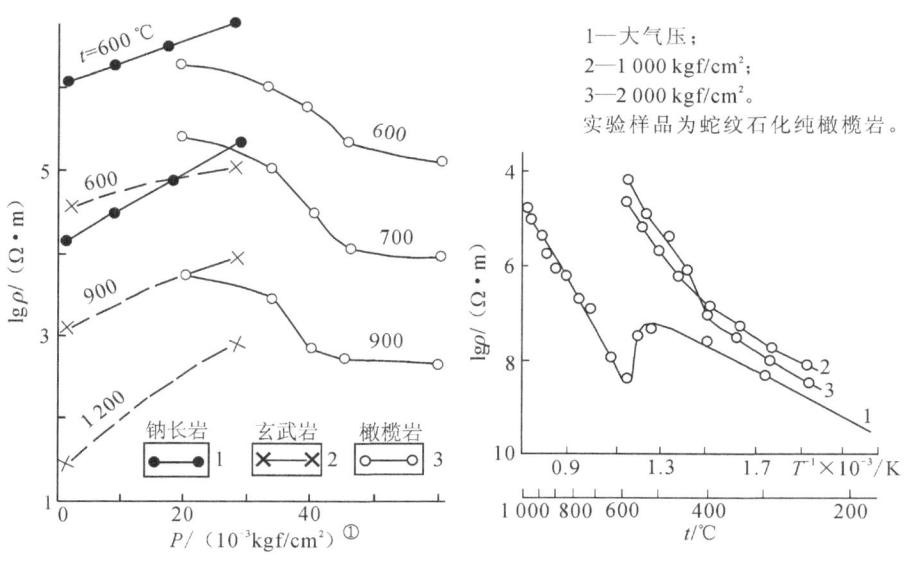

图 7-16 岩石电阻率与温度和压力

对于砂岩,在恒定的围压和温度下,孔隙压力增加可引起沉积岩电阻率的减少。这从图 7-17 的实验中可以看出,孔隙压力对含黏土硅质胶结砂岩电阻率的影响非常明显,在低围压的情况下,砂岩的电阻率随着孔隙压力的增大而降低的程度要比高围压情况下大得多。在同一孔隙压力下,随着围压的增大,其电阻率随之增大。这主要是因为在低围压下,孔隙压力的作用显著,微小孔隙张开、一些堵塞的孔隙被打开,致使孔隙流体含量增大的缘故。

图 7-18 为不同胶结物砂岩电阻率与围压的实验结果,各种胶结物砂岩电阻率都随着压力的增加,电阻率增大,最后趋于饱和状态。但其中含压缩性大的胶结物的砂岩,电阻率的增加幅度要比含压缩性小的砂岩大。如图中泥质胶结砂岩的电阻率随压力的增大而大幅增加,硅质胶结砂岩的电阻率随压力增大,而相对增大的幅度比较小。

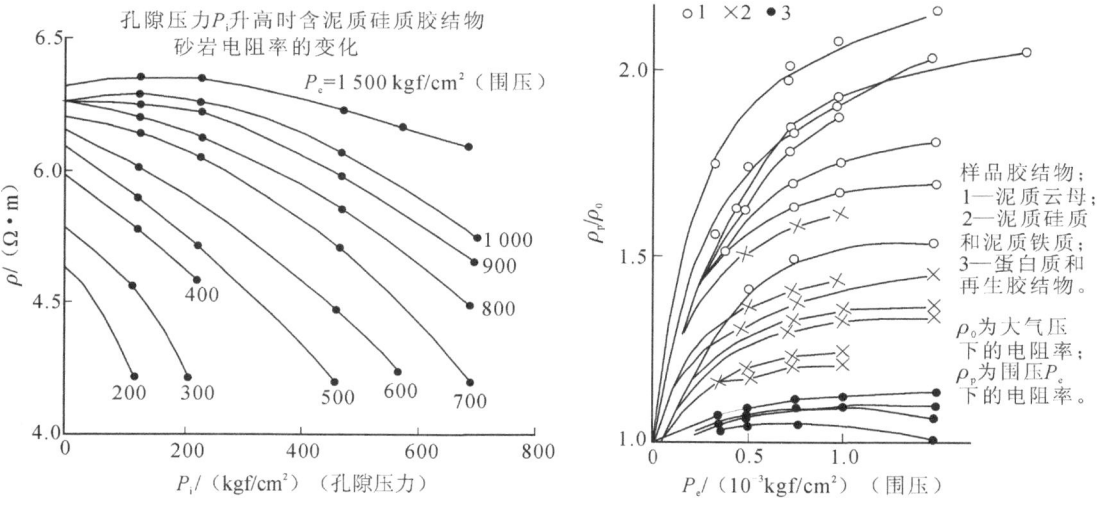

图 7-17 砂岩孔隙压力与电阻率　　　　图 7-18 不同胶结物砂岩围压与电阻率

① 1 kgf=9.806 65 N。

4) 野外岩性与电阻率

在野外电阻率测量中,测线上岩石视电阻率的分布与地下不同岩性地质体的分布有着明显的相依关系,为利用电法勘探地下岩石和构造情况提供了可能。如图 7-19 所示是电法实测剖面,可以看出视电阻率随着岩性的不同而变化,视电阻率曲线的变化与岩性界面的变化具有很好的一致性。岩浆岩(闪长岩和花岗岩)表现为高阻值特征,沉积岩(泥质页岩、砂岩、石灰岩)表现为低阻值特征,石墨化岩石的电阻率最低。石墨化岩石与花岗岩、闪长岩之间的电阻率变化非常明显,容易确定岩性的分布位置,从大小两个供电电极($AB=600$ m,$A'B'=400$ m)的测量来看,不同电性岩石界面近于直立,这和地质剖面的实际情况基本上是吻合的。

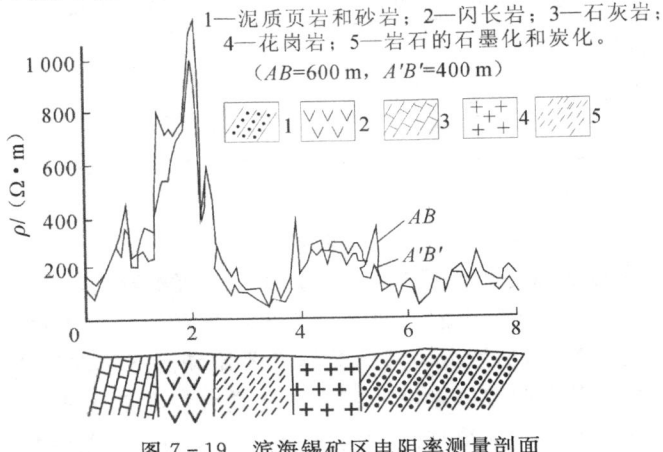

图 7-19 滨海锡矿区电阻率测量剖面

2. 岩石的介电常数

岩石的介电性,除与电场频率有关外,还与其矿物成分、结构构造、孔隙度及饱和度、流体种类及矿化度等因素有关。在岩浆岩中含有大量金属组分时,其介电常数就相对高一些($\varepsilon_r=20\sim40$,$f=10^2$ Hz),如辉长岩、辉绿岩、玄武岩、橄榄岩等。与酸性岩石相比,碱性岩石的介电常数一般比较高。干燥岩石的介电常数随孔隙度的增大而降低。更重要的是,岩石的介电常数与其含水量几乎呈线性关系增长,逐渐接近水的介电常数特性。下面分别从三个实验结果来介绍介电常数与粒度、频率和温度的关系特征。

从图 7-20(a)可以看出,介电常数与粒径和电场频率具有相关关系。在相同粒级的情况下,高频下的介电常数小于低频,而且粒级越小,高频和低频下介电常数的差异越大。在低频下,介电常数随着粒径的增大而较快速降低,但在高频下,介电常数与粒径大小的关系不太明显。由实验结果可以得出结论:细粒级岩石在较低频率下的介电常数大于粗粒级岩石,在较高频率下,不论颗粒大小,岩石介电常数变化均不大。

对于图 7-20(b)中的各种基性岩浆岩,介电常数都是随频率的增大而降低的,但不同岩石的介电常数具有一定的差别,这主要反映了矿物成分种类和含量的差异性。图中还可明显看出,蛇纹石化的变质作用也使得岩石的介电常数发生了一定的变化。

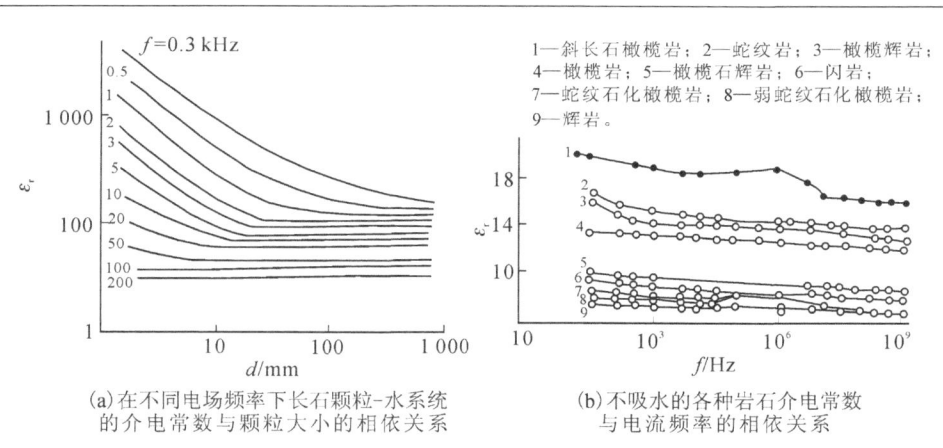

(a)在不同电场频率下长石颗粒-水系统
的介电常数与颗粒大小的相依关系

(b)不吸水的各种岩石介电常数
与电流频率的相依关系

图 7-20　岩石的介电常数

在图 7-21 中,石英晶体的介电常数随温度的增大,表现为非线性增大。各种频率,在低温情况下介电常数变化不大,到达某个温度点后,介电常数随温度的增加而急剧增大,并且这个急剧增大的温度点是随着电场频率的增大而增高的,如 1 kHz 时约为 150 ℃,4 kHz 时约为 200 ℃,90 kHz 时约为 270 ℃。另外,在高频时,由于温度增加而使介电常数大幅度增加的趋势有所变缓。

一些常见岩石的介电常数如表 7-5 所示。

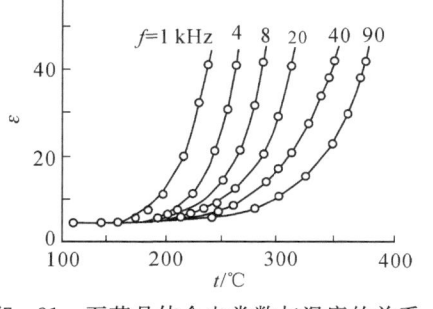

图7-21　石英晶体介电常数与温度的关系

表 7-5　部分常见岩石的相对介电常数

岩石名称	f/Hz	ε_r	岩石名称	f/Hz	ε_r	岩石名称	f/Hz	ε_r
空气	—	1	沉积物	—	4~30	花岗岩	—	5~8
水	—	81	凝灰岩	—	6	玄武岩	—	8
冰	—	3.2	煤	—	4—5	石灰岩	—	7~9
干土	—	3	盐(干)	—	5—6	白云岩	—	7.5
湿土	—	8~15	淤泥	—	5~30	大理岩	—	6.2
混凝土	—	6~8	黏土	—	5~40	砂岩(湿)	—	6
泥岩(湿)	—	7	粉砂质黏土	—	6	页岩	—	5~15
干燥砂岩	10^3	5~6	角闪岩	10^5	8	正长岩	10^5	11.1
砂质泥岩	—	5.53	干燥片麻岩	10^2	9.73	英安岩	10^6	7.5
干燥白云岩	10^2	11.9	蛇纹岩	10^2	10.1	干燥辉长岩	10^2	15
干燥石灰岩	10^2	15.4	凝灰岩	—	4~4.5	辉绿岩	10^5	11.6
干长石砂岩	10^2	5.94	闪长岩	10^2	7.2~17	土壤(含水 7.8%)	—	3.95
干滑石页岩	10^2	31.5	橄榄岩	10^5	8.5	砂岩(含水 15%)	—	7.4
石英岩	10^5	4~4.9	辉岩	10^5	6.2	砂岩(含煤油 12%)	—	3

3. 岩石的极化

自然界各种岩石和金属矿体等地质体在一定的条件下，都具有一定的电极化特性，从而地质体本身可表现出较为宏观的电场。这种极化电场与岩石（或矿体）中矿物成分、岩石对溶液离子的吸附性、孔隙的结构特征、孔隙中溶液的矿化度、潜水面的分布等有关。按不施加外电场和人工施加外电场可分为自然极化和激发极化。

1）自然极化

在一些地质条件有利的地区，地下岩体（或矿体）上方的地面上往往可以观察到电场，这是由岩石中进行的各种不同机理的物理化学过程所产生的自然电场。其主要产生机理有：因电子导体氧化还原作用、溶液中岩石对离子的吸附过滤作用、离子浓度差异扩散作用等而产生的自然极化。

氧化还原作用极化：金属（电子导体）导体上部处在潜水面以上的为氧化环境，下部为还原环境，金属导体上部发生氧化作用，导体失去电子而带正电，围岩则获得电子而带负电。在导体下部，由于还原作用得到电子而带负电，围岩失去电子而带正电。因而使矿体两端分别发生氧化和还原作用而产生极化。由于导体上下部分的极化，形成电位差，在导体内部和外部产生电流，如图 7-22 所示。与金属矿床有关的氧化还原极化，通常在地表能产生几十到几百毫伏的极化电位。石墨化岩层、黄铁矿化蚀变带往往也会产生很强的自然极化。

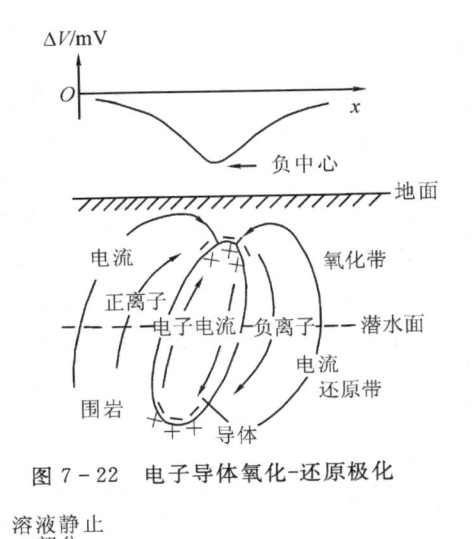

图 7-22　电子导体氧化-还原极化

吸附过滤作用：在地下水在多孔岩石的流动过程中，多数岩石孔壁具有吸附水溶液中负离子的能力，从而使溶液中负离子减少，正离子相对增多，于是在水流的下游正离子过剩，而水流的上游负离子过剩。这样由于岩石孔隙（裂隙）的吸附过滤作用和流体的迁移作用，在出水部位相对集中扩散性离子，入水部位则相对集中其他异性离子，从而产生极化效应，形成自然电场，如图 7-23 所示。吸附扩散作用与矿物成分、孔隙的比表面积、颗粒直径、吸附容量、使岩石饱和的阳离子类型等有关。在沉积岩中，往往因存在吸附扩散作用而产生局部电场。

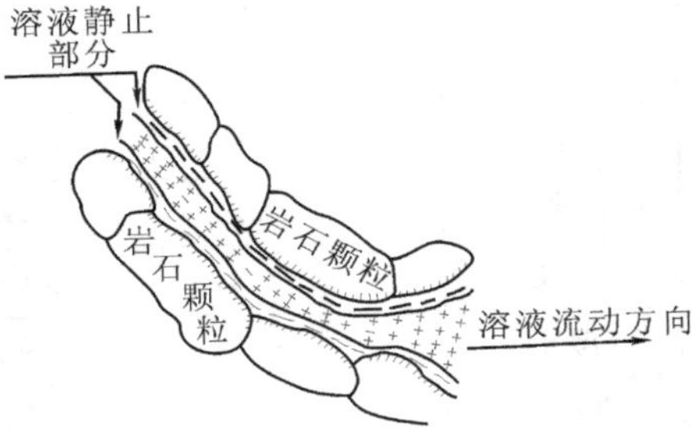

图 7-23　岩石的过滤作用产生极化

离子扩散作用：自然界中岩石所含水溶液的浓度不尽相同，当不同浓度的两种水溶液接触时，会产生离子扩散现象。在扩散过程中，由于正、负离子的迁移率不同，浓度低的溶液就获得与迁移率较大的离子极性相同的电位，而浓度高的溶液则获得极性相反的电位，不同电性离子迁移率不同而引起极化，从而在溶液中形成了电位差。

2）激发极化

在向地下供电（直流或交流）时，地下的岩石或者矿体会被极化，从而产生二次电场。我们把去除外电场后所观察到的二次电场叫作激发极化场。在岩石中产生的二次极化电位的程度是由其物理化学特性所决定的，具体的极化机理因岩矿特性和所处的地质状况不同而有所差异。对激发极化作用的定量评价,采用直流激发的极化率或交流激发的频散率来表示。下面简要介绍目前比较公认的两种极化机理。

(1)岩石孔隙溶液中的离子极化。

根据电化学理论,任何固体和溶液接触时,在其界面上都会形成带有相反符号电荷的双电层。固体颗粒一般吸附溶液中的负离子,因而溶液中就出现过剩的正离子,离界面稍远的正离子受到的引力较弱,可以平行于界面自由移动。

当岩石颗粒间的孔隙直径与双电层的扩散区厚度相当时,整个孔隙皆处于扩散区。而在窄孔隙部位集中过多的正离子,如图 7-24(a)所示。在外加电场的作用下,正离子将沿着电场方向迅速移动,负离子向相反方向移动。由于窄孔隙处过剩正离子的"阻塞"作用,在电流的流出端(1 处)形成负离子堆积,在窄孔隙的电流流入端(2 处)正负离子分离形成空带,而在空带左侧形成正离子堆积,从而产生了极化,如图 7-24(b)所示。

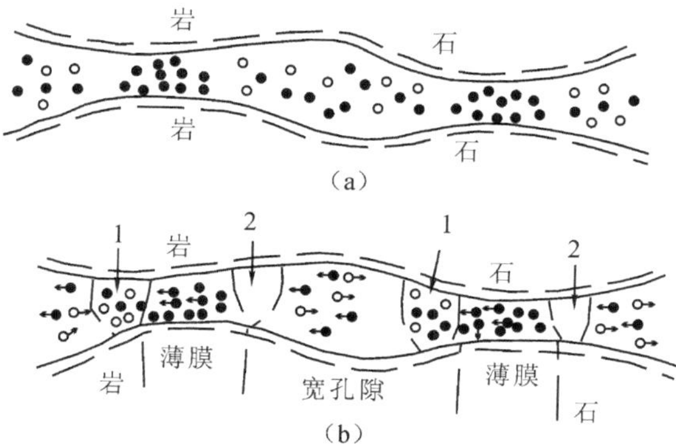

(2)电子导体的激发极化。

图 7-24　薄膜极化示意图

电子导体处于水溶液中时,其表面形成封闭的均匀双电层,不显电性,在周围空间不形成电场,如图 7-25(a)所示。若有电流通过时,导体内部的电荷将重新分布,自由电子逆着电场方向移向导体的电流流入端,使负电荷相对增多,形成"阴极",而在导体的流出端出现相对多的正电荷,形成"阳极"。与此同时,溶液中带电的正负离子,分别在"阳极"和"阴极"上堆积,如图 7-25(b)所示,从而使正常双电层发生了变化,"阴极"和"阳极"形成电位差而被极化。随着供电时间的延长,导体两端的异性电荷将逐渐增多,电位差也将增大,最后趋于一个饱和值,这就是充电过程。断去供电电流,界面两侧堆积的异性电荷将通过界面、导体内部及围岩溶液放电,使整个系统逐渐恢复到供电前的均匀双电层状态,随着时间的延续,极化电场逐渐减小,最后消失,如图 7-25(c)所示,这就是放电过程。

致密状结构的电子导体产生的极化为面极化,极化效应产生在岩体(或矿体)表面。浸染状结构的电子导电体或矿化岩石,是每个浸染状电子导电体被极化,整体而言,极化效应发生在岩石体内部,因此为体极化。

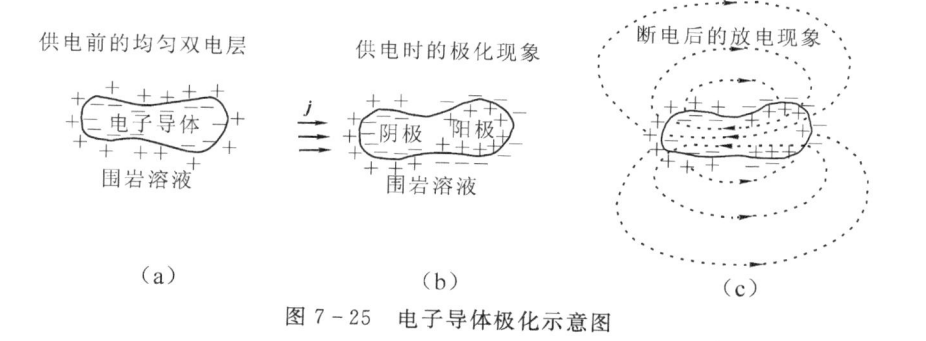

图 7-25　电子导体极化示意图

3）极化的主要影响因素

对岩石本身来说，极化率和频散率除与岩石的结构、构造、电子导电矿物的含量有关外，还与其湿度、黏土矿物含量、孔隙水的矿化度等因素有关。通常含有电子导电矿物的金属矿石、矿化岩石、石墨化和碳化地层等的极化率和频散率较高，一般在 $n \times 1\% \sim n \times 10\%$ 范围内。不含电子导电矿物的离子导电岩石，其极化率和频散率都很低，一般为 $2\% \sim 3\%$，个别可达到 $4\% \sim 5\%$。

岩石的粒度成分对极化率也有着重要影响。当矿物颗粒达到一定粒度时，激发极化率达到最大值。从图 7-26 不同级别石英颗粒的极化效应实验结果可以看出，某一粒级的极化效应最强。

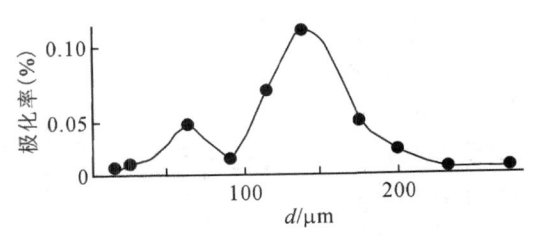

图 7-26　石英颗粒极化曲线

4）极化的幅频特性

实验结果表明，极化效应随频率的增高而减少。如图 7-27 所示，随着极化电场频率的增大，这 4 种矿物的极化强度都在不同程度的逐渐减小，其中磁铁矿随着频率增大而降低得最为明显。

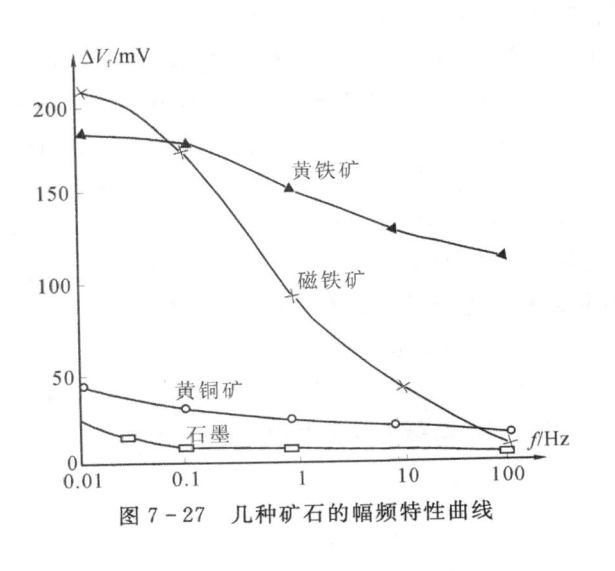

图 7-27　几种矿石的幅频特性曲线

7.5　岩石电导率计算与有关应用研究

岩石往往由各种矿物和孔隙流体组成，因此，岩石电导率与孔隙流体和各种矿物电导率以及矿物在岩石中所占的体积比有关，根据这些因素的差异可按如下方法进行理论计算。

1. 无孔隙不含水岩石

无孔隙不含水岩石的电导率采用等效电导率来计算，设 κ_i 为第 i 种矿物的电导率，V_i 为

第 i 种矿物在岩石中所占的体积比。其计算思路与地震波速的理论计算相同,分为并联法和串联法,并联法为实际值的下限,串联法为实际值的上限,也可以对两者进行算数平均或几何平均,求出平均值,其计算公式见式(7－26)。

$$\frac{1}{\kappa_{\text{eff}}} = \sum_{i=1}^{N} \frac{V_i}{\kappa_i}, \quad \kappa_{\text{eff}} = \sum_{i=1}^{N} V_i \kappa_i \qquad (7-26)$$

（并联模式）　　　（串联模式）

算术平均值(κ_1)和几何平均值(κ_2)的计算公式见式(7－27)。

$$\kappa_1 = (\kappa_{\text{并}} + \kappa_{\text{串}})/2, \qquad \kappa_2 = \sqrt{\kappa_{\text{并}} \cdot \kappa_{\text{串}}} \qquad (7-27)$$

2. 有孔隙含水岩石

在岩石孔隙中有饱和地下水时,可利用岩石的等效电导率来测量孔隙度。设水在岩石中的体积比为 φ,其电导率为 σ_w,岩石固体部分的体积比为($1-\varphi$),其电导率为 σ_s,一般情况下水的电导率比岩石的电导率大很多,两者的比值约为 10^{-10},见计算公式(7－28)。

$$\frac{\kappa_s}{\kappa_w} \approx 10^{-10} \qquad (7-28)$$

因此,岩石的等效电导率就与岩石中溶液的电导率 κ_w 成正比,与生成因子 F 成反比。可用阿尔奇公式表达其关系,见式(7－29)。

$$\kappa_{\text{eff}} = \frac{\kappa_w}{F} \qquad (7-29)$$

当 $\varphi \to 1$ 时,$F \to 1$,$\kappa_{\text{eff}} \to \kappa_w$;

当:$\varphi \to 0$ 时,$F \to 10^{10}$,$\kappa_{\text{eff}} \to \kappa_s$;

当:$0 < \varphi < 1$ 时,$F = \varphi^{-m}$。

上式中,m 为与岩石类型相关的常数,沉积岩一般为 $1.5 \leqslant m \leqslant 2.25$,砂岩 $m=2$。通过测定 κ_{eff} 和 κ_w,求出 F,再求出 φ 值(孔隙度),见图 7－28。

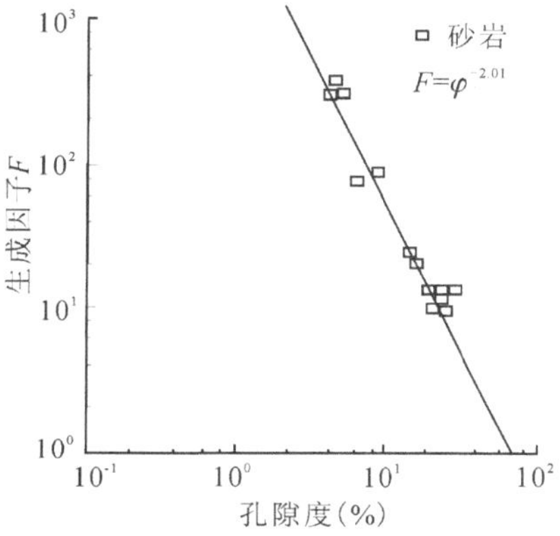

图 7－28　F 与孔隙度曲线

3. 有关应用研究

1）地壳岩石分布与电导率的研究

在岩石的电性参数中,电导率或电阻率是能够在全球范围内加以研究的地球物性基本参数之一。在地球浅部,岩石的电导率与岩石和矿物的种类密切相关,岩石矿物的电磁性质主要由磁导率 χ 和电导率 κ 决定,但磁导率的变化不大,主要取决于电导率,因此可利用电导率的测量来研究地层性质。例如,我们利用自然界交变磁场作为输入,其引起的地球电场变化作为输出,就可以探测出地面附近岩石电导率的分布,从而达到研究地层分布情况与构造特征的目的。

2）地球深部高温高压与电导率的研究

高温高压下岩石电导率的研究,对人们认识地幔的物质组成和矿物相变,地幔的电性结构和热结构,以及洋壳俯冲和高导异常成因等地幔动力学问题有着重大意义。为此,许多学者进行了大量的高温高压下岩石矿物电导率与温度关系的实验研究,虽然有些认识还存在一些分歧,但取得了许多一致性的重要成果。如在地球深部的高温高压条件下,电导率与岩石种类的关系已经不太明显,而与温度的关系却越来越明显,而且随着温度的增大,不同岩石电导率的差异性逐渐减小。再如柳江琳等研究认为,花岗岩、玄武岩和辉橄岩的电导率随着温度的增高而显著增大,温度在 563～1 173 K 的范围内,岩石的电导率发生了 3～5 个数量级的变化。

　　3)地下流体与电导率的研究

　　由于地壳浅层岩石中的盐类溶液对电导率起着重要控制作用,因而通过对岩石电导率的测量研究,可以间接了解岩石孔隙及裂缝中流体的存在状态、检测应力引起的岩石孔隙度变化。在油田上可以通过电导率的测量,研究注入水的运动形式以及分布空间,了解油气等的运移情况。在煤田上,电导率可以用于探测采空区和陷落柱。另外,地下水溶液中的电导率不仅是衡量水质的常用指标,而且能反映电离物的变化,由于测量简单,还广泛应用于地震预报和水质分析中。

第8章　岩石的磁性

说起磁性,大家并不陌生,人类认识磁性的历史已经非常久远,古人早已观察到磁体的磁性、磁极以及磁极间的相互作用等现象。我国在这方面做出了重大贡献,2 000 多年前的战国时期就发明了司南(见图 8-1),用以确定方向。到唐宋时期(7~12 世纪)更进一步发明了指南针,并得到了广泛应用。1838 年,法国数学家高斯首次用球谐分析的方法研究了地球磁场,为地磁学的发展奠定了基础。

宏观来说,地球就是一个特大磁性体,有磁南极和磁北极,并且在地球内部和外部的一定空间内分布着磁场。地球磁场是地球内部电流体系的电磁感应现象,地球磁场的变化与地球演化有着密切的关系,也影响着地壳岩石的磁性。地球磁场还是一个神奇的卫士,时时刻刻使地球免受太阳风的袭击,如图 8-2 所示,保护着地球上的芸芸众生。

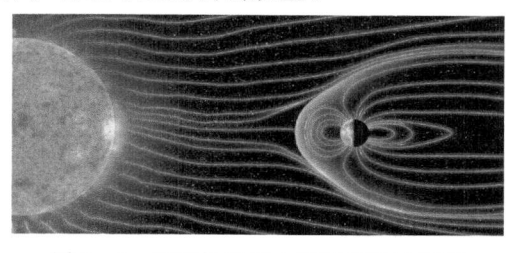

图 8-1　司南复原模型　　　　图 8-2　地磁场阻挡太阳风辐射示意图

从微观来说,组成岩石和矿物的各种原子,都有不同程度的磁性,其周围空间也分布着磁场。因此,物质的磁性是最普遍的物理现象之一,也是最复杂的物理现象之一。对于磁现象的研究,早期人们比照电学中正电荷和负电荷的特性,认为在磁性体内存在着正磁荷与负磁荷,正磁荷分布在 N 极,负磁荷分布在 S 极,磁荷之间存在相互作用,从而建立了磁现象的有关定律,并得到了广泛应用。但现代物理学已经揭示,磁性体内根本不存在所谓的"磁荷",物质的磁性皆源自其内部各种电流的流动,在其周围产生的磁场。虽然磁性体内不存在磁荷,但从磁荷观点所建立的宏观定律和磁学量都能按分子电流理论作出正确的解释。磁荷概念简单明了,使用方便,至今还在沿用。

随着科学技术的发展,人们对岩石和矿物磁性的研究越来越广泛和深入。自然界的许多矿物(如磁铁矿)具有明显的磁性,由此构成的各类地质体也就具有一定的磁性特征,如地壳中不同成因岩石具有的磁性差异、不同地质构造部位存在着一定的磁性差异、磁铁矿类矿床所具有的强磁性、大洋中脊两侧的磁异常条带、各板块岩石的地磁极移动特征,等等,都为我们利用岩石的磁性特征研究地球的演化与发展、地壳构造,勘查有关矿产资源提供了可能和基础。

地球表面磁场由全球性磁场和岩石本身具有的磁场构成。而岩石磁场分为两部分,即感应磁场和剩余磁化场。岩石的感应磁场强度与现代磁场和磁化率有关,而剩余磁性不但与岩石的磁化率有关,还与岩石形成时的古地磁场和磁化经历有关,而与现代磁场无关。因此,岩石的剩余磁化强度具有重要的地质意义,为利用古地磁学研究地质问题提供了基础。

8.1 有关磁性的基本概念

磁性是岩石与矿物的基本物性之一,可用一些磁学参数来表征岩石与矿物的磁性特征,主要有感应磁化强度、剩余磁化强度、磁滞参数、磁导率、磁化率、居里温度和消磁性等。

8.1.1 磁性体的磁场

磁性体的磁力作用范围或空间称为磁场。磁性体对周围空间的其他磁性体都具有作用力。磁力为矢量,具有大小和方向,为了定量表征磁性体磁场的分布特征,引入磁场强度与磁感应强度的概念,它们都是表述磁场强弱和方向的物理量。磁场强度和磁感应强度的定义有磁荷观点和分子电流观点之分,其物理意义不同,容易产生混淆。

1. 磁荷观点的磁场强度与磁感应强度

早期的磁力作用研究采用了与电荷之间作用进行类比的方法,建立了磁荷理论。不论异性还是同性磁荷之间均存在着作用力,同性相排斥,异性相吸引,服从磁库仑定律,如式(8-1)即为磁荷之间的作用力公式。

$$F = \frac{1}{4\pi\mu_0} \cdot \frac{Q_{m1} \cdot Q_{m2}}{r^3} \cdot r \tag{8-1}$$

其中,Q_{m1} 和 Q_{m2} 为磁荷量,r 为两个磁荷之间的距离,μ_0 为真空磁导率(在 CGSM 单位制中无量纲,数值等于 1;在 SI 单位制中单位为亨利/米(H/m),数值等于 $4\pi \times 10^{-7}$ H/m)。

磁场强度 H:将磁场中的单位磁荷在 r 处所受的作用力,定义为另外一个磁性体在该点处的磁场强度,如式(8-2)所示。

$$H = \frac{F}{Q} = \frac{1}{4\pi\mu_0} \cdot \frac{Q_m}{r^3} r \tag{8-2}$$

式(8-2)表示出了磁荷量为 Q_m 的磁荷在 r 处对单位磁荷的作用力,其方向为同性磁荷向外,异性磁荷向内。

磁感应强度 B:实验表明,同样的外磁场 H 在不同的介质中产生的有效作用力并不相同,一般把这个在介质中的实际磁场强度叫作感应磁场强度,两者之间以磁导率 μ 为系数,其关系见式(8-3)。这实际上是因为在介质中除了磁性体(或带电体)所产生的磁场强度 H 外,还包含介质磁化所产生的磁化场强度 J(磁极化强度),总强度(磁感应强度)是二者的矢量叠加,其公式如式(8-4)所示。

$$B = \mu_0 H \text{(真空中)}, B = \mu H \text{(磁性介质中)} \tag{8-3}$$
$$B = \mu_0 H + J \tag{8-4}$$

2. 分子电流观点的磁场强度与磁感应强度

在早期研究的一个时期内,磁学和电学的研究一直彼此独立地进行着,人们认为磁与电是两种截然不同的现象。直至 19 世纪初,丹麦物理学家奥斯特发现电流的磁效应后,人们才逐步认识到磁与电之间存在着某种关系,但"磁荷"并不存在。法国物理学家安培提出了安培分子电流假说,指出组成磁的最小单元(磁分子)就是环形电流,若这些分子电流定向排列起来,在宏观上物质就会显示出磁性,磁性最强之两处即 S 极和 N 极。无论是导线中的电流,还是磁铁,它们的磁性根源都是电荷的运动。

磁感应强度：由于描述磁场强弱的物理量——磁场强度已在"磁荷"观点中被使用过，于是在分子电流观点中就用磁感应强度来描述磁场的强弱和方向。

（1）用洛仑兹力来定义磁感应强度：磁场中，某点处运动电荷不受磁力作用的方向即相应点的磁感应强度的方向（其指向与该点处小磁针的指向相同）。运动电荷在磁场中某点所受的最大磁力 F_m 与 q、v 的比值为该点的磁感应强度 B 的大小，如式（8-5）所示，其中，q、v 与分别为试探电荷的电量及运动速度，比值 $F_m/(qv)$ 与运动试探电荷无关，只与磁场的强弱有关。

$$B = \frac{F_m}{qv} \tag{8-5}$$

（2）用电流元 Idl 在磁场中所受的安培力 dF 来定义磁感应强度：当电流元 Idl 的方向与其所在的磁场方向相同或相反时，所受的安培力为零；当电流元 Idl 的方向与其所在的磁场方向垂直时，所受的安培力最大。对于磁场中确定的点，比值 $F_m/(Idl)$ 就具有确定的值，与电流元 Idl 无关，只与磁场的强弱有关，这个比值能够反映磁场的分布情况。因此，可以定义磁场中某点的磁感应强度矢量的大小为式（8-6）。

$$\boldsymbol{B} = \frac{\boldsymbol{F}_m}{\boldsymbol{I}dl} \tag{8-6}$$

磁场强度：将磁介质放入磁场中，磁介质被磁化，产生磁化电流，磁化电流又产生附加磁场，从而影响原磁场的分布，使磁介质中的磁场不同于真空中的磁场，其稳恒磁场的安培环路定理如式（8-7）所示，其中 $\boldsymbol{I}_传$ 为传导电流，$\boldsymbol{I}_磁$ 为磁化电流。

$$\oint \boldsymbol{B} \cdot \mathrm{d}l = \mu_0 \left(\sum \boldsymbol{I}_传 + \sum \boldsymbol{I}_磁 \right) \tag{8-7}$$

因为磁化电流 $\boldsymbol{I}_磁$ 不能事先给定，也无法直接测量，它依赖于介质磁化的情况，而介质的磁化又依赖于磁介质中的磁感应强度，直接用上式求解时方程很复杂，因此引入一个辅助量——磁场强度 $\boldsymbol{H}$，如式（8-8）所示，其中 $\boldsymbol{M}$ 为磁化强度。

$$\boldsymbol{B} = \mu_0 (\boldsymbol{H} + \boldsymbol{M}) \tag{8-8}$$

$\boldsymbol{H}$ 和 $\boldsymbol{M}$ 的安培环路定理如式（8-9）所示。

$$\oint \boldsymbol{H} \cdot \mathrm{d}l = \sum \boldsymbol{I}_传, \quad \oint \boldsymbol{M} \cdot \mathrm{d}l = \sum \boldsymbol{I}_磁 \tag{8-9}$$

式（8-9）为有磁介质时的安培环路定理，它表明磁场强度的环流只与传导电流有关，而与磁介质的磁性无关。引入磁场强度 $\boldsymbol{H}$ 只是为了使未知的磁化电流不显现在由磁场强度所表现的磁场安培环路定理之中。

3. 磁感应强度与磁场强度的关系

（1）磁感应强度与磁场强度的物理意义不同。在磁荷观点中，磁场强度用来表示磁场的强弱，它的物理意义是明确的；而磁感应强度作为辅助量被引入，它的物理意义不直观。在分子电流观点中，磁感应强度表示磁场的强弱，它的物理意义是明确的，而磁场强度是一个辅助量，其物理意义不直观。

（2）两种观点具有等效性。虽然磁荷观点和分子电流观点所假设的微观模型不同，磁感应强度和磁场强度的物理意义也不同，但它们所服从的基本定律完全一样，分子电流观点的磁化强度 $\boldsymbol{M}$ 与磁荷观点的磁极化强度 $\boldsymbol{J}$ 之间的关系为 $\boldsymbol{J} = \mu_0 \boldsymbol{M}$，即在磁荷观点和分子电流观点中分别用高斯定理和安培环路定理计算，其结果是完全相同的。

在分子电流观点中，引入磁场强度后，可以方便地处理有磁介质时的磁场问题，特别是当均匀磁介质充满整个磁场,且磁场分布又具有某种对称性时,我们就可以用有磁介质的安培环路定理先求出磁场强度的分布,再根据 $B=\mu H$,求出磁介质中磁场的磁感应强度的分布。

4. 磁场强度单位

在 CGSM 单位制中,H 的单位为 Oe(奥斯特),B 的单位为 Gs(高斯),实用单位为 γ(伽马)。在 SI 单位制中,H 的单位为 A/m(安培/米),B 的单位为 T(特斯拉,简称为特)。在老一些的资料中常用 CGSM 制,现在逐渐向 SI 制过渡,在阅读文献时要注意单位制,它们之间的对应关系如下:

$$1 \text{ Oe} = \frac{1}{4\pi} \times 10^3 \text{ A/m}$$

$$1 \text{ Gs} = 1 \text{ Oe} = 10^{-4} \text{ T}$$

$$1 \text{ T} = 1 \text{ Wb/m}^2 = 7.95 \times 10^5 \text{ A/m}$$

$$1 \gamma = 1 \text{ nT}$$

$$1 \text{ T} = 10^3 \text{ mT} = 10^6 \mu\text{T} = 10^9 \text{ nT}$$

8.1.2　介质的磁化

置于磁场中的任何物体都会受到该磁场的作用,在物体中出现叠加在外磁场(磁化场)上的内磁场,也就是说该物体被磁化了。此时,总磁场的强度等于磁化场强度和在磁化场作用下磁化体内部产生的磁场强度之和。

我们把介质受到磁场作用会获得磁性,产生附加磁场,使原有磁场发生变化的现象称为磁化。把介质被磁化后的磁场强度称为磁化强度,按磁荷观点的定义叫作磁极化强度,一般用 J 表示;按分子电流观点的定义叫作磁化强度,一般用 M 表示。

1. 磁化强度

磁极化强度:按磁荷观点,在物体内正负磁荷是成对存在的,因此,可将每对磁荷中一个磁荷的磁荷量乘以两个磁荷之间的距离 l 的矢量值,定义为每对磁荷的磁偶极矩 P,其方向由正磁荷指向负磁荷,如式(8-10)所示。

$$P_m = Q_m \cdot l \tag{8-10}$$

磁极化强度为单位体积内的总磁偶极矩,见式(8-11),其中,J 越大,被磁化的程度就越大。

$$J = \frac{1}{\Delta v} \sum_{\Delta v} P_m \tag{8-11}$$

另外,据现代磁学研究结果表明,一切磁现象都起源于电流,即材料内部原子的核外电子运动形成的微电流,亦称分子电流。这些微电流的集合效应使得材料对外呈现各种各样的宏观磁特性。每一个单位微电流都会产生磁效应,因此,把一个单位微电流看作一个磁偶极子是合理的。

磁化强度:按电流观点,物体内电子绕原子核旋转和带电粒子自旋的总效应相当于一个电流强度为 I,面积为 S 的元电流回路,从而产生一个磁矩 m,见式(8-12)。

$$m = I \cdot S \tag{8-12}$$

单位体积内的总磁矩称为磁化强度,见式(8-13),其中,M 越大,被磁化的程度就越大。

$$\boldsymbol{M} = \frac{1}{\Delta v} \cdot \sum_{\Delta v} \boldsymbol{m} \tag{8-13}$$

磁极化强度 $\boldsymbol{J}$ 与磁化强度 $\boldsymbol{M}$、磁偶极矩 $\boldsymbol{P}$ 与磁矩 $\boldsymbol{m}$ 之间的关系均以磁导率为系数,见式(8-14)。

$$\boldsymbol{J} = \mu_0 \boldsymbol{M}, \qquad \boldsymbol{P}_{\mathrm{m}} = \mu_0 \boldsymbol{m} \tag{8-14}$$

2. 磁化率与磁导率

磁化率(χ)是表征均匀无限磁介质,受到外部磁场作用时,能够被磁化难易程度的物理量。或者说,磁化率就是介质磁化强度和磁化场强度之间的比例系数,如式(8-15)所示。磁化率为无量纲单位,SI 单位制中用 $\mathrm{SI}(\chi)$ 表示,CGSM 单位制中用 $\mathrm{CGSM}(\chi)$ 表示,两者的关系为 $1\ \mathrm{SI}(\chi) = \mathrm{CGSM}(\chi)/(4\pi)$。岩石磁化率变化范围比较大,与多种因素有关,如矿物特性、粒度与形状、外磁场的大小,以及所含剩余磁化强度的相对大小等。

$$\chi = \frac{J}{B}, \quad \chi = \frac{M}{H} \tag{8-15}$$

磁导率(μ)是磁介质中的磁感应强度 B 与磁场强度 H 的比值,见式(8-16),为表征磁介质导磁性能的物理量。分为绝对磁导率 μ 和相对磁导率 μ_{r},相对磁导率为绝对磁导率 μ 与真空磁导率 μ_0 之比。

$$\mu = \frac{B}{H}, \quad \mu_{\mathrm{r}} = \frac{\mu}{\mu_0} \tag{8-16}$$

顺磁性介质 $\mu_{\mathrm{r}} > 1$,抗磁性介质 $\mu_{\mathrm{r}} < 1$,但两者的 μ_{r} 都与 1 相差无几,在大多数情况下,$\mu_{\mathrm{r}} = 1$。在铁磁性介质中,μ_{r} 不是常量,与 H 有关,其数值远大于 1。

据 $B = \mu_0 H + J, J = \mu_0 M, M = \chi H$,可推导出磁化率与相对磁导率的关系为 $\mu_{\mathrm{r}} = 1 + \chi$。

3. 磁化机理

一般来说,原子中质子和中子的磁矩比电子小很多,因此物质的磁性主要取决于电子磁矩。众所周知,电子在围绕自己的轴旋转的同时,还沿着原子核的轨道运动,这种运动相当于以磁矩为特征的环形电流。由于原子的电子壳层结构不同,当自旋矩和轨道矩相互抵消时,总磁矩就等于零(如铜、铋、氦等),或者不等于零(如铁、钴、镍等)。把物体放置在外磁场中,外磁场就和原子的磁矩相互作用,迫使原子磁矩方向由无序分布变成一定程度的有序分布,结果就产生附加的磁矩,其方向或者和外磁场一致,或者和它相反,此时物体宏观显示磁性,也就是说物体被磁化了,如图 8-3 所示。

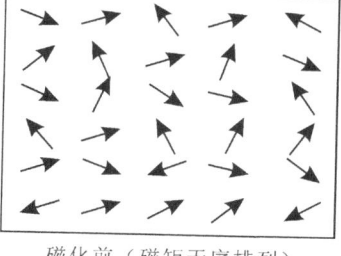 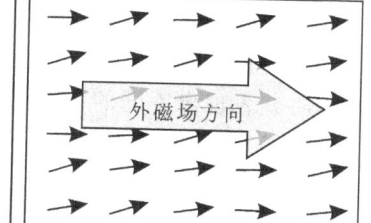

　　磁化前（磁矩无序排列）　　　　磁化后（磁矩有序排列）

图 8-3　物体磁化示意图

上述只是对磁化现象的简单描述,由于原子种类和结构的不同,磁化机理很复杂,涉及电磁学和量子力学理论。随着科学技术的发展,人们对物质磁化的认识在不断深化。古代磁学将物质磁性仅分为有磁性和无磁性,近代磁学将物质磁性分为铁磁性、抗磁性和顺磁性,现代磁学将物质磁性分为铁磁性、亚铁磁性、反铁磁性、抗磁性和顺磁性等。

4. 磁滞回线

铁磁性物质的磁化过程和特征,可用外磁场与磁化强度的曲线来反映。由于磁化强度的变化始终滞后于外磁场的变化,因此可把它们的关系曲线称为磁滞回线,如图 8-4 所示。在磁化场(H)逐渐增大的过程中,磁化强度(M)随之增大,最后达到饱和状态值 M_s,呈现非线性关系。当磁化场逐渐减小,磁化强度也逐渐减小,外场减小到零时,磁化强度不为零,这时的磁化强度为剩余磁化强度(M_r)。此时,再施加以磁性体反向外磁场 $-H$,当反向外磁场为 $-H_c$ 时,磁化强度才为零,$-H_c$ 称为矫顽力。再继续增大反向外磁场,磁化强度又反向

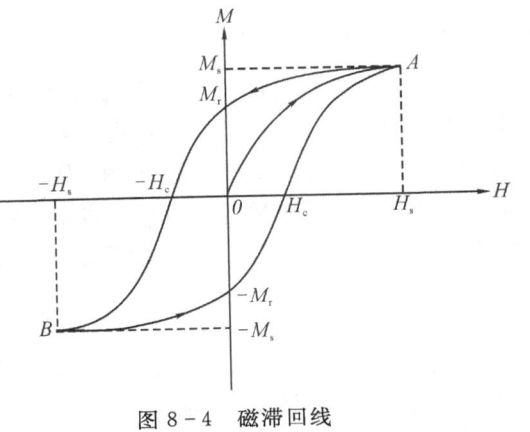

图 8-4　磁滞回线

达到饱和值 $-M_s$。然后逐渐减小反向外磁场到零,磁化强度也不为零,仍具有剩余磁性 $-M_r$。此时,再作用正向外磁场到 H_c 时,剩余磁性消失。继续增大外磁场,磁化强度又达到饱和值 M_s,整个过程构成一个封闭的回路曲线。

不同的铁磁性物质的磁滞回线特征不同,其矫顽力大小、饱和磁化强度和剩余磁化强度等也不尽相同。这些都反映了磁性体内部原子结构、晶体结构等的不同。

逆磁性和顺磁性物质的磁化强度与外磁场直接的相依关系可用线性函数表示,其图形是一条直线。

8.1.3　磁性类型

对物质磁性的分类,随着研究程度的深入还在不断完善。现代磁学认为,物质磁性来源于其中各带电粒子运动形成的总磁矩。对于单个原子来说,它的总磁矩由电子轨道磁矩、电子自旋磁矩和原子核自旋磁矩构成。电子轨道磁矩是电子绕原子核运动,相当于有电流的闭合回路产生的磁偶极矩。电子本身的自旋运动产生自旋磁矩,但电子的自旋运动绝不是机械的自转,而是相对论效应。原子核自旋磁矩相对电子的两种磁矩来说非常小,只有电子磁矩的几千分之一,因此核自旋磁矩的贡献可以忽略不计。在物质中由于电子自旋磁矩和电子轨道磁矩的分布与结构不同,物质就表现出不同的磁性特征,由此可大致分为 5 种情形。

第一种是原子(或分子)本身的磁矩总和为零时,显示抗(逆)磁性,磁性非常弱。

第二种是原子具有一定磁矩,原子磁矩间没有相互作用,显示顺磁性,磁性弱。

第三种是原子具有一定磁矩,原子磁矩间有很强的交换力,原子磁矩之间的相互作用形成磁畴,磁畴内原子磁矩同向排列,显示铁磁性,磁性很强。

第四种是原子具有一定磁矩,原子磁矩间有很强的交换力,原子磁矩之间的相互作用形成磁畴,但磁畴内原子磁矩反向排列,显示反铁磁性,磁性很弱。

第五种是原子具有一定磁矩,原子磁矩间有很强的交换力,原子磁矩之间的相互作用形成

磁畴,磁畴内原子磁矩反向排列,但磁畴内有剩余磁矩,显示亚铁磁性,磁性强。

1. 抗(逆)磁性

抗磁性是物质受到外磁场作用时,获得反抗外磁场磁化强度的现象。抗磁性物质本身没有总的净剩磁矩,各电子层中,电子成对出现,自旋方向相反,电子自旋磁矩抵消,相邻轨道相互作用,也抵消了电子轨道磁矩。其抗磁性是在外磁场作用下,运动电子(轨道)受到洛伦兹力,绕外磁场旋进(拉莫尔旋进),角速度 $\boldsymbol{\omega}$ 的方向与 $\boldsymbol{H}$ 相同,相当于形成一个电的环流,产生了与外磁场相反的磁矩,来抵消外磁场。因此,在宏观上产生的磁场很弱,方向与外磁场相反。

抗磁性物质很普遍,可以说任何物质都有抗磁性,只是在其他磁性强时被掩盖而已。常见的抗磁性物质有水、金属铜、碳、大多数有机物和生物组织以及大部分造岩矿物等。抗磁性与温度无关,去掉外磁场,磁性立即消失。抗磁性物质的相对磁导率小于 1,其磁化率很小(一般为百万分之一)且为负值。其磁化率的表达式所示如式(8-17)所示。

$$\chi = -\frac{\mu_0}{4\pi}\frac{Ne^2}{6m_e}\sum_{i=1}^{z}\overline{r_i^2} \tag{8-17}$$

其中,N 为单位体积物质的原子数,e 为元电荷,m_e 为电子静质量,z 为每个原子中的电子数,$\overline{r_i^2}$ 为电子轨道半径的均方值。

2. 顺磁性

顺磁性是在外磁场的作用下,物质中相邻原子或离子的热无序磁矩在一定程度上在外磁场强度方向上进行定向排列的现象。顺磁性物质的电子层中,有非对称的电子,其电子自旋磁矩未被抵消,无外磁场时,在热扰动下杂乱排列,宏观不显示磁性,有外磁场时,转向平行,显示弱磁性。顺磁性物质的相对磁导率大于 1,磁化率也为正值,但数值很小,一般约为 $10^{-6}\sim10^{-3}$。磁化率与温度成反比,如图 8-5 所示,服从居里定律,见公式(8-18)。

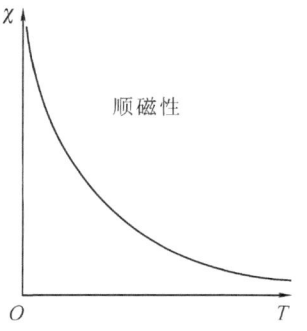

图 8-5　温度与磁化率

$$\chi = \frac{\mu_0}{4\pi}\frac{N\mu_a^2}{3kT} = \frac{C}{T} \tag{8-18}$$

式中,μ_a 为原子磁矩,N 为单位体积物质原子数,k 为玻耳兹曼常数,C 为居里常数,T 为热力学温度。

常见的顺磁性物质有锰、铬、氧和大多数造岩矿物。

3. 铁磁性

物质中的磁畴内部能够自发磁化,且磁矩平行排列,但每个磁畴是无序排列,当施加外磁场时,各磁畴磁矩趋于定向排列的现象称为铁磁性。这是由于某些物质(Fe、Co、Ni)含有非成对电子,主要由电子自旋磁矩构成原子磁矩,由于相邻原子彼此相互发生交换力的作用,迫使这些电子保持自旋平行,即使没有外磁场作用,也在局部"区域"内产生平行排列。这种磁化叫自发磁化,这种小区域称为"磁畴"。

铁磁性物质与外磁场的关系是,在无外磁场作用时,各磁畴的取向混乱,不显磁性;当施加外磁场时,磁畴结构发生变化,畴壁移动,磁畴转动,磁畴的磁化方向都接近外磁场方向,显示出宏观磁性;当外磁场继续增加时,磁化趋于饱和,磁化强度不再增加;如果减小外磁场到零,磁化并不按原过程返回,而落后于外磁场变化,外磁场为零时,仍保留部分磁化强度(剩余磁化强度)。

铁磁性物质的相对磁导率比较大,远大于$1(10^2\sim10^4)$,具有显著增强原磁场的性质。其磁化率很大,一般为$10\sim10^6$,具有磁滞现象。从低温到居里温度阶段,其磁化率变化比较复杂,一般是温度增大时磁化率增大,当温度增大至居里点时,磁化率反而大幅下降,这时铁磁性转变为顺磁性,如图8-6所示。磁化率与温度的关系服从居里-魏斯定律,见式(8-19),式中C为居里常数,T为热力学温度,T_c为居里温度。

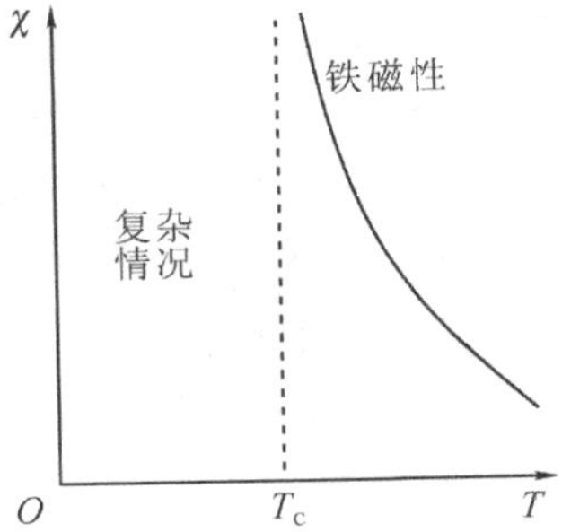

$$\chi = C/(T - T_c) \qquad (T > T_c) \qquad (8-19)$$

图8-6　温度与磁化率

4. 反铁磁性

反铁磁性是物质磁畴内部相邻原子磁矩自发成反向平行有序排列,磁畴没有净剩磁矩,每个磁畴也是无序排列,当施加外磁场时,显示微弱磁性的现象。反铁磁性物质具有很大的矫顽力,磁化率很小,一般为$10^{-5}\sim10^{-2}$。这是由于自旋间反向平行耦合的作用,在外磁场作用时,正负自旋转向外磁场方向的转矩很小,使其磁化率比顺磁性还小。反铁磁性与温度的关系是,随着温度升高,有序的自旋结构逐渐被破坏,磁化率增加,到达某个临界温度以上时自旋有序结构完全消失,变成顺磁性,如图8-7所示。温度与磁化率的关系服从居里-魏斯定律,见式(8-20),其中T_N为奈尔温度。

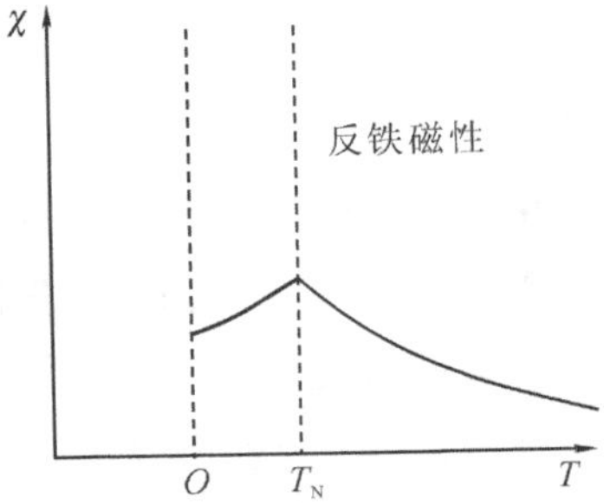

图8-7　温度与磁化率

$$\chi = C/(T + T_N) \qquad (T > T_N) \qquad (8-20)$$

5. 亚铁磁性

亚铁磁性物质磁畴内部的磁结构与反铁磁性物质相同,但相反排列的磁矩大小不等,每个磁畴具有净剩磁矩,当施加外磁场时,磁畴磁矩趋于定向排列,显示强磁性。亚铁磁性物质具有较强的剩余磁化强度和较大的磁化率,一般为$1\sim10^3$。亚铁磁性物质的磁化率和磁化强度比铁磁性物质低。在居里温度以上,亚铁磁性变为顺磁性,温度增加磁化率降低。

人类最早发现和利用的强磁性天然磁石Fe_3O_4就是亚铁磁性物质,其宏观磁性质和铁磁性物质相似,很长时间以来,人们并未意识到它的特殊性,1948年奈尔在反铁磁性理论的基础上创建了亚铁磁性理论后,人们才认识到这类物质的特殊性。

8.1.4　磁性的临界温度

1. 居里温度

如前所述,对于铁磁性和亚铁磁性物质来说,并不是在任何温度下都具有相同的磁性。这些磁性物质一般都具有一个临界温度,高于临界温度为顺磁性,低于临界温度为铁磁性或亚铁磁性。因此,我们把物质在铁磁性或亚铁磁性或顺磁性之间可以相互转变的温度叫作居里温度或居里点。此性质最早是在19世纪末,由著名物理学家皮埃尔·居里在自己的实验室里研究磁石时发现的,表现为当磁石加热到一定温度时,原来的磁性就会消失。后来,人们就把这个温度叫"居里点"或"居里温度"。

磁性物质随着温度升高,其固有磁矩的有序排列由于热扰动效应的加强就会逐渐被破坏,到居里温度点后,其磁矩接近无序排列。或者说温度增高导致自发磁化强度逐渐减小,高于居里温度时,任何铁磁性体中的自旋磁矩的定向性将遭到破坏,从而铁磁性体成为顺磁性体。不同的矿物具有不同的居里温度,如磁铁矿的居里温度为 575 ℃,赤铁矿为 675 ℃。如果岩石中含有多种铁磁性矿物,那么此岩石就有多个居里温度。

在地球上,岩石在成岩过程中受到地磁场的磁化作用,会获得各种磁性,并且被磁化岩石的磁场与当时的地磁场是一致的。这就是说,无论发生何种地质变化,只要它的温度不高于"居里点",并且岩石不发生转向和位移,岩石的磁性和方向是不会改变的。根据这个原理,只要测出岩石的磁性,自然能准确推测出当时的古地磁方向。这就是在地学研究中人们常说的化石磁性。在此基础之上,科学家便可利用化石磁性的原理,研究地球演化历史与地磁场变化规律。为了寻找大陆漂移说的新证据,科学家把古地磁学引入海洋地质领域,并取得了令人鼓舞的成绩。

由地表到地壳深部,当温度到达岩石的居里温度时,地下岩石就会失去强磁性,这个等温面称为居里面。可以通过磁测工作反演求取居里面,根据居里面的分布特征来研究相关的地质构造和岩石分布特征以及地下深处的温度分布等地质问题。

2. 奈尔温度

对于反铁磁性体,在低于某个临界温度时,材料是反铁磁性的,而高于此温度时,材料转变为顺磁性,此临界温度叫作奈尔温度。

反铁磁性物质在奈尔温度以上,热运动强于原子间的磁相互作用,反铁磁质转变为顺磁质,其磁化率仍可写成居里-魏斯定律的形式。但在奈尔温度以下,由于原子间的磁相互作用胜过热运动的影响,出现反铁磁性。由于反铁磁性物质的各向异性,磁化率和外场方向有关:当外场垂直于自发磁化方向时,磁化率基本保持不变;当外场平行于自发磁化方向时,磁化率随温度下降而减小,温度趋于 0 K 时,磁化率趋于 0。

8.1.5　剩余磁化强度类型

各种剩余磁化强度(简称为剩磁),是物质在各种物理化学过程中,在外磁场作用下,被保留下来的磁性。因此,剩磁特征可以反映物质的形成过程。从地质学角度来说,岩石的各种剩磁具有一定的地质意义,如通过对洋脊两侧剩磁条带异常的研究,发展了海底扩张理论学说,通过对不同时代沉积岩剩磁的研究,进一步确定了板块漂移学说等。物质的剩磁过程和成因比较多,主要剩磁类型如下。

1. 热剩磁(TRM)

岩石从居里温度以上开始冷却的过程中,受当时恒定地磁场作用,而被磁化所获得的稳定剩磁,称为热剩磁。在磁化磁场中从高温一直冷却到常温,铁磁性物质在每一个小的温度区间内均可获得一定的热剩磁,称为局部热剩磁,铁磁性物质所获得的总热剩磁就是各个温度区间内的局部热剩磁的总和,一般在居里温度点附近获得的剩磁是成岩时的,以后的剩磁基本是成岩后的,如图 8-8 所示。

热剩磁强度与冷却时的外加磁场的强度和矿物的磁化率相关。另外,多畴晶体的热剩磁强度比单畴晶体的要低,单畴晶体的热剩磁在古地磁的研究中起着十分重要的作用。

热剩磁相当稳定,在地质时间内很少发生变化,因此,热剩磁精确地记录了遥远地质年代地磁场的方向和强度。不同种类的岩浆岩具有不同热剩磁,如洋脊磁异常条带就是洋脊扩张时玄武岩浆岩的热剩磁。一般来说,基性岩浆岩比酸性岩浆岩的热剩磁强,火山岩比侵入岩的热剩磁强。

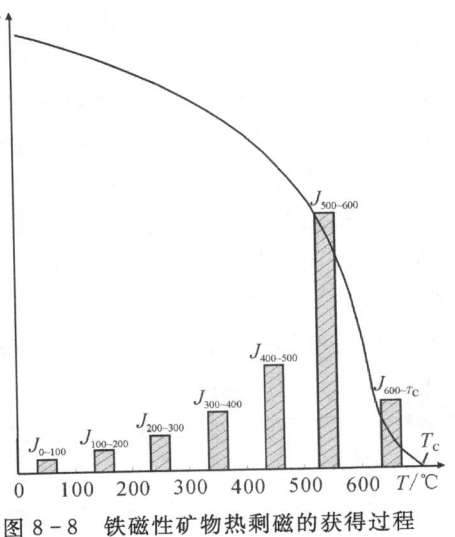

图 8-8　铁磁性矿物热剩磁的获得过程

2. 碎屑剩磁(DRM)

碎屑剩磁又称沉积剩磁,是已经磁化的岩石碎屑在水中或空气中沉积时,受到当时地磁场的作用而定向排列保存的剩磁。沉积岩的磁性物质大多来源于岩浆岩,本质上还是热剩磁,因此也具有很高的稳定性。但是沉积岩中的磁性物质比岩浆岩少,所以沉积岩的碎屑剩磁比岩浆岩的热剩磁要低几十至几百倍。对于海相沉积物和湖相沉积物而言碎屑剩磁可能是重要的。

3. 化学剩磁(CRM)

在沉积或结晶后,矿物或岩石经受某种物理化学变化而获得的一种磁性状态,称为化学剩磁。这些物理化学变化,可以是氧化作用、还原作用,也可以是物相变化,脱水作用,胶泥沉淀作用,固溶体出溶、再结晶或颗粒生长。如赤铁矿在350 ℃时还原成磁铁矿,则会得到很强的剩磁,褐铁矿脱水反应生成赤铁矿微小晶粒时也会获得稳定磁性。这些过程通常是在地磁场中恒温条件下发生的,其强度和稳定性可同热剩磁相比。化学剩磁对某些沉积岩和变质岩来说很重要。

4. 等温剩磁(IRM)

在远低于居里点的常温下,如果某些磁性物质受到较强外磁场的作用(如闪电作用),使近地表岩矿石磁性发生大小和方向的改变而获得的剩磁,称为等温剩磁。等温剩磁与热剩磁相比具有不稳定、方向性差、磁性弱的特点,并且方向和大小均随着外磁场而改变。

5. 黏滞剩磁(VRM)

岩石生成之后,长期处在地球磁场作用下,随着时间推移,其中原来定向排列的磁畴逐渐地弛豫到作用磁场的方向,所形成的剩磁称为黏滞剩磁。它的强度与时间的对数成正比,随着温度的增高,黏滞剩磁增大。裸露于地表的岩石,受昼夜及季节温差变化的热扰动影响,随时间增长,会形成较强的黏滞剩磁,与等温剩磁相比,黏滞剩磁较强也较稳定。

6. 压剩磁(PRM)

压剩磁是岩石在磁场中经过机械形变过程而获得的一种磁性状态,也可叫作应变剩余磁化强度。外加的应力可以在弹性或非弹性范围内,也可以是构造作用力,流体静压力或冲击力等。压剩磁对于研究断层性质有着一定的作用。

8.1.6　消磁场

有限大小磁性体被外磁场磁化时,均匀磁化使其两端表面将有磁荷分布,在其内部和外部都产生与磁化场 H_0 方向相反的磁场 H_e,该磁场称为消磁场(或退磁场),其作用是抵消一部分磁化作用,使磁化强度有所降低,消磁场强度与磁体的形状及磁极强度有关,如图8-9所示。

有限磁化体内部磁场,如式(8-21)所示。

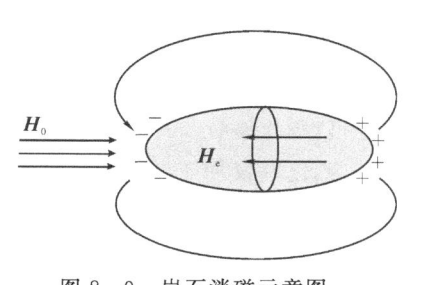

图8-9　岩石消磁示意图

$$H = H_0 + H_e \tag{8-21}$$

对于均匀磁化的消磁场,如式(8-22)所示。

$$H_e = -NM \tag{8-22}$$

其中,N 为消磁系数,是与磁性体形状有关的张量。球体为 1/3;长圆柱体(x 为柱轴)在 x、y 轴方向上为 1/2,z 轴方向上为 0;薄圆盘(z 轴垂直圆盘面)在 z 轴方向上为 1,而在 x 和 y 轴方向上为 0。

8.2　岩石磁性参数的测量方法

总的来说,与磁现象有关的物理作用或效应都可以用来测量岩石和矿物的磁性参数。目前可用于测量磁性参数的仪器种类比较多,基本上可分为两类,即机械式磁力仪和电子式磁力仪。机械式有磁秤和无定向磁力仪等,电子式有旋转磁力仪、磁化率仪、质子磁力仪、磁通门磁力仪、光泵磁力仪和超导磁力仪等。

8.2.1　实验室测量

在地球物理勘探与研究中主要测定岩石磁化率 χ 及剩余磁化强度 M_r 的大小和方向等。在古地磁研究中,还需要确定磁化强度的稳定性、居里点、饱和磁化强度和矫顽力等。对于磁化率和剩余磁化强度的测量方法分为磁力测量和感应测量两大类,测量仪器种类很多,变种也多,各自有着不同的特点。

1.常用磁性测量仪器简介

1)磁秤

磁秤是利用一个可以绕固定轴自由旋转的磁棒,根据其旋转角的大小与外磁场强度成比例关系来测量磁场大小的磁力仪,分刃口式和悬丝式两种。据测量地磁场要素的不同,分为垂直磁力仪及水平磁力仪,前者测量 z 分量的相对差值,后者测量 H 在两个方向上的相对值。磁秤以前是地面广泛使用的相对测量仪,但现在逐渐被其他仪器所替代。

2)无定向磁力仪

无定向磁力仪利用悬丝悬挂总磁矩为零的磁系来测量标本的磁场。磁系一般由两个磁矩相等,极性相反的磁棒固定在一个金属杆上构成,在地磁场中可静止在任意方向。均匀磁场对磁系无影响,但对标本产生的不均匀磁场反应灵敏,灵敏度可达 10^{-7} SI(国际单位),可测量剩余磁化强度和磁化率。

3)旋转磁力仪

旋转磁力仪和发电机的原理相同,用感应线圈作探头,将岩石标本放在线圈内,绕某个轴匀速转动,在线圈内激发出感应电动势,它的振幅和相位取决于剩磁强度的大小和方向,以此来测量标本的剩余磁化强度,灵敏度可达 10^{-7} SI,可用于弱磁性标本的测量。

4)磁化率仪

磁化率仪用于测定岩石露头、标本及土壤样品的磁化率。它的探头是一个线圈绕制成的电感元件,将探头放在标本上,探头的电感量将随样品的磁化率而变化。用桥式电路观测探头的电感,即可测定样品的磁化率,仪器灵敏度可达 10^{-6} SI。利用电桥平衡原理还可制成测量磁化率各向异性的卡帕桥。

5)质子磁力仪

在水、酒精和煤油等物质中含有氢核的质子,该质子存在自旋磁矩,无外磁场时,这些质子的磁矩方向是杂乱的,在地磁场 $\boldsymbol{B}$ 中,质子磁矩将沿着地磁场方向排列。若加上一个与地磁场方向垂直,且强度大于地磁场数百至数千倍的人工磁场 $\boldsymbol{B}_a$ 时,所有的质子磁矩都会转向 $\boldsymbol{B}_a$ 的方向。当切断人工磁场电源时,质子就会在原有自旋力矩和地磁场力矩的共同作用下,以相同相位绕地磁场方向旋进,质子旋进的角频率 ω 与地磁场总强度 B 成正比,$\omega = \gamma_p B$,其中 γ_p 称为质子磁旋比。因此通过对质子旋进信号频率 f_{Hz} 的测量就可以实现磁场强度的测量,见式(8-23)。

$$B = \frac{\omega}{\gamma_p} = \frac{2\pi f}{\gamma_p} = 23.487\,4 f_{\mathrm{Hz}} \qquad (8-23)$$

6)磁通门磁力仪

磁通门式磁敏传感器又称磁饱和式磁敏传感器。它是利用某些高导磁率的软磁性材料(如坡莫合金)作磁芯,以其在交直流磁场作用下的磁饱和特性及法拉第电磁感应原理而实现磁场测量的,见式(8-24)。

$$e(t) = A\omega H_0 (2H_2 H_m \cos\omega t + H_m^2 \sin\omega t) \qquad (8-24)$$

其中,$e(t)$ 为测量线圈中的感应电动势,ω 为交变磁场的角频率,H_2 为辅助固定磁场,H_0 为被测磁场,H_m 为辅助交变磁场,A 为常数。

这种磁敏传感器的最大特点是适合在弱磁场下进行测量。既可测量绝对值,也可测量相对值,不受磁场梯度影响,测量灵敏度可达 0.01 nT,普遍应用于航空、地面、测井等方面的磁法测量中,在军事上,也可用于寻找地下武器(炮弹、地雷等)和反潜,还可用于空间磁测等。

7)光泵磁力仪

继质子磁力仪之后,20 世纪 50 年代中期光泵磁力仪开始应用于地球物理工作,它是一种高灵敏度和高精度的磁测仪器,灵敏度可达 0.001 nT。它是以元素的原子能级在磁场中产生塞曼分裂为基础,其基本原理是分裂后的相邻磁次能级之间的能量差与外磁场成正比,再加上光泵技术和磁共振技术而成。和质子磁力仪相比,氦光泵磁力仪的功耗低,可以连续读数,受地磁场梯度的影响极小,即使靠近铁管,也能正常工作。另外,光泵磁力仪对工业电力、通信广播的干扰有很强的抵抗能力。

8)超导磁力仪

超导磁力仪是利用超导技术于 20 世纪 60 年代中期研制成的一种高灵敏度磁力仪。其灵敏度高出其他磁力仪几个数量级,可达 10^{-6} nT,能测出 10^{-3} nT 级磁场,测程范围广,磁场频率响应高,观测数据稳定可靠。它不但可用于岩石磁学研究,还可应用于地球物理学领域,可制成航空磁力梯度仪,在地磁学中可用于研究地磁场的微扰,在磁大地电流法中可用于测量微弱的磁场变化。由于这种仪器的探头工作的需要低温条件,常用装于杜瓦瓶的液态氦进行冷却,因此装备复杂、费用高。

　　1962 年约瑟夫逊提出并用实验证实,在两块超导体中间夹着的绝缘层中,超导电子能无阻通过,绝缘层两端无电压降,此绝缘层叫超导隧道结(约瑟夫逊结),这种现象叫超导隧道结的约瑟夫逊效应。超导磁力仪的测量器件是由超导材料制成的闭合环,存在一个或两个超导隧道结,结的截面积很小,只要通过较小的电流($10^{-4} \sim 10^{-6}$ A),接点处就达到临界电流 I_c(超过则超导性被破坏,即结所能承受的最大超导电流),I_c 对磁场很敏感,它随外磁场的大小呈周期性起伏,其幅值逐渐衰减。临界电流 I_c 也是透入超导结能量的周期函数,它利用器件对外磁场的周期性响应,对磁能量变化(与外磁场变化成正比)进行计数,若已知环的面积,就可算得磁场值(可详见有关参考资料)。

2. 无定向磁力仪测量法

　　测量岩石标本所产生的磁场,该磁场与标本的磁矩成正比,如果标本的几何形状较规则,则由标本所产生的磁场近似地可看作磁偶极场,标本的磁矩 $\boldsymbol{M}$ 与岩石磁参数之间的关系见式(8 - 25)所示。

$$M = (\mathcal{X}H + J_r) \cdot V \tag{8 - 25}$$

式中,H 为磁化场,V 和 J_r 为标本体积和剩余磁化强度。

　　可用无定向磁力仪测量磁化率和剩余磁化强度。测量时将磁系调到静止在东西方向,并使标本中心与磁系下部磁棒的中心在同一水平线上。此时,样品与磁系距离的参数为 R,见式(8 - 26)。

$$R = 3L / (r^2 + L^2)^{5/2} \tag{8 - 26}$$

其中,L 为上下磁棒距离,r 为样品中心到磁系的距离。

　　测量时分别将标本的 x、y、z 轴在磁系的南北两侧测量,并且标本的每个坐标轴每转 $180°$再测一次,共测 2 次,见式(8 - 27)。

　　例如在 x 方向测量时,其中 S_1 为放标本后仪器的读数,S_0 为未放标本的读数,ε 为格值。转 $180°$后为

$$\left. \begin{array}{l} \varepsilon(s_1 - s_0) \cdot 10^{-5} = \dfrac{2(\mathcal{X}H + J_{rx})V}{R^3} \\[3mm] \varepsilon(s_2 - s_0) \cdot 10^{-5} = \dfrac{2(\mathcal{X}H - J_{rx})V}{R^3} \end{array} \right\} \tag{8 - 27}$$

　　再将标本放在磁系另一侧,得到 $\varepsilon(s_3 - s_0)$ 和 $\varepsilon(s_4 - s_0)$,联立 4 个等式可解得视磁化率 $\mathcal{X}'_x$ 和 x 方向剩余磁化强度 J_{rx},见式(8 - 28)。

$$\left. \begin{array}{l} J_{rx} = \dfrac{1/4[(s_1 - s_2) + (s_3 - s_4)]\varepsilon R^3 10^{-5}}{2V} \\[3mm] \mathcal{X}'_x = \dfrac{[1/4(s_1 + s_2 + s_3 + s_4) - s_0]\varepsilon R^3 4\pi 10^{-5}}{2HV} \end{array} \right\} \tag{8 - 28}$$

　　用同样的方法再将标本的 y 和 z 轴分别在磁系南北进行测量,求得 $\mathcal{X}_y$、J_{ry}、$\mathcal{X}_z$、J_{rz},最后利用式(8 - 29)可计算得出标本的视磁化率和剩余磁化强度。

$$\left.\begin{array}{l} \chi' = 1/3(\chi'_x + \chi'_y + \chi'_z) \\ J_r = \sqrt{J_{rx}^2 + J_{ry}^2 + J_{rz}^2} \end{array}\right\} \qquad (8-29)$$

3. 质子磁力仪测量法

用高精度质子磁力仪测量岩石标本磁性时有倾斜法和水平法 2 种操作方法,倾斜法难以实现对样品的准确放置,而水平法相对简单一些,这里只介绍水平法。

1)准备工作

选择一处磁场平稳、附近无干扰源的地区作为岩石标本测定场地。准备一块大于 $40 \times 40 \text{ cm}^2$ 的无磁性平板,将平板在选定的工作场地中铺平并固定,在其上沿磁南北和磁东西方向画"十"字交叉线。将整理好的立方体标本(或正方形标本盒)标上 x、y、z 轴。准备好测量标本体积(V)和测量距离(R)的量具及其他用具。选择两台噪声小的仪器,分别用作日变和标本测量。将日变仪器置于无磁性干扰的安静处(或野外工作的日变站上),进行日变观测。

2)标本测量

(1)将探头置于准备好的平板十字交点上,使探头中心与十字交点同在一铅垂线上,且探头激励磁场的方向朝磁东或磁西,然后向仪器输入线号和点号,线号为样品编号,点号为每个样品不同方向的测量编号,并记录无标本时的地磁场 T_{0i}。

(2)将标本置于准备好的平板上,使标本中心与画好的磁东西线上的点在同一铅垂线上,且标本中心与探头中心保持在同一水平面里,并按表 8-1 中的要求摆好标本的轴向,用仪器测点号键,每转动一次标本轴向,输入一个标本编号"x"($x = 1,2,\cdots,9$),并记读 T_i 值(总场值),直至 $T_i = T_9$ 为止。同时要记录测量 T_i 时的日变改正值,记为 dT_i,见表 8-1。

表 8-1　标本定向位置表

标本 x 轴指向	标本 y 轴指向	标本 z 轴指向	总磁场值	日变改正值
无标本情况下			T_0	dT_0
水平指向磁北	水平指向磁东	铅垂向下	T_1	dT_1
水平指向磁北	水平指向磁西	铅垂向上	T_2	dT_2
水平指向磁南	水平指向磁东	铅垂向上	T_3	dT_3
铅垂向下	水平指向磁北	水平指向磁东	T_4	dT_4
铅垂向上	水平指向磁北	水平指向磁西	T_5	dT_5
铅垂向上	水平指向磁南	水平指向磁东	T_6	dT_6
水平指向磁东	铅垂向下	水平指向磁北	T_7	dT_7
水平指向磁西	铅垂向上	水平指向磁北	T_8	dT_8
水平指向磁东	铅垂向上	水平指向磁南	T_9	dT_9

因为测定标本的场地一般选在稳定磁场区,所以 $T_0 (= T_{0i} + dT_{0i})$ 为一常数(dT_{0i} 为记读 T_{0i} 时的日变改正值,T_{0i} 为无标本时所测得的工作场地的地磁场值)。由不同时间 $T_{0i} + dT_{0i}$ 值的偏差大小,可以检查标本测定时仪器的稳定性及磁场观测的精度。

3)标本测定结果的整理

将 T_i 和 dT_i 值代入式(8-30)中,计算出下列参数:

$$\begin{cases} A = (T_2 - T_1 + dT_2 - dT_1)^2 + (T_9 - T_8 + dT_9 - dT_8)^2 \\ B = (T_3 - T_2 + dT_3 - dT_2)^2 + (T_5 - T_4 + dT_5 - dT_4)^2 \\ C = (T_6 - T_5 + dT_6 - dT_5)^2 + (T_8 - T_7 + dT_8 - dT_7)^2 \end{cases} \tag{8-30}$$

则可利用式(8-31)计算磁性标本的剩余磁化强度的大小、磁偏角和磁倾角。

$$\begin{cases} J_r = \dfrac{2\pi R^3}{\mu_0 V} (A + B + C)^{1/2} \times 10^{-9} \quad \text{（剩磁强度）} \\ \varphi_r = \tan^{-1} \left(\dfrac{C}{B} \right)^{1/2} \quad \text{（剩磁的偏角）} \\ i_r = \tan^{-1} \left(\dfrac{B+C}{A} \right)^{1/2} \quad \text{（剩磁的倾角）} \end{cases} \tag{8-31}$$

对于等轴状磁性体,考虑消磁影响后的视磁化率值计算公式如下:

$$\chi' = \frac{-2\pi R^3}{V T_0} [(T_1 + T_3 + T_4 + T_6 + T_7 + T_9) +$$

$$(dT_1 + dT_3 + dT_4 + dT_6 + dT_7 + dT_9) - 6T_0] \times 10^{-9} \tag{8-32}$$

式中,V 为标本体积,R 为标本与探头的距离,T_0 单位为"特"(T),T_i 和 dT_i 单位为"纳特"(nT)。求得视磁化率后,将其代入式(8-33),可求出标本的真磁化率值。

$$\chi \approx \frac{3\chi'}{3 + \chi'} \tag{8-33}$$

8.2.2　野外磁测资料的原位测量

一般来说,根据野外磁测资料能够确定自然埋藏时岩石的总磁化强度。这些资料可以通过地面、井中和航空或海洋磁测来获得,并能够确定岩石磁异常。常用观测场与所研究磁性体模型理论场的对比,并结合磁异常来反演计算岩石磁化强度。目前不同学者总结研究出的测量方法很多,下面简单介绍几种常用方法或思路,详细了解可参阅有关文献。

1. 据磁异常确定出露岩石的磁化强度

利用均匀磁性层无限延伸近似公式,磁化方向与地磁相同或相反,如式(8-34)所示。该式基于假定 Z_a 或 ΔT 仅由所研究的磁性体引起,在计算 Z_a 和 ΔT 时,正常场的选取很重要。在满足条件半宽度 $b > 5h$,半长度 $L > 2b$ 时,计算的 J 值与真值之差不超过 25%。

$$J = \frac{10}{2\pi} \cdot \frac{Z_a}{S \cdot I} = \frac{10}{\pi} \cdot \frac{\Delta T}{p} \tag{8-34}$$

其中,J ——磁化强度矢量模的平均值,$10^{-3} A/m$;

Z_a ——磁异常垂直分量平均值,nT;

ΔT ——磁异常平均值,nT;

I ——磁倾角;

p ——取决于磁性体走向磁方位角 A 的系数,$p = \sin^2 I + \sin^2 A \cdot \cos^2 I$。

2. 利用航磁数据反演视磁化率

可以由航磁数据直接反演计算测区内的视磁化率,进而了解测区地层和岩体分布及区域构造特征。目前航磁反演视磁化率的方法主要有波速域的反滤波法和空间域的矩阵法。波速域磁化率反演的基本方法是,将测区按点线分割成许多等效直立小棱柱体,设每个小棱柱体在测量平面上任意一点处产生的磁异常为 $\Delta T(x, y)$，N 为小棱柱体的数目,经过滤波化极和延拓等处理后,每个小棱柱体上的磁化率可用式(8-35)来计算,由此可以得到一幅测区的磁化率分布图。

$$\chi_i = \frac{\Delta T(x, y)}{2\pi} \cdot T_0 , \quad \Delta T(x, y) = \sum_{i=1}^{n} \Delta T_i(x, y) \tag{8-35}$$

式中,$\Delta T(x, y)$ 为在 x, y 处的磁异常,T_0 为地磁场强度,χ_i 为 (x, y) 点的磁化率。

3. 利用随时间变化磁场确定岩层磁性

杨诺夫斯基研究了强磁性岩石在区域地磁场变化时的性质问题。在强磁异常区域里,变化磁场的总强度由两部分组成,即正常场和异常场变化部分。相应的有异常场和正常场垂直分量随时间的变化值 δZ_a 和 δZ_0。若在异常体中心测量异常场,则有公式(8-36)。

$$\delta Z_a = \frac{\bar{\chi} \cdot Z_a}{\bar{J}_r + \bar{\chi} Z_0} \cdot \delta Z_0 \tag{8-36}$$

其中,$\bar{\chi}$ 为平均磁化率,$\bar{J}_r$ 为平均剩余磁化强度。

4. 利用电磁法测量结果求取相对磁导率

用不接地回线磁偶源法,分别发射高、低频的一次场,在地面用磁探头接收两个二次磁场垂直分量,用式(8-37)可以进行相对磁导率的计算。式中,$H_{2z}(0)$ 为低频时的二次磁场垂直分量,$H_{2z}(\infty)$ 为高频时的二次磁场垂直分量。

$$\mu_r = 2[H_{2z}(\infty) - H_{2z}(0)]/[2H_{2z}(\infty) - H_{2z}(0)] \tag{8-37}$$

在利用电偶源测量时,用一个水平电偶极子作为发射电磁场场源,测量水平电场分量 E_x 和水平磁场分量 H_y,由此可以得到波阻抗 Z,根据波阻抗定义可以得到磁导率的计算公式(8-38)。式中,$\omega = 2\pi f$,f 为发射频率,ρ 为电阻率。

$$\mu = 1/(\omega\rho) \cdot |Z|^2, \quad Z = |E_x/H_y| \tag{8-38}$$

5. 其他方法

野外岩石磁性的测量方法除以上4种外方还有很多,如利用井中磁测和坑道磁测方法确定地下岩石磁性;利用使岩石人工磁化的方法来测试强磁性岩石的磁性等。

8.3 岩石矿物的磁性特征

地壳中的岩石矿物都处在地球磁场中,从它们形成时起,就受到地磁场的磁化作用而具有不同程度的磁性。岩石的磁性主要取决于其中矿物的磁性,造岩矿物基本上为顺磁性和逆磁性,磁性很弱,在磁法勘探中一般可以认为无磁性。只有含有铁磁性矿物多的岩石或矿体有强的磁性,这些矿物的磁性特征往往与一些地质过程相联系。如矽卡岩型磁铁矿体具有很强的磁性;深部的基性岩浆形成的基性岩,其磁性一般强于酸性岩浆岩;喷出岩磁性一般强于侵入岩;构造应力作用会使岩石的磁性在应力方向上减弱;不同构造背景岩石的总体磁性特征也有一定的差异;磁性居里面的分布与地壳结构和构造有一定联系,等等。因此,将岩石磁性特征及分布与各种地质问题相联系,可为我们利用岩石磁性来研究地质问题提供可能。

8.3.1 岩石磁化强度的构成

据已有的研究结论,地球表面任一点的磁场由两部分构成,即全球性地磁场和岩石具有的磁场。而岩石的磁场由感应磁场强度 M_i（简称感磁）和剩余磁化磁场强度 M_r（简称剩磁）两部分构成。感磁与岩石的磁化率和现代磁场有关，而剩磁与现代磁场无关，它与岩石形成时的古地磁场、磁化率和磁化经历有关，岩石磁场表达式见式（8 - 39）。

$$M = M_i + M_r \qquad (8-39)$$

感应磁化强度等于外磁场强度与岩石磁化率的乘积，因此式（8 - 39）可写成式（8 - 40）。由式（8 - 40）可以看出，岩石矿物的磁性大小由其本身的磁化率和它的剩磁强度所决定。

$$M = \chi H + M_r \qquad (8-40)$$

磁场强度方向：岩石磁场强度的矢量方向由现代磁场和剩磁方向所决定。当现代磁场强度方向与剩磁方向相同时，磁性加强，相反时，磁性减弱。岩浆岩的剩磁方向，有的比较规则，有的很紊乱，有的还与现代场相反。沉积岩的剩磁方向一般比较规则，但不同地质时代沉积岩的剩磁方向并不一致。

剩余磁化强度：由于岩石在形成过程中，经历了漫长的地质年代，经受了形形色色的地质作用，当初的剩磁可能会受到影响，也可能产生新的其他剩磁，因此岩石的剩磁特征应包含一定的地质作用和过程信息。一般来说磁化率大的岩石或矿石，其剩磁强。岩浆岩的剩磁一般比较大，有时剩磁强度大于感磁强度。剩磁强度与感磁强度的比值往往还能反映出岩浆岩的成因。沉积岩的剩磁强度一般较小，而且剩磁强度小于感磁强度。

岩石的磁化率：不同种类岩石或矿物的磁化率，具有较大的差异。铁磁性或亚铁磁性矿物的磁化率大，如铁、钴、镍的氧化物矿物等，而顺磁性和逆磁性矿物的磁化率就很小，如大部分造岩矿物等。

因此，利用岩石磁性研究地质问题，就是研究岩石的磁性特征及参数与地质问题的联系，从而通过磁性测量达到解决地质问题的目的。另外，对于岩石中有限大小的磁性颗粒，还要考虑消磁场的影响，消磁场会使磁化强度降低。

8.3.2 矿物的磁性

矿物的磁导率（μ）等于真空磁导率（μ_0）与磁化作用附加的磁导率（$\mu_0 \chi$）之和，即 $\mu = \mu_0(1 + \chi)$。大多数矿物的磁化率都很小，一般低于 10^{-4}。因此多数岩石或矿物的磁导率近似等于真空磁导率，即 $\mu \approx \mu_0$。

尽管矿物磁化率的绝对值很小，但不同矿物间磁化率的差别却很大。因此，在描述岩石或矿物磁学性质时，多用磁化率这一概念。故而，对于岩石或矿物的磁性，如果不考虑外磁场影响，主要就与本身的磁化率有关。一般来说，磁化率高的矿物其磁性就强，反之就弱。按磁化率特征可将矿物简单分为三大类，即铁磁性矿物（磁化率大，磁化方向与外磁场一致，当外场去掉后还会保留下一定的剩余磁场，自然产出的铁磁性矿物实际上大多是亚铁磁性）、顺磁性矿物（磁化率很小，磁化方向与外加磁场方向一致，当外场取消，磁性消失）、抗磁性矿物（磁化率也很小，磁化方向与外场相反，取消外场，磁性也随即消失）。根据磁性相对强弱可简单分为两类，即弱磁性矿物和强磁性矿物。

1. 弱磁性矿物

弱磁性矿物包括抗磁性、顺磁性和一些反铁磁性矿物。自然界中，绝大多数矿物是抗磁性或顺磁性的。它们的磁化率由化学成分、晶格结构，以及化学键类型等因素所决定。共价键矿物一般磁性很弱，离子键矿物磁化率的变化范围大，且与离子键价有关。

无铁的造岩矿物(石英、钾长石、斜长石、绿帘石、方柱石等)是抗磁性或弱顺磁性的。含铁的硅酸盐和铝硅酸盐矿物是顺磁性的,其磁化率主要与二价和三价铁有关,二价铁有四个不配对电子,磁矩为4.9;三价铁有五个不配对电子,磁矩为5.92。如在云母、橄榄石、辉石、石榴子石和其他铁质矿物中存在二价和三价铁,会使顺磁磁化率增大。大部分这类矿物(如黑云母、角闪石、普通辉石、石榴石等)还具有混合磁性,即磁化率由纯矿物的顺磁磁化率和微量铁磁体杂质的铁磁性磁化率决定。这些矿物的磁化率见表8-2,由于磁性很弱,在磁法勘探中一般认为无磁性,尤其抗磁性矿物磁性更弱。

表8-2 主要抗磁性和顺磁性矿物磁化率表

(a)抗磁性矿物

矿物名称	磁化率/10^{-6}(SI)	矿物名称	磁化率/10^{-6}(SI)
石英	-13	方铅矿	-26
正长石	-5	闪锌矿	-48
锆石	-8	石墨	-4
方解石	-10	磷灰石	-81
岩盐	-10	重晶石	-14
石膏	-13	方解石	-11
刚玉	-12	金	-43
锡石	-23	铜	-4
金刚石	-2	水(液态,0℃)	-1

(b)顺磁性矿物

矿物名称	磁化率/10^{-6}(SI)	矿物名称	磁化率/10^{-6}(SI)
橄榄石	20	绿泥石	200~900
角闪石	100~808	金云母	500
黑云母	150~650	斜长石	10
辉石	400~900	尖晶石	30
铁黑云母	7500	白云母	40~200
闪锌矿	5	金红石	0.03
伊利石	3	菱锰矿	30
蒙脱石	2	黄铁矿	11
绿脱石	12	黄铜矿	3

2. 强磁性矿物

强磁性矿物包括铁磁性、亚铁磁性和一些反铁磁性矿物。自然界并不存在纯铁磁性矿物,主要是铁的氧化物和硫化物及其他金属元素固溶体等,它们的磁性一般都很强,对岩石磁性起着决定性作用,其磁性与化学成分、机械杂质、晶格缺陷和晶体粒度有关。如图8-10所示,随粒度增大,磁化率增大,矫顽力降低。对于铁磁性矿物,最稳定的磁参数是饱和磁化强度和居里温度,其他参数如磁化率、剩余磁化强度、矫顽力等的变化范围较大。

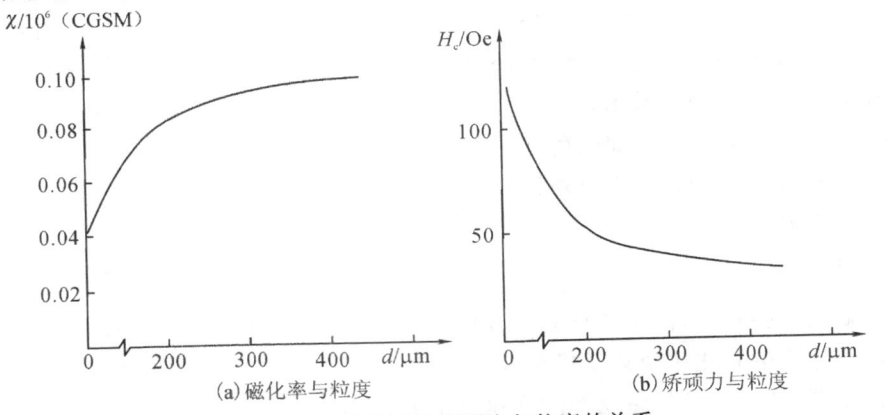

图8-10 磁化率和矫顽力与粒度的关系

岩石中的铁磁性矿物可分为两类,一类是强磁性的立方晶型氧化矿物,如磁铁矿、磁赤铁矿和钛磁铁矿,属于铁淦氧磁性;另一类是弱磁性的菱形六面体矿物,如赤铁矿、钛铁矿和磁黄铁矿等,属于反铁磁性或不完全反铁磁性。

分布最广的铁磁性矿物有磁铁矿、钛磁铁矿、磁赤铁矿、赤铁矿等,在硫化物矿物中则有磁黄铁矿等,还有一些分布较广而磁性弱的铁磁性矿物,如针铁矿、纤铁矿、水赤铁矿等,主要铁磁性矿物参数见表 8-3。

表 8-3 铁磁性矿物的主要磁参数表(据多尔特曼资料)

矿物	分子式	磁化率/[4π(SI)]	饱和场/Gs	矫顽力/Oe	居里温度/℃
磁铁矿	Fe_3O_4	0.7~2.0	490	10~150	578
钛磁铁矿	$xFe_3O_4(1-x) \cdot TiFe_2O_4$	10^{-6}~10^{-1}	75~430	—	100~578
铁镍矿	$NiFe_2O_4$	0.5	240	—	590
锰尖晶石	$MnFe_2O_4$	20	320	—	510
镁铁矿	$MgFeO_4$	0.8	140	—	310
磁赤铁矿	γFe_2O_3	0.3~2	435	10~130	675
赤铁矿	αFe_2O_3	10^{-5}~10^{-4}	1.5~2.5	7 000~8 000	675
磁黄铁矿	γFe_2O_3	10^{-3}~10^{-2}	17~70	15~110	300~3 205
针铁矿	$\alpha FeOOH$	(0.02~80)×10^{-3}	4.8	700	—
纤铁矿	$\gamma FeOOH$	(0.9~2.5)×10^{-3}	—	—	—
水赤铁矿	$\alpha Fe_2O_3 \cdot H_2O$		2.3×10^{-5}		
菱铁矿	$FeCO_3$	(20~60)×10^{-3}	—		238

铁磁性矿物虽然种类不多,但对地球物理勘探与研究有着重要意义。铁磁性矿物可以形成各种级别的铁矿床,在不同成因的岩石中铁磁性矿物的种类和含量及分布有差异,在不同构造部位铁磁性矿物的分布不尽相同,且具有一定的地质规律。因此从岩石磁性的角度,可为地质学研究提供很有用的信息。下面分别介绍几种天然强磁性矿物。

1)磁铁矿

磁铁矿化学分子式为 Fe_3O_4,等轴晶系,具有反尖晶石型结构,尖晶石结构是 $A^{+2}B^{+3}O_4^{-2}$,A 为四面体配位,B 为八面体配位,而反尖晶石结构是 $A^{+3}B^{+3+2}O_4^{-2}$(或可表示为 $Fe^{+3}(Fe^{+3}Fe^{+2})O_4^{-2}$),在其八面体和四面体晶格结点上的铁离子的磁矩是反平行排列的,但具有较大的剩余磁矩,属于亚铁磁性,为典型的铁氧磁体。在铁磁性矿物中(除了锰尖晶石外),磁铁矿的磁化率和饱和磁化强度为最大,其矫顽力的变化范围也很大,居里温度为 578 ℃。磁铁矿生于还原环境,成因类型很多,如岩浆岩型、接触交代型、高温热液型、区域变质型等。

2)钛磁铁矿

钛磁铁矿化学分子式为 $Fe_{3-x}Ti_xO_4$,立方晶系,在自然界大部分磁铁矿的化学成分中,一般不仅包含 Fe_2O_3 及 FeO,而且含有大量的 TiO_2。把含有大量 TiO_2 的天然磁铁矿称为钛磁铁矿,是磁铁矿与钛尖晶石之间的固溶体。在高温下这两个组分可按任意比例混合,当温度降低时,固溶体的平衡遭到破坏,所以天然的钛磁铁矿是溶离了的固溶体。钛磁铁矿的磁参数可由磁铁矿向钛尖晶石单调减少,其饱和磁化强度随着钛含量的增加而减少,同时也导致居里温度的降低。另外，钛磁铁中的杂质对磁性也有很大的影响。

3) 磁赤铁矿

磁赤铁矿化学分子式为 γFe_2O_3，立方晶系，是赤铁矿（αFe_2O_3）的一种同质多象变体，具有和磁铁矿相似的结构，属于亚铁磁性，可以形成于磁铁矿的氧化产物，或从纤铁矿转变而来。居里温度为 $675\sim750$ ℃，加热时，能不可逆地变成赤铁矿，据不同学者的研究，这个转变温度是 $275\sim800$ ℃。

4) 磁黄铁矿

磁黄铁矿化学分子式为 FeS_{1+x}，单斜晶系，为铁的硫化物，但 FeS_2 为黄铁矿（顺磁性），而 FeS_{1+x} 一般带有铁氧磁性，称为磁黄铁矿，居里温度为 $300\sim325$ ℃。据实验研究表明，x 在 $0.1\sim0.94$ 范围内，FeS_{1+x} 表现出铁磁性特征，而 $x>0.94$ 则属于非铁磁性，黄铁矿就属于这种情况，磁黄铁矿可以氧化为磁铁矿。

5) 针铁矿

针铁矿化学分子式为 $\alpha FeOOH$，斜方晶系，是最常见的铁氢氧化物，为反铁磁性，具有非常高的矫顽力。在大部分条件下，针铁矿是亚稳定的，随时间推移或温度升高而脱水形成赤铁矿。通常以含铁矿物的风化产物或者含铁溶液直接沉淀的形式广泛存在。

另外，有的资料根据矿物的含铁特征将矿物分成四类。第一类为无铁的抗磁性和顺磁性矿物，其特点是磁化率很低，它们是酸性岩浆岩和变质岩的主要组成部分；第二类是铁磁一顺磁性的铁质矿物，它们的磁化率较大，且变化范围大，是基性和超基性岩的主要组成部分；第三类为铁磁性的铁质矿物，它们的磁化率很高，剩余磁化强度常常也很高，是岩浆岩和变质岩的典型副矿物；第四类为磁性弱的铁质矿物，主要为沉积岩和交代变化的岩石所特有。

8.3.3　岩石的磁性

处于地壳中的各种岩石，从它们形成时起，就受地球磁场的磁化而具有不同程度的磁性。岩石由矿物颗粒组成，其磁性自然取决于其中所含的磁性矿物。全岩中的磁性矿物也许只占百分之几，但这很小部分的磁性矿物就决定了岩石的磁性。一般来说，不同岩体或构造体的磁性变化很大，其磁性不仅取决于磁性矿物种类及其含量和颗粒大小，还与沉积或结晶条件，以及形成后的地质历史有关。

研究岩石磁性，其目的在于掌握岩石和矿物受磁化的原理，了解矿物与岩石的磁性特征及其影响因素，以便正确确定磁法勘探能够解决的地质任务，以及对磁异常作出正确的地质解释。有关岩石磁性的研究成果，亦可直接用来解决某些基础地质问题，如区域地层对比，构造划分等。

自然界岩石磁性的一般特征是，岩浆岩磁性较强，而沉积岩磁性最弱，变质岩的磁性介于二者之间，主要取决于原岩的磁性。在岩浆岩中火山喷出岩的磁性比侵入岩强，基性岩磁性大于中性岩，中性岩磁性相对大于酸性岩，三大岩大概的磁性参数见表 8-4。

表 8-4　三大岩石磁性一般值

岩石类型	磁化率/10^{-6}（SI）	M_r/（A/m）
沉积岩	$0\sim7\ 500$	$10^{-3}\sim1$
变质岩	$10\sim150\ 000$	$10^{-3}\sim1$
岩浆岩	$30\sim400\ 000$	$10^{-3}\sim10$

1. 沉积岩的磁性

沉积岩的剩余磁性都很弱,基本上属于碎屑剩磁和化学剩磁,如表 8 – 5 所示,但很稳定,磁性比岩浆岩和变质岩要弱得多,磁化率在 $10^{-6}\sim10^{-3}$ SI 之间,一般把沉积岩看作是无磁性的。沉积岩的磁化率主要取决于磁性副矿物的含量及成分(如磁铁矿、磁赤铁矿、赤铁矿,以及铁的氢氧化物)。而造岩矿物如石英、长石、方解石等,对磁化率无贡献。沉积岩的天然剩磁主要来源于形成沉积岩的母岩,与母岩剥蚀下来的磁性颗粒有关。一般粗粒(砾岩、砂岩等)离母岩近,磁性较强,细粒(泥灰岩、粉砂岩等)离母岩远,磁性较弱。还有的沉积岩几乎不含任何铁磁性物质(如灰岩)基本上是非磁性的。

表 8 – 5　部分沉积岩的磁化率表(据多尔特曼资料)

岩石名称	磁化率/10^{-6}(SI)	岩石名称	磁化率/10^{-6}(SI)
砂岩和砂	20～5 300	灰岩和白云岩	−40～2 000
粉砂岩	20～3 000	石膏和硬石膏	20～900
黏土岩和泥板岩	20～3 500	岩盐	0～100
泥灰岩	20～1 000	页岩	20～4 000

2. 岩浆岩的磁性

岩浆岩由高温岩浆冷却结晶而成,其剩磁属于热剩磁。岩浆岩一般都不同程度地含有铁磁性矿物,大多显示磁性特征,见表 8 – 6 所示。岩浆岩的磁性一般都具有以下特征。

(1)侵入岩(如花岗岩、花岗闪长岩、闪长岩、辉长岩和超基性岩等),其磁化率的平均值随着岩石基性的增大而增大。超基性岩是岩浆岩中磁性最强的,超基性岩在经受蛇纹石化时形成蛇纹石和磁铁矿,会使磁化率急剧增大,可达几个 SI(χ)单位。

(2)喷出岩在化学和矿物成分上与同类侵入岩相近,但磁化率一般偏大。并且由于喷出岩迅速且不均匀的冷却,结晶速度快,磁化率离散性也大。

表 8 – 6　部分岩浆岩的磁化率表

岩石名称	磁化率/10^{-6}(SI)	岩石名称	磁化率/10^{-6}(SI)
流纹岩	1 500～40 000	花岗岩	1 000～28 000
安山岩	5 000～120 000	闪长岩	2 300～85 000
玄武岩	10 000～150 000	辉绿岩	5 000～100 000
玄武岩熔岩	10 000～200 000	橄榄岩	20 000～400 000

(3)同一成分的岩浆岩其磁性变化较大。

(4)不同时代的同种岩浆岩往往具有不同的磁性。

(5)同一岩体的不同相带,也往往表现出不同的磁性。

(6)花岗岩建造的侵入岩,普遍是铁磁性—顺磁性,磁化率不高。

(7)岩浆岩剩磁与感磁的比值 Q(科尼希斯贝格比)与岩性有一定的关系,如酸性侵入岩的 Q 值为 0～1,基性侵入岩的 Q 值为 1～10,而基性喷出岩的 Q 值为 100。

3. 变质岩的磁性

变质岩的磁性一般与其变质前岩石的磁性有关,可能具有原岩的热剩磁或碎屑剩磁与化学剩磁。也有可能与岩石受高温和高压作用产生物理化学变化使矿物成分发生变化而引起的磁性变化有关。变质岩的磁化率变化范围很大,如表 8 - 7 所示。

正变质岩的磁性与母岩相近,其磁性有铁磁性—顺磁性与铁磁性两组。副变质岩的磁性也与母岩相近,一般具有铁磁性—顺磁性。如正片麻岩磁性与花岗岩接近,而副片麻岩磁性与泥砂岩接近。大理岩和石英岩磁性也很弱,如果这些岩石含有铁磁性矿物则其磁性会增强,如含铁石英岩、铁质千枚岩等磁性均比较强。

变质岩的磁性还与变质过程中的各种因素有关,与外来性和原生性有关。如层状结构的变质岩具有明显的磁各向异性,剩磁方向往往偏向片理方向或近变质岩走向,在垂直层理方向上磁性最弱。变质岩的磁性还与其重新组合、重结晶有关。

表 8 - 7　部分变质岩的磁化率表

岩石名称	磁化率/10^{-6}(CGSM)	岩石名称	磁化率/10^{-6}(CGSM)
大理岩	$-90\sim1\,000$	蛇纹岩	$500\sim42\,800$
片麻岩	$5\,000\sim380\,000$	石英岩	$0\sim1\,750$
片岩	$1\,000\sim160\,000$	角闪岩	$2\,000\sim290\,000$
矽卡岩	$3\,000\sim170\,000$	混合岩	$500\sim30\,000$

8.3.4　岩石磁性的主要影响因素

影响岩石磁性的因素比较多,主要与铁磁性矿物的种类与含量、磁性矿物颗粒大小及结构、温度和压力,以及消磁场等因素有关。

1. 岩石的矿物成分

岩石磁性的强弱主要取决于铁磁性矿物（如磁铁矿、钛磁铁矿、磁黄铁矿、磁赤铁矿、锰尖晶石、镁铁矿等）的种类与含量。一般来说,铁磁性矿物含量越高,岩石的磁性越强。就侵入岩而言,前人的实验资料和理论计算结果表明,当铁磁性矿物（为深色矿物中的稀有杂质）含量＜0.001％时,磁化率与其含量的正比关系不明显,当含量＞0.01％时,呈现出规律的相关关系,见图 8 - 11 所示。

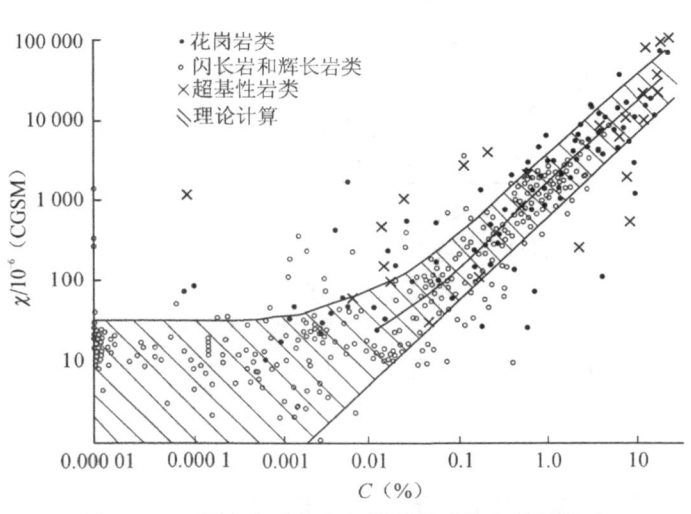

图 8 - 11　侵入岩磁化率与铁磁性矿物含量的关系

2. 磁性矿物颗粒大小和结构

已有实验结果表明,整体岩石的磁性与其所含的铁磁性矿物颗粒的大小、形状及它们的结构等因素有关。在相同外磁场作用下,铁磁性矿物的相对含量保持不变的情况下,粗颗粒岩石要比细颗粒岩石的磁化率大,也就是说矿物颗粒越粗,岩石磁性越强。但是对于矫顽力来说,它与铁磁性矿物颗粒大小是反比关系,即颗粒越粗岩石矫顽力越小。从这一点也就可以解释同一成分喷出岩的剩磁常常大于侵入岩的现象。此外,在其他条件相同的情况下,铁磁性矿物颗粒相互胶结越好,岩石磁性越强。

3. 温度和压力

温度和压力会对矿物和岩石的磁性产生很大的影响。一般在低温下磁性稳定性好,高温下磁性稳定性较差,如图 8 - 12 所示。一旦将岩石加热到居里温度,磁性岩石就会失去它原来的铁磁性成为顺磁性。岩浆冷却结晶速度不同,岩石获得的热剩磁不尽相同,冷却速度越快,获得的热剩余磁化强度越大,因此,相同成分的喷出岩剩磁大于侵入岩的剩磁。

抗磁性矿物磁化率与温度无关。顺磁性矿物磁化率与温度成反比,随温度增大,磁化率减小。铁磁性矿物存在可逆型和不可逆型。可逆型是加热冷却过程,在一定条件下,磁化率都有同一数值;不可逆型是加热和冷却过程,磁化率数值变化不一致。

实验研究结果表明,磁性矿物在压力作用下磁化率有一定程度的减小。如当磁铁矿在弱磁场中受到 400 kgf/cm² 的单向压力时,其磁化率减小 20%～30%。同样岩石的磁性也是随着压应力的增大而沿应力方向降低的,但垂直应力方向影响不大,有时还略有增加。因此,由于地质应力作用而形成的断裂破碎带,在断裂带上的磁性较弱。若后期沿着断裂带发育了磁性较强的岩浆岩,则断裂带的磁性会变强。

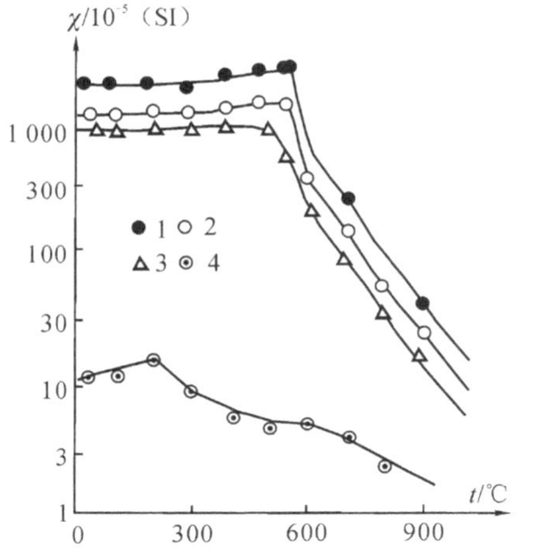

图 8 - 12　岩石磁化率与温度

1—花岗闪长岩;　2—黑云母角闪花岗岩;
3—闪长岩;　　　4—黑云母花岗岩。

4. 地质作用

岩石磁性与其形成和所经历的地质作用有着密切关系。总的来说,岩浆喷出作用所形成的岩石,其磁性强于侵入作用;内生作用下形成的岩石,其磁性一般强于外生作用下形成的岩石;较年轻岩石的磁性强于老岩石;区域或局部构造作用会不同程度的影响岩石磁性;变质作用也会使岩石磁性发生改变,氧化还原作用可使岩石中的铁质还原成磁铁矿使磁性变强,例如火烧煤层上常出现较强磁性就是铁质的氧化还原作用所致。

5. 消磁场的影响

对于均匀无限磁介质,在外磁场的作用下,其磁化强度 M_i 等于磁化率 χ 与磁化场 H 的乘积,用式(8 - 41)来近似计算。

$$M_i = \chi H \tag{8 - 41}$$

但对于有限磁性体,上述公式并不准确,岩石的磁化程度要受到消磁场的影响,而消磁场与磁性矿物颗粒大小和形状等有关。这是因为体积有限的磁性体被磁化后,两极间要产生一个与外磁场相反的消磁场(也称内磁场)。由于消磁场的抵消作用,使物体的总磁化强度减小,减小的程度取决于剩磁强度和消磁系数(N),其χ'为视磁化率,这时可用式(8-42)来计算。

$$M_i = H \frac{\chi}{1+N\chi} - NM_r \frac{\chi}{1+N\chi} \qquad (8-42)$$

令

$$\chi' = \frac{\chi}{1+N\chi}$$

则

$$M_i = \chi'H - \chi'NM_r$$

若没有剩磁($M_r=0$),就没有剩磁产生的消磁影响。当消磁系数为零($N=0$)时,也就没有消磁作用的影响。由于视磁化率与物体形态有关,故不能用视磁化率来描述介质的磁性。即使相同的磁性介质,若形态不同,视磁化率也不同。

由于N在$0\sim1$之间,若$N=0.08$,$N\chi'<0.01$,当$\chi<0.001$ SI(χ)时,误差小于1%,可视磁化率近似等于磁化率,即消磁作用可忽略不计。因此,测定弱磁性标本时,测量结果可认为是真磁化率。

另外消磁作用不仅影响感磁的大小,还影响其方向。磁化率χ越大,感应磁化强度M_i偏离磁化场方向越大,消磁作用越大。例如无限长水平圆柱体,感应磁化强度M_i总是偏向磁性体的长轴方向,并总是减小,如图8-13所示。

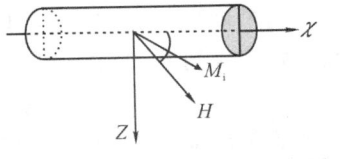

图8-13　长圆柱体消磁示意图

8.4　岩石磁性的应用概述

1. 磁法勘探中的应用

利用地壳内各种岩(矿)石间的磁性差异所引起的磁异常可以寻找有用矿产或查明地下地质构造。在全球地质构造研究中,利用岩石磁性测量可确定大型断裂和构造破碎带,其中最具影响的是洋脊的磁异常测量,为海底扩张理论提供了最有力的证据;在区域地质调查中,磁测可以用来划分大地构造单元,圈定岩体和断裂;在矿产资源勘查中,利用磁测来寻找铁矿或与铁磁性矿物共生的其他多金属矿产等有着独特的优势。

2. 地质学研究中的应用

根据岩浆岩的热剩磁,沉积岩的碎屑剩磁,可以系统地测定各种地质年代的地磁场方向,来追溯地球磁场的历史和发展变化,同时研究地壳的运动和变化。

由于同一时期生成的岩石不管其处于地球上的哪一部分,它们所获得的磁性都是由当时的地磁场所决定的,彼此相关联,且具有全球一致性。因此,可以通过各种古地磁参数,如偏角、倾角、古极位置和古纬度等的测定,推算出各岩石之间在时间空间上的相互关系。如果这些岩石获得磁性以后,又经历了某种地质事件,如构造运动等,就可能引起它们的各种古地磁参数的变化,通过对这些变化的统计分析,可以追溯它们所经历的地质事件。

地磁场可以近似为一个置于地心的偶极子磁场。地磁学研究指出,近400年来的实测记录表明,地磁极有围绕地理极做周期性运动的趋势,其运动的周期可能为$10^4\sim10^5$年。对新近纪上新世以来的岩石剩余磁性的测量结果表明,在最近500万年期间内,地磁极是均匀分布在地理极四周的,其平均位置与现代地理极重合,可谓是地球的奇妙之处。

1)古地磁极位置研究促进了大陆漂移学说的发展

20 世纪 50 年代以后,大量的研究结果表明,由同一大陆同一地质时代的岩石标本得出的古地磁极位置基本一致。但由不同大陆同一地质年代的岩石标本得出的古地磁极位置却往往不同。由同一大陆不同地质年代所得到的古地磁极位置连成的曲线叫做极移曲线,但这种极移只是一种表观现象,而不完全是真实的过程。据推断,真实的过程可能是极移加上各大陆在地球上的相对位置在不同地质年代中发生了变动。不同的大陆运动情况不同,各自得出的极移曲线的形状和走向也就不同。古地磁极移为地壳水平运动提供了有力的证据,从而导致沉寂多年的大陆漂移学说的复活和板块大地构造学说的建立,引起了地学家的极大重视。

2)大洋中脊磁异常验证了海底扩张学说

对于大洋中脊两侧对称分布的磁异常条带现象的最合理解释是,上地幔物质沿大洋中脊断裂上涌而冷凝成岩,同时受到当时古地磁场作用而磁化,上涌冷却岩浆对两侧形成推力。相隔一定的地质时期,地幔物质又沿大洋中脊断裂上涌而冷却磁化,同时推着旧海底向两侧扩张,这时如果古地磁场发生倒转,则形成反向磁化。大洋中脊的多期次活动,就形成了现在的大洋中脊两侧的磁异常条带现象,这一现象使海底扩张假设理论得到古地磁方面的证实。另一方面岩石同位素年龄的测量结果表明,离开大洋中脊越远,岩石的年龄越来越老,此测量结果也证实了这一解释的合理性。

3)研究古纬度分布规律

古地磁测量还可以给出岩石产地的古纬度信息,这对于古气候的研究和某些矿产生成的古地理环境的探讨都有重要意义。例如,石油是古代有机物质转化而成的,而有机物质的生成与分布和古气候条件有关,古气候情况又与古纬度有关,所以,研究古纬度的分布规律,对石油普查很有意义。

4)对比地层年代、研究构造运动

可利用剩磁平均方向和视极移曲线来对比地层年代。古地磁场是一个轴向地心偶极子场,可近似认为在纬度变化几度范围之内,磁倾角方向差别不大,如果在局部区域内,岩石的古地磁场方向出现明显不一致,则可推断该区域发生了某种构造运动。

5)地磁倒转与地磁极性年表

研究结果表明,不同地质年代岩石的剩磁方向正负几乎各占一半,而且这种方向的颠倒在时间上具有很好的全球一致性,这种现象的唯一合理解释是地磁场曾多次发生过极性倒转。从岩石磁性测量发现了古地磁场地磁极性倒转和古地磁极移的事实,这是古地磁学的两大重要研究成果。

把地磁场极性倒转按照地层的时序配以同位素年龄数据,构成地磁极性的年代序列,叫做地磁极性年表。利用这种极性年表,不仅可以推算出地层的形成年代和地层所经历的某些地质事件的年代,而且在解决地层划分和地层的远距离对比方面也卓有成效。因此,地磁极性年表已成为地层学研究的一个强有力工具。

6)岩石构造作用研究

岩石磁性组构是指岩石内部决定磁化率各向异性强度和方位的矿物组构,它能反映岩石形成过程或经历构造变动过程的一系列地质信息。磁性组构与岩石应变量之间有一定的关系,在剪切带研究中作为岩石相对运动的指向标志,磁性组构有可能揭示某些构造形迹的成因机理。

　　7）矿物晶体结构研究

　　矿物的晶体结构影响分子和原子的磁性特征，宏观表现为矿物磁性（如磁化率、矫顽力、强度方向、饱和强度、剩余磁性等）的不同。因此，可以通过矿物的磁性特征来反演研究矿物微观晶体结构特征。如石墨和金刚石的元素成分完全一样，就是由于晶体结构的不一样，其磁学特性有很大的差异性。

3. 其他方面的应用

　　1）磁法选矿方面

　　磁法选矿是利用各种矿物的磁性差异，在磁场力作用下，达到分离不同磁性矿石的目的。

　　2）考古学中的应用

　　随着高灵敏度磁力仪的开发与应用，利用文物和遗迹所记录的当时的古地磁场信息，通过对各种剩磁的观测，可以很好地反映文物的各种性质，包括空间和时间特性，研究实践表明，利用地磁学方法进行考古研究，是一种比较有效的手段。

第9章 岩石的热学和核物理性质

岩石的热学性质和核物理性质在地球物理学研究和勘探中有着重要的作用。由于岩石的物理场特性与岩石的热学性质或核物理性质有着密切的关系,通过对岩石热场或核物理辐射场的观测,能够独特地解决一些相关地质问题。因此,要研究解决与热场或核物理场有关的地质问题,了解和掌握本章的岩石物性是很有必要的。

9.1 岩石的热学性质

地球蕴藏着巨大的热能,内部热状态是许多地质作用和过程的起始原因,大部分地质作用和过程都伴随着一个区域甚至地壳热状态的变化,或者说地球内部热状态的变化,会产生一定的地质作用和过程,互相具有因果关系。所以,地球的热场特征与其地质结构特征相联系,地表的热场特征与大地构造特征相关。因此对岩石热学性质的研究具有十分重要的意义,以便我们深入了解地球岩石热量的传递和分布规律,准确描述地球内部的热动力学状态和过程,解决相关地质问题。

9.1.1 热场和热学性质的主要参数

在地热地质问题有关的研究与探测中,主要涉及的岩石热学性质和热场参数主要有热导率、比热容、热扩散系数、热膨胀系数、地温梯度和热流密度等,在地质学和地球物理方面的研究应用中经常使用到这些概念,下面对这些概念分别进行阐述。

1. 热量(Q)与温度(T)

简单来说,热量为物体内所有质点运动时动能的总和,而温度则反映了质点平均动能的大小。质点运动愈快,物体愈热,即温度愈高,反之则温度愈低。温度是表征热场状态的物理量。

热量单位在营养学中惯用"卡路里"(简称卡,符号为 cal),1 g 蒸馏水温度升高 1 ℃所吸收的热量定为 1 cal。国际通用的能量单位为"焦耳"(符号为 J),1 N 力使物体移动 1 m 所做的功定义为 1 J,1 cal≈4.19 J。

温度的表示有绝对温度(或称开尔文温度、热力学温度,符号为 K)、摄氏温度(符号为℃)、华氏温度(符号为℉)。在表示温差或温度间隔时,用 K 和用℃的数值相同(即 1 K=1 ℃),它们的关系为:$T_K = T_C + 273.15, T_F = \frac{9}{5}T_C + 32$。

2. 地温梯度(grad T)

地温梯度是地壳岩石热场在垂直方向上,单位深度温度的变化量,是表征热场特征的物理量。见表达式(9-1),其单位为℃/m 或℃/km,其中 T 为温度,Z 为深度。

$$\text{grad } T = dT/dZ \tag{9-1}$$

在不同的构造区域和不同的构造部位地温梯度是不同的,如在火山、海岭以及构造活动强烈的地区,地温梯度高。而在地台、海沟以及构造活动微弱的地区,地温梯度低。研究表明,地温梯度在不同深度上不同,其随着地层深度的增加而减小。大陆地区的地温梯度一般为 0.01～0.1 ℃/m,海底为 0.04～0.08 ℃/m。

3. 热流密度(q)

热流密度定义为在单位时间内流过单位面积上的热量,是表征热场状态的物理量,温度降低的方向为正,其 CGS 制单位为 cal/(cm² • s),SI 制为 W/m²,1 W/m²=23.9 μcal/(cm² • s)。设 Q 为热量,S 为等温面积,T 为时间,热流密度计算公式见式(9-2)。

$$q = \frac{Q}{ST} \tag{9-2}$$

在地热学中使用大地热流密度这一概念(或简称为大地热流),它与热流密度的物理意义相同,只是特指地下热量通过热传导方式到达地球表面,在单位时间内通过地球表面单位面积而散失的热量。大地热流密度不仅能反映一个地区的地温场特点,还可以推算地球深处的热情况,研究区域性地壳活动以及评价地热资源潜力等。

大地热流实质上是地球表面的散热功率,具有深刻的深部地质和地球物理内涵。大地热流值与地质体的年代呈负相关,与其近代构造活动性呈正相关。如前寒武纪稳定地质区的大地热流值小于 40 mW/m²,新生代造山带的大地热流值大于 80 mW/m²,某些现代裂谷带及大洋中脊带的大地热流值大于 100 mW/m²。全球的平均热流密度约为 63 mW/m²,而海洋与大陆热流密度的平均值则大体相等。如果地层横向热导率不变,大地热流就正比于地温梯度。可直接通过地温梯度的测量,研究大地热流分布特征等。

4. 比热容(C)

比热容是表示岩石储热能力的物理量,是岩石的热学性质参数。其物理意义是指 1 g 质量的岩石温度升高 1 ℃所需要的热量,其单位为 cal/(g • K)(CGS)或 J/(kg • K)(SI)。

比热容与加热或冷却过程有关,在定压条件下称为定压比热容(C_p),在岩石体积保持不变的条件下称为定容比热容(C_v)。设岩石的质量为 m,温度从 T_1 升到 T_2,所需热量为 ΔQ 时,平均比热容($\overline{C}$)和某温度时比热容(C)的表达式见式(9-3)。

$$\overline{C} = \frac{\Delta Q}{m(T_2 - T_1)}, \quad C = \frac{\mathrm{d}Q}{\mathrm{d}T} = \frac{1}{m} \tag{9-3}$$

比热容不为常数,随温度而变,随着温度的增加比热容增加,一般为非线性关系。如在常压下,温度在 270 K 时,大多数结晶物质的比热容为 630～840 J/(kg • K),而在 1 060 K 时比热容为 1 130～1 340 J/(kg • K)。

在室温条件下,不同种类岩石的比热容变化幅度不大,约为 837 J/(kg • ℃)。由于水的比热容较大[15 ℃时为 4 187 J/(kg • ℃)],使得含水量大的岩石,其比热容相应较大,例如沉积岩的比热容一般较大于致密的岩浆岩。

5. 热导率(λ)

热导率是表征岩石导热能力的物理量,是岩石的热学性质参数。热导率越大,其导热能力越大。不同岩石或矿物的热导率具有一定的差异性,岩石的热导率基本上与岩石的矿物成分和结构构造有关,而矿物的热导率与元素和晶体结构有关。

热传导理论和实验证明,对于一根两端温度分别为 T_1、T_2 的均匀物体,当各点温度不随时间而变化(稳态)时,单位时间内通过单位截面积上的热流密度 q 正比于该棒的温度梯度,见表达式(9 - 4)。

$$q = -\lambda \frac{\mathrm{d}T}{\mathrm{d}x} \tag{9 - 4}$$

式中,负号表示热量向低温方向传播。比例系数 λ 称为热导率(亦称导热系数),单位为 cal/(cm·s·K)(CGS)或 W/(m·K)(SI)。该式也被称为简化的傅里叶导热定律。

热导率一般不为常量,随温度而变。岩石或矿物的热导率随温度增加而降低,可用经验公式 $\lambda = 1/(a + bT)$ 来表示,其中 a 和 b 是由实验确定的常数,T 为温度。在常温条件下,大多数岩石的热导率为 $1.7 \sim 5.9$ W/(m·K)。

6. 热扩散率(a)

热扩散率是表征使岩石温度趋于均衡快慢程度的物理量,是岩石的热学性质参数。该系数越大,则表明岩石的温度越容易均衡。热扩散率表达式见式(9 - 5)。

$$a = \frac{\lambda}{C_\mathrm{p}\rho} \tag{9 - 5}$$

式中,a 为热扩散率,λ 为热导率,ρ 为岩石密度,C_p 为定压比热容。热扩散率的单位为 cm^2/s 或 m^2/s。

引入热扩散率可给不稳定热传导过程的分析带来方便。在不稳定热传导过程中,岩石内经历着热传导的同时还有温度场随时间的变化,它表示温度的变化率。在热传导中如果知道热扩散率,通过热传导方程,就可以求出某空间位置达到某温度所需要的时间,或经过某时间所达到的温度。

岩石的比热容一般变化不大,它对热扩散率影响较小。因此,岩石的热扩散率主要与岩石的热导率及密度有关。大多数岩石的热导率很小,使得热扩散率也很小,其范围是$(0.5 \sim 2) \times 10^{-6}$ m^2/s。岩石热扩散率随岩石含水量的增加而增大,岩石的热扩散率在顺岩石层理方向比垂直层理方向要大。

7. 热膨胀系数(α_l,α_v)

热膨胀系数是表征岩石受热后长度伸长或体积膨胀程度的系数,是岩石热学性质参数。实践证明,许多固体的长度和体积随温度升高呈线性增加,见式(9 - 6)和式(9 - 7)。

$$长度变化:l_2 = l_1[1 + \bar{\alpha}_\mathrm{l}(T_2 - T_1)] \tag{9 - 6}$$

$$体积变化:V_2 = V_1[1 + \bar{\alpha}_\mathrm{v}(T_2 - T_1)] \tag{9 - 7}$$

式中,l_1、l_2、V_1、V_2 分别代表 T_1 和 T_2 温度下试样的长度和体积,$\bar{\alpha}_\mathrm{l}$ 和 $\bar{\alpha}_\mathrm{v}$ 为 T_1 上升到 T_2 温度区间的平均线膨胀系数和平均体膨胀系数,单位为 $℃^{-1}$。当 $T_2 - T_1$、$l_2 - l_1$、$V_2 - V_1$ 趋近零时,可得到 T 温度下的线膨胀系数 $\alpha_{\mathrm{l}T}$ 和体膨胀系数 $\alpha_{\mathrm{v}T}$,l_T 和 V_T 为 T 温度下试样的长度和体积,其计算公式见式(9 - 8)和式(9 - 9)。

$$线热膨胀系数: \quad \bar{\alpha}_\mathrm{l} = \frac{l_2 - l_1}{l_1} \cdot \frac{1}{T_2 - T_1}, \qquad \alpha_{\mathrm{l}T} = \frac{\mathrm{d}l}{l_T} \cdot \frac{1}{\mathrm{d}T} \tag{9 - 8}$$

$$体热膨胀系数: \quad \bar{\alpha}_\mathrm{v} = \frac{V_2 - V_1}{V_1} \cdot \frac{1}{T_2 - T_1}, \qquad \alpha_{\mathrm{v}T} = \frac{\mathrm{d}V}{V_T} \cdot \frac{1}{\mathrm{d}T} \tag{9 - 9}$$

8. 岩石放射性生热率(A)

岩石放射性生热率(简称为岩石生热率),是单位质量岩石所含的放射性元素在单位时间内衰变所释放出的热量,单位为 $\mu W/m^3$,实用单位为焦耳每千克年 $J/(kg \cdot a)$。

岩石中放射性元素的衰变生热是地球内部驱动众多深部构造热过程的重要动力来源,也是岩石圈内热场分布的主要控制因素。岩石中所含的天然放射性元素虽然很多,但只有铀、钍、钾 3 个元素因具有足够的丰度且其半衰期可与地球的年龄相比拟而被列为主要生热元素。

岩石生热率的深度分布特征是,放射性元素生热率随深度增加呈指数规律减小。地球不同深度带的生热率估计如下:0~100 km 间产生的大地热流量为 50%;100~200 km 间为 25%;200~300 km 间为 15%;300~400 km 间为 8%;>400 km 为 2%。

9.1.2 热传递方式

众所周知,热能通过一定的方式可以进行传递(播)。其传递方式主要有 4 种,即热传导、热辐射、热对流和热激发。简而言之,热传导是利用质点的热振动来传递热能,热辐射是通过电磁辐射(如红外线)来传递热能,热对流是通过热物质运移来传递热能,热激发则是通过"热激子"将激发的热能传给相邻原子来传递热能。热传导时热量总是自发地由高温处流向低温处,这种热传递不伴随物质的迁移,热辐射过程自然也没有物质的迁移,而热对流和热激发过程具有物质的迁移。热激发的方式主要存在于地幔岩浆的热传递中。

在地下岩石热传递过程中,往往是几种热传递方式同时存在。例如在热传导和热对流的同时,也具有热辐射的存在。热对流的过程中也可能会存在热传导、热辐射和热激发的过程,这 4 种方式可能会同时存在。

1. 热传导

热量从物体温度较高的一部分沿着物体传到温度较低的部分的方式叫做热传导。其条件是相邻物体之间,或同一物体的不同区域具有温度差,形成温度梯度。其微观机制是固体岩石通过内部晶格质点的热振动来进行热传导,对于不流动的流体则通过分子的热振动来层层传递热量,在金属物体中主要是由自由电子的热振动而引起热传导。这些传导在高温下还有明显的电磁辐射形式的热传递,这些热传递过程都没有物质转移。

热导率是热传导过程中一个重要的物性参数。在各向同性介质中,热传导过程可用傅里叶热传导微分方程来表述,见式(9-10)。

$$\frac{\lambda}{C\rho}\left(\frac{\partial^2 T}{\partial x^2} + \frac{\partial^2 T}{\partial y^2} + \frac{\partial^2 T}{\partial z^2}\right) + \frac{A_0}{C\rho} = \frac{\partial T}{\partial t} \qquad (9-10)$$

其中,λ 为热导率;C 为比热容;ρ 为密度;T 为温度;A_0 为热源量(若无热源时,$A_0 = 0$);t 为时间;x, y, z 为空间坐标。

在一维稳定热传导中,热流密度与温度梯度的关系就简化为式(9-4)。

在固体物理学中将半导体和绝缘体的晶格振动热传导称为"声子"导热。它是沿着温度梯度方向以波的形式传播的,与声子传热方式相应的热导率称为声子热导率 λ_a,在 1 000 ℃ 以下,λ_a 可以用式(9-11)表示。

$$\lambda_a = K_0 \rho^{3/2} \mu^3 P^{1/2} T^{-5/4} \qquad (9-11)$$

其中,K_0 为常数;ρ 为密度;μ 为平均纵波速度;P 为压力;T 为温度。

显然 λ_a 随压力增大而增大,但随温度的增加而降低。

在地壳中以热传导的方式进行热量传递的形式很多,如地下热量可以通过岩石,以热传导的方式传递到地球表面上来;侵入岩浆的热量以热传导的方式向围岩扩散;地下各种热液的热能也会以热传导的方式作用于围岩;在地表上来自太阳的热能也能以这种方式传到地下一定的深度。

2. 热辐射

物质中的分子、原子和电子的振动、转动等运动状态的改变,会辐射出频率较高的电磁波,这类电磁波覆盖了较宽的频谱范围,包括可见光与部分红外光区域,这部分辐射线称为热射线。热射线的传递过程称为热辐射。当热射线照射到物体表面时,一部分被吸收,一部分被反射,还有一部分穿过该物体。辐射能与温度的四次方成正比,例如,在温度 T 时黑体单位容积的辐射能 E_T 如式(9-12)所示。

$$E_T = 4\sigma n^3 T^4 / v \tag{9-12}$$

式中,σ 为斯忒藩-波耳兹曼常数,n 为折射率,v 为光速。

在自然界不存在绝对黑体,实际物体的表面辐射能低于同温度下的黑体表面的辐射能。另外,介质的透明度越高,热辐射越容易传播,与可见光类似。这种方式的热导率称为光子热导率 λ_b。按固体物理理论,光子热导率 λ_b 可由式(9-13)来表示。

$$\lambda_b = \frac{16}{3} \frac{n^2}{\varepsilon} \sigma T^3 \tag{9-13}$$

式中,n 是折射率,ε 是暗度(不同频率的平均值),σ 为斯忒藩-玻耳兹曼常数,T 为温度。

只要高于绝对零度,物体就会从表面以电磁波方式向外辐射能量。电磁热辐射可在真空中进行传播,因此太阳的热量就能够传到宇宙空间,传到我们的地球上来。对于岩石来说,只要其温度足够高,岩石的热能也能以辐射的形式传播出去。当温度为 300 ℃时,热辐射中最强的波长为 5×10^{-4} cm 左右,即在红外区。当温度为 500～800 ℃时,最强的波长成分在可见光区,波长一般为 $0.7～1$ μm。

据有关资料,地球表面上每年有 10^{32} erg 的热量来自太阳,但大部分又向外空间辐射出去了,只有很小一部分传导到地下很浅的深度。

3. 热对流

热对流是指流体中质点发生相对位移而引起的热量传递过程,这种传热仅发生在流体中,传递过程必然伴随着物质的迁移。由于流体冷却或加热造成各部分存在密度差而引起的流体运动称为自然对流,流体受外力影响产生的压力差所引起的对流运动称为受迫对流。热对流现象在自然界广泛存在,例如地下热液的活动,岩浆的活动,海洋热流的活动,地幔岩浆的运动等。

可用对流传热方程(牛顿冷却定律)描述对流传热过程的速率关系,其公式见式(9-14)。

$$Q = \frac{\lambda}{\delta} \cdot A \cdot (T - T_w) \tag{9-14}$$

式中,Q 为对流传热速率;A 为传热面积;T 为热流体侧的温度;T_w 为与热流体相接触一侧的壁面温度;δ 为有效膜厚度,将 λ/δ 定义为对流传热系数。

可用瑞利数 R 来判定对流是否能发生。对于一个厚度为 H 的液体层,其受热后的膨胀浮力与阻力的比值,称为瑞利数 R,见式(9-15)。当 R 达到 10^3(临界值)时,就会发生对流。

$$R = \frac{g\alpha\beta\rho C_{p}H}{Kv} \tag{9-15}$$

式中，g 为加速度；α 为体膨胀系数；β 为温度梯度；ρ 为密度；C_p 为定压比热容；K 为热导率；v 为动力黏滞系数。

据其他学者的模拟研究结果表明，地核的 $R=10^{32}$，远远超过临界值，说明地核内发生对流，甚至热对流可能是地核内热传输的主要形式，这为地磁发电机理论提供了依据。上地幔的 R 值也超过临界值，可发生对流作用。但下地幔的 R 值低于临界值，不存在对流。上地幔对流可为上部岩石圈内发生板块构造和海底扩张提供驱动力。

4. 热激发

在地幔中，物质的热能可以从激发的原子传输给尚未激发的原子。这种热传递是借助"热激子"来进行的。"热激子"是一种由辐射激发的原子，但辐射的能量还不足以产生自由电子，所以激子是中性的，它沿着温度梯度的方向流动，将激发能量传给相邻的原子。热激发现象在地球上层不重要，但在地幔中，其作用将超过热传导和热辐射。

按固体物理学理论，"热激子"的热导率 λ_c 可用式（9-16）表示。

$$\lambda_c = K_0 e^{-E/(kT)} \tag{9-16}$$

式中，K_0 为常数，k 为玻耳兹曼常数，E 为激发能量，T 为温度。可见温度越高，其热导率越大。

9.1.3 岩石热学性质参数的测量方法

固体热物理性质参数的测定方法是以热传导方程的特解为基础的。目前使用的测定方法主要有恒定热流法（稳态法），非恒定热流（动态法）和量热法等。恒定热流法比非恒定热流法的精度高，但实验时间长，控制边界条件的难度大。稳态法主要有纵向热流法（如棒状法、板状法）、径向热流法（如圆柱法、圆球法等）和直接通电法（包括纵向和径向热流法）。动态法主要有周期热流法（包括径向和纵向热流法）、瞬态热流法（包括闪光法、线热源法、移动热源法等）。因此，可用于测定热物理参数的方法是多种多样的，各有优缺点，适合于不同的材料。下面简单介绍几种测定方法的基本原理与方法，其他方法不再叙述，可查阅相关文献。

1. 热导率的测定

1）比较法

比较法比较简单，忽略了已知棒和样品周围散热的影响，也忽略了已知棒和未知样品界面上热阻的影响。假定热流密度在纵向上稳定不变，即在已知样品和未知样品中的热流密度相等的条件下，可根据式（9-17）计算未知样品的热导率。

$$q = \lambda \frac{T_1 - T_2}{x_2 - x_1} \tag{9-17}$$

式中，q 为通过样品棒断面的热流密度；x_1 和 x_2 为测温点的位置；T_1 和 T_2 为 x_1 和 x_2 处的等温面的温度。

将已知热导率的样品棒和未知热导率的样品棒紧密连接，如图 9-1 所示。设已知棒的热导率为 λ_0，未知样品的热导率为 λ，一端进行加热，测量已知棒的温度梯度，可求出热流密度值 q。由径向热流稳定不变的假定可知，未知样品中的热流密度应该与已知棒相等，同时再测出未知样品的温度梯度，就可以计算出未知样品的热导率 λ，其计算公式（9-18）和式（9-19）如下：

$$q = \lambda_0 \frac{\Delta T_0}{\Delta x_0}, \qquad \Delta T_0 = T_1 - T_2, \qquad \Delta x_0 = x_2 - x_1 \qquad (9-18)$$

$$\lambda = q \frac{\Delta x}{\Delta T}, \qquad \Delta T = T_3 - T_4, \qquad \Delta x = x_4 - x_3 \qquad (9-19)$$

由式(9-17)可得到式(9-18)和式(9-19)。

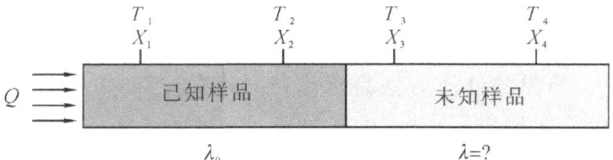

图 9-1　比较法测定热导率示意图

2)板状法

基本原理是将样品制成圆板状夹在加热板与散热板之间(如图 9-2 所示),当系统到达热平衡时,待测样品的传热速率和散热板底面和侧面的散热速率相同。通过测量散热板的冷却率,进而求得样品的热导率。

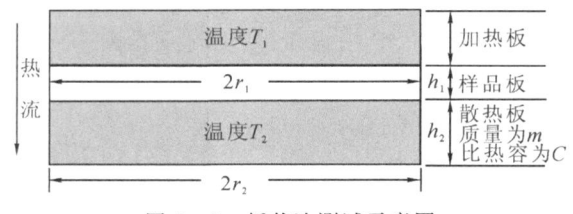

图 9-2　板状法测试示意图

基本公式如式(9-20)、式(9-21)、式(9-22)、式(9-23),其中 T_{10} 和 T_{20} 为达到稳态时样品上下表面的温度,ΔT 为散热板单独在空气中的冷却温度。

热流稳定时样品的传热率等于散热板的散热率:

$$\frac{\Delta Q}{\Delta t}\bigg|_{T_1 = T_{10}} = \frac{\Delta q}{\Delta t}\bigg|_{T_2 = T_{20}} \qquad (9-20)$$

根据傅里叶的热传导定律:

$$\frac{\Delta Q}{\Delta t}\bigg|_{T_1 = T_{10}} = \lambda \frac{T_1 - T_2}{h_1} s \qquad (9-21)$$

散热率与冷却率的关系为

$$\frac{\Delta q}{\Delta t}\bigg|_{T_2 = T_{20}} = mc \frac{\Delta T}{\Delta t}\bigg|_{T_2 = T_{20}} \qquad (9-22)$$

单散热板冷却率的关系为

$$\frac{\Delta T}{\Delta t}\bigg|_{T_2 = T_{20}} = \frac{\Delta T'}{\Delta t}\bigg|_{T_2 = T_{20}} \cdot \frac{\pi r_2^2 + 2\pi r_2 h_2}{2\pi r_2^2 + 2\pi r_2 h_2} \qquad (9-23)$$

联立上述公式得热导率为

$$\lambda = mc \frac{\Delta T'}{\Delta t} \cdot \frac{r_2 + 2h_2}{2r_2 + 2h_2} \cdot \frac{h_1}{T_{10} - T_{20}} \cdot \frac{1}{\pi r_1^2} \qquad (9-24)$$

达到稳态测出 T_{10} 和 T_{20} 后,移开样品,再给散热板加热高于 T_{20} 的 5 ℃,开始测量散热板的冷却温度与时间,绘制温度与时间的关系图,求出 T_{20} 时的斜率,从而得出冷却率,代入式

(9-24)即可求得样品的热导率。

3)岩石热导率的估算

在理论上岩石的等效热导率是岩石中各种矿物热导率 λ_i 及其所占体积比例 χ_i 的函数,如式(9-25)所示。

$$\lambda_{qt} = F(x_i, \lambda_i) \qquad (i = 1, 2, 3, \cdots) \qquad (9-25)$$

岩石中体积比例最大的矿物对岩石热导率起决定性作用,其中 F 函数还与岩石的具体结构有关,但计算很麻烦。简单的计算方法是求出热导率的上下限,岩石的等效热导率就在上下限的范围之中。如果我们知道岩石由 m 种矿物组成,并且已知每种矿物的 λ_i 和体积比 λ_i 知道,就可以利用式(9-26)和式(9-27)计算出热导率的下限 λ_{min} 和上限 λ_{max}:

$$\lambda_{min} = \lambda_1 + \frac{3\lambda_1 A_1}{3\lambda_1 - A_1} \qquad (9-26)$$

$$\lambda_{max} = \lambda_m + \frac{3\lambda_m \cdot A_m}{3\lambda_m - A_m} \qquad (9-27)$$

其中,$1 \leqslant i \leqslant m, \lambda_1 \leqslant \lambda_2 \leqslant \cdots \leqslant \lambda_m$,$A_1$ 和 A_m 可按式(9-28)来计算:

$$A_1 = \sum_{i=2}^{m} \frac{x_i}{(x_i - \lambda_1)^{-1} + (3\lambda_1)^{-1}}, \qquad A_m = \sum_{i=1}^{m-1} \frac{x_i}{(x_i - \lambda_m)^{-1} + (3\lambda_m)^{-1}} \qquad (9-28)$$

2. 热扩散率的测定

测定热扩散率的方法较多,这里仅介绍较常用的闪光法,如图9-3所示,其光源可以是激光脉冲、闪光灯,或者其他可以产生短周期脉冲能量的装置,要求辐射在样品上的光源要均匀,时间要足够短。样品的厚度一般为 1～6 mm,直径为 6～18 mm。可测量温度在 75～2 800 K 范围内,热扩散率在 10^{-7}～10^{-3} m²/s 的均匀各向同性岩石。

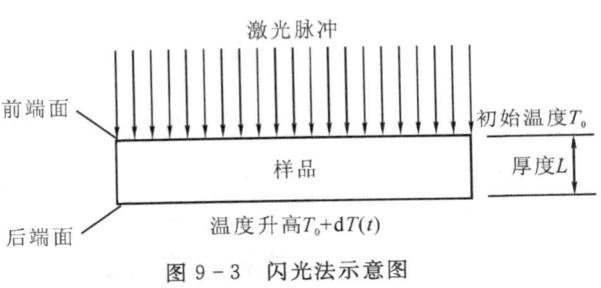

图9-3　闪光法示意图

闪光法的基本原理是,当一束瞬态光能作用在平板试样的前表面时,光能被试样上极薄的一层厚度所吸收,测量试样背后的表面的温升随时间的变化,通过作图读取 1/2 温升所对应的时间 $t_{1/2}$(见图9-4),再通过式(9-29)、式(9-30)和式(9-31)就可求出热扩散率。

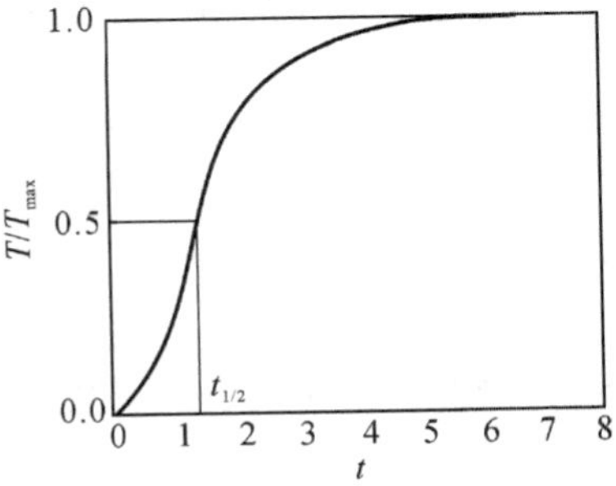

式(9-29)为各时刻温度与最大温度之比、式(9-30)引入参数 ω、式(9-31)导出 α。

$$V(L, t) = \frac{T(L, t)}{T_{max}}$$

$$= 1 + 2\sum_{n=1}^{\infty} (-1)^n \exp\left(-\frac{n^2\pi^2}{L^2}\alpha t\right) \qquad (9-29)$$

图9-4　温升与时间的关系

定义:当 $\omega = \frac{\pi^2 t\alpha}{L^2}$ 时,

$$V(L,t) = 1 + 2 \sum_{n=1}^{\infty} (-1)^n \exp(-n^2 \omega) \tag{9-30}$$

当：$V(L,t_{1/2}) = 0.5, \omega = 1.38$ 时，

$$\alpha = \frac{1.38 L^2}{(\pi^2 t_{1/2})} \tag{9-31}$$

以上，α 为热扩散率，L 为样品厚度，T_{max} 为样品背面的最高温度，t 为时间，$t_{1/2}$ 为温升达到 $1/2$ 所需时间，$V(L,t)$ 为温升（温度与最大温度的比值）。

3. 大地热流密度测定

大地热流密度是地热学研究中的一个重要物理量，它等于温度梯度与岩石热导率的乘积，见式（9-4）。因此，测量热流密度实际上是测定温度梯度与岩石热导率。

在大陆热流密度测量中，为了避免干扰，一般是在钻井中测量地温，确定地温梯度，在测温段采集岩石标本，在实验室测定岩石的热导率，就可计算出热流密度。但获取真实地温和准确热导率，不是一件很容易的事，影响因素较多。深海底部测量热流密度，是将一个装有热敏元件的温度探针，沉入到海底松散沉积层中，测量不同深度的温度，通过采样测定热导率，也可以不取出样本，用特有装置直接测量热导率。

4. 岩石比热的测定

测量比热的方法也是多种多样，如试样加热炉和量热测试部分分离的下落式量热计法、绝热量热计法、电脉冲加法等。其基本原理都是通过测出岩石样品的质量、加热吸收的热量和温升，计算出比热容。另外，已有各种商业化生产的比热测定仪。

其中，稳态绝热量热法的测定方法是：将一定质量 m 的试样装入量热计样品容器中，使之恒定到所需的测试温度后，在绝热条件下，通入一定量的电能 Q_e，使试样产生一定的温升 ΔT，此时，准确测量出电能 Q_e，温升 ΔT，则试样的比热容可按式（9-32）求出。

$$C = \frac{Q_e / \Delta T - H_0}{m} \tag{9-32}$$

式中，C 为比热容[J/(g·℃)]，Q_e 为加热电能（J），ΔT 为试样温升（℃），H_0 为量热计空白热容量（J/℃）。

5. 岩石膨胀系数的测定

测量膨胀系数的方法较多，如顶杆法、干涉法、X 射线法和非接触法等，其中顶杆法作为线膨胀系数的测试手段，由于其适用的材料种类多，温度范围广，操作方便，已发展为标准。

顶杆法是将试样的膨胀量通过一根与载管材质相同且线胀系数很小的顶杆传递出来进行测量的方法。顶杆和载管是膨胀计的核心，要求其尺寸稳定性好，组织结构和物理化学性质稳定，1 000 ℃ 以下一般采用熔融石英。将试样装入膨胀计示差组件内，测温热电偶的接点嵌入或紧贴试样中点。将该组件放入升降温装置，随温度升高或降低，试样长度发生变化，其膨胀量由顶杆传递出来。已知试样的初始长度 L_1，由测温热偶获得温差 ΔT，膨胀组件传递出试样的膨胀量 ΔL，按式（9-33）即可计算该材料在该温度区间内的平均线胀系数。

$$\bar{\alpha_1} = \frac{L_2 - L_1}{L_1} \cdot \frac{1}{T_2 - T_1} = \frac{\Delta L}{L_1 \Delta T} \tag{9-33}$$

9.1.4　岩石热学性质参数的一般特征

岩石作为由矿物组成的整体，其热学参数主要受矿物成分热学性能的控制，其次受各种不

连续面或间断面(如裂隙、裂缝、层理、节理等)、孔隙的发育程度以及孔隙中流体性状的影响，还与温度和压力环境有关。下面将岩石的主要热学性质特征分述如下。

1. 热导率

由表9-1可见，各种矿物的热导率都具有一个较确定的值，岛状结构硅酸盐矿物的热导率向架状结构矿物逐渐降低，其中石英和石盐的热导率较高，非晶硅的热导率较低。但同种岩石的热导率却有一个较大的变化范围，对于完整的岩石，在无其他影响因素时，热导率只取决于组成岩石中各种矿物的热导率与各种矿物所占岩石的体积比例。

表9-1　部分矿物的热导率和比热参数

矿物名称	$\lambda/(\text{W} \cdot \text{m}^{-1} \cdot \text{K}^{-1})$ (25 ℃)	$C_p/(\text{kJ} \cdot \text{kg}^{-1} \cdot \text{K}^{-1})$ (0 ℃)
方解石	3.57	0.793
白云石	5.50	0.930(60℃)
α石英	7.69	0.698
非晶硅	1.36	1.700
镁橄榄石	5.06	—
透辉石	5.02	0.690
透闪石	4.08	—
辉石	3.82	0.749
角闪石	2.88	—
微斜长石	2.49	0.680
透长石	1.65	—
石盐	6.10	—
硬石膏	4.76	0.520

岩石的热导率受孔隙度和湿度的影响较大，热导率随着孔隙度的增加而降低，随着湿度的增加而增加。岩石的热导率与外界温度、压力等有很强的依赖关系。大多数岩石随温度升高，热导率降低，特别是温度升至 473～700 K 时，热导率降低很快。实验表明，0 ℃时，岩石和矿物的热导率都比较高，随着温度的升高，岩石的等效热导率逐渐下降，并且不同岩石之间的分散度逐渐变小，如图9-5所示。

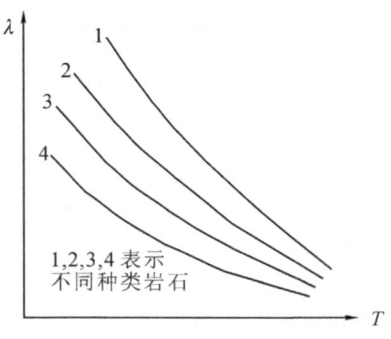

图9-5　热导率与温度的关系

岩石的热导率随压力增大而增大。在室温下，压力升高，沉积岩的热导率增大，最大的增值可达0.44 W/(m·K)。当压力从零升至 100 大气压时，热导率变化最大。压力再升高，则热导率变化不大，或趋于一常数。因此，可以认为在地球表层，随深度增大，温度比压力增大快，导致热导率随深度增加而减小。在地球深部压力增大快时，热导率可能会增大，这意味着在地下某深度岩石热导率可能有一最小值。

另外，岩石的热导率还具有各向异性的特点，热流方向平行层理片理等结构面时热导率较高,垂直于这些结构面时热导率较低。

沉积岩的热导率变化范围比较大,见表 9 - 2。松散的物质如干砂、干黏土和土壤的热导率最低。可燃性有机岩如泥煤、褐煤、炭质油页岩等,热导率较低。陆源泥质沉积岩石的热导率也比较低,且随沉积的固结程度而变。致密或结晶的碳酸盐岩类和石英质岩类的热导率较高。在砾石—砂岩—粉砂岩—泥质板岩系列中,组成岩石的颗粒越小,热导率越低。另外,同种物质不同相态,其热导率有较大差异。例如冰的热导率大于水,而水的热导率又大于水汽。

表 9 - 2 部分沉积岩的热性质参数

岩石名称	热导率 λ/[W/(m·K)]		热扩散率 α/(10^{-7} m²/s)		比热容 C/[kJ/(kg·K)]	
	最小-最大	平均值	最小-最大	平均值	最小-最大	平均值
砾岩	1.05 - 3.86	1.92	6.30 - 11.50	7.89	0.75 - 0.84	0.80
砂岩	0.38 - 5.17	1.66	2.54 - 20.43	9.86	0.67 - 3.35	0.97
粉砂岩	0.41 - 3.58	1.49	5.36 - 15.42	10.28	0.75 - 1.65	0.880
泥质板岩	0.25 - 3.01	1.22	5.94 - 15.28	9.46	0.74 - 0.99	0.87
黏土	0.38 - 3.02	1.49	2.54 - 11.56	6.60	0.75 - 3.55	1.24
灰岩	0.92 - 4.40	2.40	3.91 - 16.96	11.27	0.75 - 1.71	0.89
石盐	1.67 - 5.50	3.64	11.20 - 17.70	15.60	1.47 - 4.65	2.56
煤	0.13 - 0.30	0.21	—	—	—	—

岩浆岩和变质岩的热导率变化范围也比较大,相对于沉积岩来说,一般数值较高,见表 9 - 3 和表 9 - 4。从统计结果来看,在侵入岩中超基性岩的热导率较高,并有向酸性侵入岩逐渐降低的趋势。喷出岩的热导率比相应成分的侵入岩要小,火山熔岩的热导率最小。变质岩的热导率一般在 2.0 W/(m·K) 以上,石英岩可高达 7.6 W/(m·K)。岩浆岩和变质岩的热导率总体在 2.02～5.26 W/(m·K)。

表 9 - 3 部分岩浆岩的热性质参数

岩石名称	热导率 λ/[W/(m·K)]		热扩散率 α/(10^{-7} m²/s)		比热容 C/[kJ/(kg·K)]	
	最小-最大	均值	最小-最大	均值	最小-最大	均值
花岗岩	1.34 - 3.10	2.10	3.33 - 15.0	9.27	0.74 - 1.55	0.95
闪长岩	1.38 - 2.89	2.20	3.32 - 8.64	6.38	1.12 - 1.17	1.14
辉长岩	1.80 - 2.83	2.28	9.32 - 12.17	9.72	0.88 - 1.13	1.01
橄榄岩	3.78 - 4.85	4.37	11.99 - 14.10	13.26	0.96 - 1.01	1.01
玄武岩	0.51 - 2.03	1.45	4.33 - 6.77	5.34	0.76 - 2.14	1.23
凝灰角砾岩	1.70 - 2.06	2.02	—	—	—	—
凝灰岩	1.30 - 3.95	2.34	9.99 - 12.36	10.94	0.80 - 1.41	1.06
熔岩	0.25 - 0.73	0.49	2.35 - 4.13	2.89	0.67 - 1.38	1.12

表 9 - 4 部分变质岩的热性质参数(引自多尔特曼)

岩石名称	热导率 $\lambda[W/(m \cdot K)]$		热扩散率 $a/(10^{-7} m^2/s)$		比热容 $C/[kJ/(kg \cdot K)]$	
	最小-最大	均值	最小-最大	均值	最小-最大	均值
片麻岩	0.94 - 4.86	2.02	6.30 - 8.26	7.32	0.75 - 1.18	0.98
片岩	1.03 - 4.93	2.46	4.90 - 16.17	9.60	0.74 - 1.73	1.10
闪岩	1.57 - 2.89	2.22	5.25 - 8.14	6.69	1.06 - 1.20	1.13
大理岩	1.59 - 4.00	2.56	7.80 - 12.0	11.03	0.75 - 0.88	0.86
石英岩	2.68 - 7.60	5.26	13.6 - 20.89	17.89	0.72 - 1.33	0.99
矽卡岩	1.48 - 2.97	2.31	—	—	—	—
角岩	2.12 - 6.10	3.39	14.54 - 14.54	14.54	1.47 - 1.48	1.48
花岗片麻岩	1.14 - 4.10	2.00	4.30 - 10.20	7.24	0.80 - 1.52	1.11

2. 比热容

岩石的比热容主要与其中的矿物、胶结物、孔隙发育程度及孔隙中流体的比热容有关。岩石比热容的变化幅度一般都不大,而且各类岩石比热容的平均值比较相近,如表 9-2 沉积岩的平均值为 1.09 kJ/(kg·K),表 9-3 岩浆岩的平均值为 1.07 kJ/(kg·K),表 9-4 变质岩的平均值为 1.17 kJ/(kg·K)。表 9-1 矿物的平均值为 0.85 kJ/(kg·K) 左右,矿物的平均值略低于岩石。

岩石的比热容随温度的升高而增大,而且各种岩石的比热容随温度变化的曲线形态和幅度都有所差异,一般为非线性关系,在相对低温段的变化率大于高温段。

岩石的比热容随着含水量的增多而增大。这主要是由于水的比热容较大[15 ℃时为 4.19 kJ/(kg·℃)],使得含水量大的岩石比热容相应增大。因此,沉积岩的比热容有时会大于其他致密岩石。

3. 热扩散率

岩石的热扩散率主要受其中矿物、胶结物、孔隙发育程度及孔隙中流体的热扩散率的控制。大多数岩石的热扩散率都很小,其范围是在 $(5\sim20)\times10^{-7}$ m²/s 之间。岩石的热扩散率一般随着温度的升高而降低,为非线性关系。因此,随着温度的增高,不同类岩石之间的热扩散率差异性会逐渐减小。

在沉积岩中砂岩的热扩散率大于泥岩和泥质岩,在砂岩中细粒砂岩大于粗粒砂岩,致密的化学沉积岩最大。在岩浆岩中侵入岩的热扩散率往往大于喷出岩。在变质岩中比较均匀而致密的大理岩和石英岩的热扩散率一般大于区域变质岩。仅从表 9-2、表 9-3、表 9-4 的三类岩石的平均值来看,变质岩热扩散率的平均值为 10.62×10^{-7} m²/s,岩浆岩热扩散率的平均值为 9.15×10^{-7} m²/s,沉积岩热扩散率的平均值为 10.14×10^{-7} m²/s。

4. 热膨胀率

岩石和矿物的热膨胀率一般随着温度的升高而增大,也为非线性关系,但不同的岩石和矿物的热膨胀率具有较明显的差异。

从表 9-5 的数据来看,方解石和食盐的热膨胀率最大,而硅酸盐类矿物的热膨胀率相对较小。在岩石中,比较均匀致密细粒的白云岩、大理岩和石英岩等的热膨胀率较高。侵入岩的热膨胀率大于同类型的喷出岩(如辉长岩和玄武岩)。砂岩的孔隙度增大,其热膨胀率减小。凝灰岩的热膨胀率最小。在表 9-5 中矿物热膨胀率的平均值为 0.27%。岩石热膨胀率的平均值为 0.34%,岩石的膨胀率略大于矿物。这可能是受岩石的结构和构造因素的影响所致。

表 9-5　部分矿物和岩石的热膨胀参数(600 K)

矿物名称	线性热膨胀率(%)	岩石名称	线性热膨胀率(%)
石英	0.30~0.40	辉长岩	0.29~0.30
长石类	0.24	玄武岩	0.18~0.19
普通角闪石	0.20~0.31	白云岩	0.44~0.45
榴石类	0.28~0.29	角闪岩	0.19~0.20
橄榄石	0.25~0.30	大理岩	0.30~0.60
刚玉石	0.15~0.22	石英岩	0.44~0.45
黄铁矿	0.32~0.33	黑曜岩	0.15~0.16
方解石	0.75	砂岩	0.4/0.18(孔隙度 3/14)
食盐	0.90~1.10	凝灰岩	0.11~0.13

5. 放射性生热率

虽然天然放射性元素很多,但对岩石放射性生热率有较大贡献的放射性元素必须满足三个条件:第一,放射性元素在构成地球的岩石中具有足够的丰度;第二,放射性元素的生热量要大;第三,放射性元素的半衰期要与地球的年龄相当。在自然界的放射性元素中只有 U、Th、K 满足这三个条件。表 9-6 是这三种放射性元素在 8 种岩石中的平均含量和生热率。

从表 9-6 可见,酸性岩(如花岗岩)的生热率最大,而基性(如玄武岩)和超基性岩(橄榄岩等)的生热率最小。放射性元素在地球分异演化过程中集中于地壳及上地幔顶部,以大陆地壳上部的酸性岩浆岩最为富集,而基性岩含量最低。

表 9-6　部分岩石放射性元素含量及生热率

岩石名称	放射性元素平均含量/10^{-6}			平均总生热率
	U	Th	K	$4.186\ 8×10^{-11}$ J/(kg・a)
沉积岩	3.00	5.00	20 000	373.0
花岗岩	4.75	18.5	37 900	818.0
花岗闪长岩	2.00		18 000	340.0
玄武岩	0.60	2.70	8 400	120.5
榴辉岩	0.025	0.45	2 600	34.30
橄榄岩	0.015	0.05	63	2.26
纯橄榄岩	0.008	0.023	8	1.07

9.1.5　地球深部的热参数特征

在地壳及地幔中,热传导的热导率($λ_a$)随深度增加逐渐降低,到一定的深度,大约 100~

150 km 处时,这种热导率达到最小值。之后由于压力的影响程度超过温度的影响,从而使热导率随深度的增加而增大。热辐射相应的热导率(λ_b)与温度的三次方成正比,因此随着深度的增加而逐渐增大。热激发的热导率(λ_c)在地球上层是不重要的,但在地幔中其作用将超过热辐射和热传导,大约在 200～300 km 的深度以后大大超过热辐射和热传导的作用。这三种传热机制在不同深度上对热传输的贡献不同,如图 9-6 所示。地壳主要为热传导,地幔则主要为热激发。

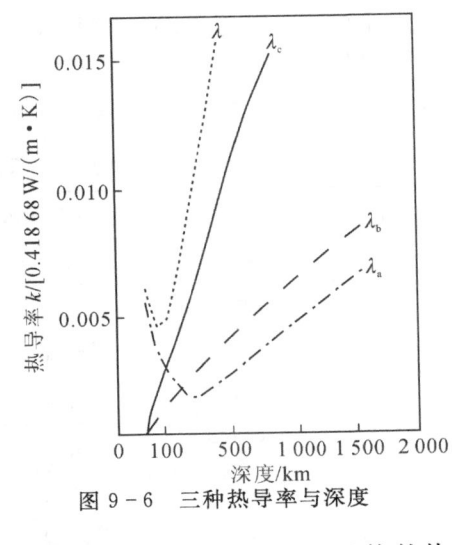

图 9-6　三种热导率与深度

从表 9-7 来看,随着地球深度的增加,热导率不断增加,从地壳的 2.5 增大到内地核的 36,地核约为地壳的 15 倍,也就是说地核物质的导热性能非常高。比热容从地壳到地幔逐渐增加,地幔部分最高,地核部分的比热容反而降低,地核比热容约为地幔的 50%。热膨胀率从地壳到地核逐渐减小,地核的热膨胀率最小,内核约为地壳的 25%。热梯度随着深度在不断增加,但在地核部分热梯度大幅度降低。

表 9-7　地球不同深度的热参数

地球深度部位		温度/K	热导率/[W/(m·K)]	比热容/[kJ/(kg·K)]	体膨胀率/(10⁻⁵/K)	绝热梯度/(K/km)
陆壳		280～650	2.5	1.17	3.0	
洋壳		280—550	2.5	1.17	3.0	
大陆区的上地幔	35～120 km	750～1 270	3.1	1.25	3.0	0.15～0.34
	120～370 km	1 270～2 025	3.3～6.5	1.26	2.9～2.0	0.32
海洋区的上地幔	10～120 km	550～1 670	3.3	1.25	3.0	0.15～0.34
	120～370	1 670～2 035	3.7～6.9	1.26	2.9～2.0	0.32
	地幔过渡带	2 030～2 250	6.9～7.3	1.26	1.9～1.5	
	下地幔	2 250～3 160	7.3～9.6	1.27	1.9～1.0	0.34～0.25
	外核	3 160～4 170	27～35	0.71～0.66	1.6～0.8	0.76～0.22
	内核	4 170～4 290	36	0.64	0.7	0.20～0.00

9.1.6　地球的热源问题

虽然地球表面海水占据多半面积,两极常年冰天雪地,但内部则是一个巨大的"热球体"。由地表到地核温度越来越高,从地表的几摄氏度上升到地核的 4 000 多摄氏度。地球的内热最直接的的表现是炽热的岩浆喷发、高温和低温的各种温泉涌动、钻井采出的地下热水和可以测量到的地表热流。那么我们不禁要问,地球的热源究竟是什么?目前,地学界大多数学者一致认为放射性衰变是地球最主要的热源,而其他热源,如重力分异热、潮汐摩擦热以及化学反应热等均不占主要地位。

1. 放射性元素产生的放射热

放射热是指由地球内部的放射性物质发生核反应时所释放出的热能。地球内部含有许多放射性元素,不同的放射性元素的半衰期不同,衰变过程中所释放出来的热量也不相同。在整个地球历史中,放射性元素已释放出巨大的热量。

虽然在地球内部存在着多种放射性元素,但只有丰度大、生热量大、半衰期与地球年龄相当的放射性元素的放射热才能构成主要放射热源。半衰期短的放射性元素只在地球早期起过作用,半衰期过长的放射性元素的热效果可能现在还没有充分发挥出来。

满足上述条件的放射性元素有 ^{238}U、^{235}U、^{232}Th 和 ^{40}K。^{238}U 衰变到 ^{234}Th 的半衰期约为 45 亿年,^{235}U 衰变到 ^{231}Th 的半衰期约为 7 亿年,^{232}Th 衰变到 ^{228}Ra 的半衰期为 140 亿年,^{40}K 衰变到 ^{40}Ca 的半衰期为 13 亿年,这 4 种放射性元素的生热率高,其中 ^{238}U 和 ^{235}U 的生热率最高,它们的丰度相对也很高。有人估算放射性元素的总热量为 9.5×10^{20} J/a。

根据地球天然放射性元素的分布,从地表流出热量的理论计算值要比已知的热量大 2～3 倍。如果计算结果准确,则可推测出一个很重要的地质结论,即地球似乎在不断加温,而不是在逐渐冷却。

2. 地球的重力分异热

据研究资料显示,大约 45 亿年前形成的原始地球是一个未曾分异、较为均质的低温尘埃、气体和陨石物质的“混合体”。这类原始物质通过不断地聚集和体积收缩形成地球。地球收缩时所释放的重力能和物质碰撞动能的热能也是一种长期有效的热源。这是地球物质在重力作用下,向地心集中时由位能所转换成的热能。它在地球形成初期以及核幔分异过程中曾起过很大作用,有人估算其值为 5×10^{21} J/a。

3. 其他热源

潮汐摩擦热:在太阳和月亮的引力作用下,地球上的水,甚至是地球内部的岩浆都会与坚硬的地壳发生相对运动而产生摩擦,这种摩擦作用能够所释放出热量。有人估计,潮汐每年能释放出 10^{19} cal 的能量,相当于地球内部放出总热流量的 4%～5%。

化学反应热:即地壳中的放热化学反应所产生的热量。最主要的化学反应是硫化物的化学转变,这种作用形成局部热源,往往可以引起局部地热异常,但对地球的热能及热平衡并不重要。

9.2　岩石的核物理(放射性)性质

在岩石和矿石中常常含有不同种类及含量的天然放射性元素,这就决定了岩石具有一定的放射性质。放射性元素的衰变不受自身化学状态、温度、压力、电磁场的影响,受外界因素的影响也很小,几乎可以忽略。另外,在人工放射性源的激发下,岩矿中的原子也具有一定的核辐射特性。岩石中天然放射性元素和人工核辐射元素的特性与分布特征,可为我们研究一些与核物理相关的地质问题提供独特的依据。

9.2.1　放射性核素及其衰变规律

1. 放射性核素

具有确定质子数和中子数的原子称为核素。某些核素的原子核不稳定,能自发地放出射线而变成另一种核素的原子核,这种现象称为放射性衰变。具有不稳定原子核的核素称为放射性核素。

大部分元素都包含稳定核素和放射性核素。例如就氢元素而言,$_1^1$H 和 $_1^2$H 是稳定的,而 $_1^3$H 是具有放射性的。原子序数大于 83 的元素不包含稳定核素。在放射性核素中,只有一少部分是自然界岩石本身存在的天然放射性核素,其他大多数都是通过核反应制造的人工放射性核素。例如铀元素有十几种核素,从 $_{92}^{226}$U 到 $_{92}^{240}$U,它们都具有放射性,然而只有 $_{92}^{234}$U、$_{92}^{235}$U、$_{92}^{238}$U 三种是天然存在的。

2. 放射性衰变类型

在放射性核素的衰变过程中,产生衰变的核素为母体,经衰变而形成的新核素为子体。按衰变的物理特性,可分为三种衰变类型。

(1)α 衰变:核内自发地放出 α 射线的过程称为 α 衰变。衰变时放射出初速度为 20 000 km/s 的高速氦核粒子流,这种氦核粒子流称为 α 射线。α 衰变后,子体的原子序数比母体要减少 2,相对原子质量减少 4,如式(9 - 34)。

$$_Z^A X \rightarrow _{Z-2}^{A-4} Y + _2^4 He \tag{9 - 34}$$

(2)β 衰变:核内自发放出 β 射线,或原子核"俘获"一个轨道电子的过程称为 β 衰变。在核素的中子过剩的情况下,中子衰变成为质子,放出反中微粒子和接近光速的电子流,这种电子流称为 β 射线,子体的原子序数增加 1,见式(9 - 35)。在质子过剩的情况下,原子核俘获电子成为中子,放出中微粒子,原子序数减少 1,见式(9 - 36)。

$$_Z^A X \rightarrow _{Z+1}^A Y + \beta^- + \bar{v} \quad (中子过剩) \tag{9 - 35}$$

$$_Z^A X + e^- \rightarrow _{Z-1}^A Y + v \quad (质子过剩) \tag{9 - 36}$$

(3)γ 跃迁:经过 α 和 β 衰变后的高能态原子核转变为低能态或基态原子核时放出 γ 射线的过程称为 γ 跃迁。衰变形成的子体核,往往处于不稳定的激发态,它们就会以发射 γ 光子的形式释放一定的能量,而回到较低的激发能态或基态。放出的 γ 光子(γ 射线)具有波粒二重性,是一种高能电磁波,不带电荷,速度等于光速,能量变化范围在 0.01~2.6 MeV。

(4)自发分裂:某些重核(主要是 $_{92}^{238}$U)还可以自发裂变成碎片,形成新元素的同位素,如 $_{54}^{130}$Xe 和 $_{56}^{140}$Ba,同时每个核放出的能量约达 150~200 MeV。$_{92}^{238}$U 产生自发裂变的周期为 4×10^{16} a,$_{92}^{235}$U 的裂变周期为 1.9×10^{17} a。

3. 衰变规律

不同的放射性核素,其衰变快慢程度不同,有的核素衰变很快,几秒就衰变完了,有的核素则非常慢,半衰期需要几十亿年,几乎从岩石形成到现在还存在。E. 卢瑟福和 F. 沙笛于 1902 年已经阐明了天然和人工放射性核的放射性衰变规律,该规律建立了衰变的原子核数量与现有放射性原子核数量之间的比例关系,见式(9 - 37)。

$$dN = \lambda N dt \tag{9 - 37}$$

式中,dN 为 dt 时间内从总原子数 N 中所衰变掉的原子核数,λ 为表征元素衰变速度的常数。

大部分天然和人工放射性同位素的衰变常数是恒定的,几乎不受任何外界条件(物理和化学条件)的影响。对式(9-37)积分后可得到放射性元素的数量随时间而变化的指数规律,见式(9-38),该式是在大量放射性核素统计意义下得到的规律。

$$N = N_0 e^{-\lambda t} \tag{9-38}$$

式中,λ 为衰变常数,t 为时间,N_0 为开始时的放射性核数,N 为经过 t 时间后的放射性核数。放射性核素衰变到初始数量的一半所需要的时间称为半衰期($T_{1/2}$),见式(9-39),放射性核素的寿命一般用半衰期来衡量。

$$T_{1/2} = 0.693\ 15/\lambda \tag{9-39}$$

4. 放射性参数单位

放射性参数用来衡量岩石和矿物的放射性。由于历史及学科的原因,放射性测量的单位比较繁杂,可参阅专门介绍的文献。主要法定单位有:

(1)放射性活度:指放射性元素每秒衰变的原子核数,单位为贝可[勒尔](Bq),放射性核素每秒钟衰变一次为 1 Bq。

(2)照射量:表示射线空间分布的辐射剂量,单位为库[仑]/千克(C/kg),用 γ 射线或 X 射线在质量为 dm 的空气中引起的一种符号总电离量的比值来表示,即 $X = dQ/dm$。

(3)照射量率:单位时间的照射量,单位为库[仑]每千克秒[C/(kg·s)]。

(4)吸收剂量:指单位质量物质受辐射后吸收的辐射能量,$D = dE/dm$,单位为戈[瑞](Gy)。实验表明,不同密度或组分的物质放在同一点的空气中,即使照射量相同,吸收剂量也不相同。

(5)质量分数和质量浓度:放射性物质的质量与其混合物总质量之比称为质量分数,与其混合物总体积之比称为质量浓度,单位有‰、ppm、ppb、kg/m^3、g/L 等。

9.2.2　放射性系列及放射平衡

1. 放射性系列

每种母体都自发衰变产生子体,而子体又衰变形成下一代子体,如此继续下去,直至产生最后一代稳定的核素为止。从起始母体连同它衍生的各代子体一起,就组成了一个放射性系列。以它们各自的起始母体命名系列名称。如铀($^{238}_{92}$U)系,钍($^{232}_{90}$Th)系和锕铀($^{235}_{92}$U)系等,每个系列可包括15~18个同位素。其他的放射性元素(如$^{40}_{19}$K、$^{87}_{37}$Rb 等),只是衰变一次,不形成放射系列。

上述三个放射性系列,起始母体的半衰期都在 10^8 a 以上。每个系列各有一代原子序数为86 的气态子体,称为射气。铀系列叫氡气,钍系列叫钍射气,锕铀系列叫锕射气,后两者是氡的同位素,氡是镭的 α 衰变产物。在气态核素之后的衰变过程中可放出强 γ 射线,各系最后的稳定核素都是铅的同位素。

2. 放射性平衡

1)放射性平衡

如果母体的衰变常数 λ_1 比子体衰变常数 λ_2 小很多,则可以认为母体数量不随时间变化,而子体数量随时间逐渐增加,最后达到一个定值。这时,母体和子体在数量上就保持一个稳定的比值。或者说随着衰变的进行,最后达到上代衰变使下代的增加量与下代自己又衰变的减少量保持平衡,我们将这种平衡称为放射性平衡。

在一个放射性系列中,只要时间足够长,整个放射性系列中各代核素都可以达到放射平衡。达到平衡状态所需要的时间,为相应放射系列中寿命最长的子体元素半衰期的 10 倍,例如,铀系达到平衡需要 2.44×10^6 a。达到平衡后,单位时间内母体衰减成子体的原子核数量与子体自身衰变而减少的原子核数量相等,其表达式见式(9 - 40)。

$$\lambda_1 N_1 = \lambda_2 N_2 = \cdots = \lambda_i N_i = \cdots = \lambda_n N_n \qquad (9 - 40)$$

因此,若某母体元素 M_1 的含量(重量)已知,则任意一种子体放射元素在达到平衡时的数量 M_n(重量)可用式(9 - 41)表示,其中 A 为相对原子质量。

$$M_n = \frac{\lambda_1 M_1 A_n}{\lambda_n A_1} \qquad (n = 1, 2, 3, \cdots) \qquad (9 - 41)$$

2)铀镭平衡

在自然界,铀和镭的地球化学性质差别较大,由于淋蚀作用和射气的逸出,放射平衡可能会遭到破坏。铀和镭可产生不同程度的流失,氡射气可作长距离的迁移。铀和镭之间的平衡状态可用放射平衡系数 K_{pp} 来表示,见式(9 - 42)

$$K_{pp} = \frac{M_{Ra}}{M_U} \times 2.9 \times 10^6 \qquad (9 - 42)$$

式中,平衡时 $K_{pp} = 1$,平衡偏镭时 $K_{pp} > 1$,偏铀时 $K_{pp} < 1$。

3)铀系中射线的主要辐射体

铀镭平衡时,铀系中的 γ 辐射体为 $^{214}_{83}Bi$ 放出的 γ 射线,相对强度占整个系列的 85.5%, $^{214}_{82}Pb$ 约占 12.4%,即铀系中 98% 的 γ 射线是 $^{238}_{92}U$ 的第 8 代和第 9 代子体 $^{214}_{83}Bi$ 和 $^{214}_{82}Pb$ 产生的。因此,野外测量到的 γ 射线并不是 $^{238}_{92}U$ 产生的,而是其第 8 代和第 9 代子体所贡献的。其他系列 γ 辐射体也主要是镭以后的核素。

α 射线强度在钍以前所有核素中占 31.8%,在镭以后所有核素中占 68.2%。β 射线强度在钍以前所有核素中占 41%,在镭以后所有核素中占 59%。而 γ 射线强度在镭以后所有核素中就占了 98%。

9.2.3 射线与物质的相互作用

1. α 射线与物质的相互作用

α 粒子可与原子中的壳层电子发生静电作用,使电子获得能量,并从原子中逸出,成为自由电子,同时原子变成带正电的离子,这种效应称为电离。如果壳层电子获得的能量不足以使它从原子中逸出,它就只能跃迁到更高的能级,这种效应称为激发。α 粒子在物质中耗尽全部动能后就停下来,并被物质吸收。

α 射线(带正电的氦核)具有很强的电离和激发能力,但由于它的质量大,所以其穿透能力很小,散射作用不明显。

2. β 射线与物质的相互作用

粒子(带负电的电子)的质量很小,它与原子壳层电子或原子核作用时,容易改变自身的运动方向,但变向前后的总动能不变,这种现象称为弹性散射。弹性散射的径迹为一条不规则的折线。

当 β 粒子快速掠过原子核附近时,由于受库伦力的作用而突然改变速度,使其一部分动能转变为电磁辐射,称为韧致辐射。

粒子也能使物质发生电离和激发,但和 α 射线相比,它在物质中通过单位距离所生成的离子数约小 99%,但 β 射线的穿透能力却比 α 射线约高出 100 倍。

3. γ 射线与物质的相互作用

γ 射线具有波动和粒子的双重性。因此,γ 射线也能使物质发生电离,但电离能力大约是 β 射线的 1%,而穿透能力大约是 β 射线的 100 倍。与物质作用时,主要产生三种效应,天然放射性核素产生的 γ 射线在岩石中的作用以康普顿效应为主。

光电效应:低能量(<0.5 MeV)的 γ 光子与物质作用时,可将其全部能量转给原子而自身消失,原子又将这些能量几乎全部交给一个壳层电子。该电子耗去一部分能量克服原子的束缚而逸出,称为光电子,另一部分能量则成为光电子的动能,这种作用称为光电效应。

康普顿效应:能量较高(0.5~1.02 MeV)的 γ 光子可以直接与原子的壳层电子发生碰撞,碰撞后光子损失能量从而改变运动方向,电子获得能量而从原子中飞出,这种现象称为康普顿效应(或康普顿散射)。从原子中的逸出的电子称为反冲电子,改变了运动方向的 γ 光子称为散射光子。

电子对效应:能量大于 1.02 MeV 的 γ 光子经过原子核(特别是重原子核)附近时,有可能被吸收而失去全部能量,转化成由一个正电子和一个负电子组成的电子对,这种作用称为电子对效应。

上述的三种射线在岩石的覆盖层中的穿透能力大致为:γ 射线一般能穿过 0.5~1 m,β 射线能穿过几毫米,而 α 射线只能穿过 30 μm。

9.2.4　放射性的主要测量方法

测定岩石放射性以及放射性元素含量的方法有很多种。这些方法基本上都是利用了放射性衰变产物的各种放射性,以及放射性引起的结果情况来实现测量的。

进行放射性测量时,尽管观测条件不变,但观测值在随机变化,此现象叫作放射性测量的统计涨落。其原因是,原子核自发衰变带有偶然性,在某一时刻的衰变量有可能多,也可能有少。为了提高测量精度,需延长测量时间,增多测量次数来提高总计数。

1. γ 测量

γ 测量法是利用仪器测量地表岩石或覆盖层中放射性核素发出的 γ 射线,该方法简单方便,测量效率高。通过测量地表 γ 射线强度的分布,来研究与此相关的地质问题。但 γ 测量是测量地表 γ 射线的总量,不能区分是哪种放射性核素产生的 γ 射线。由于 γ 测量的深度小,测量时要在基岩出露良好或机械晕发育的部位效果最好。γ 测量法的辐射仪由 γ 探测器和记录装置构成,最常用的 γ 探测器是闪烁计数器。

2. γ 能谱测量

为了区分产生 γ 射线核素的种类,发展了 γ 能谱测量。基本原理是,各种放射性核素的 γ 光子具有不同的能量,而且即使同种核素的原子核从激发态跃迁到不同的低能态时,放射出的 γ 光子能量也不同。将某种核素的各种 γ 光子按其能量顺序排列可构成核素的特征 γ 能谱,不同系列放射性元素具有特定的 γ 能谱。如铀系的主要特征谱线有:0.352 MeV、0.609 MeV、1.12 MeV 和 1.764 MeV 等,而钾的放射性核素只有一条 1.46 MeV 谱线。利用 γ 能谱仪分析 γ 射线能谱特征,就能达到分析产生 γ 射线核素种类的目的,可探测深度为 1~2 m。

3. 射气测量

气态放射性元素（86 号核素）一部分可进入岩石孔隙或土壤及大气中，岩石（矿体）中的射气在压力差的作用下，向地表扩散，构成射气场。可利用抽气筒通过插入地下的取气针将土壤中的气体引入到仪器的闪烁室。气体中若含有氡，则其衰变放出的 α 粒子就会冲击到闪烁室内壁的硫化锌晶体上，产生光电子。光电子经光电倍增管转换为电压脉冲信号，达到测量的目的。射气测量的深度约为 5~8 m。

4. α 径迹测量

具有一定动能的质子、α 粒子、重粒子等带电粒子以及裂变碎片射入绝缘材料时，在它们经过的路径上会造成物质的辐射损伤，留下微弱的痕道，称为潜迹，这种潜迹密度大小与土中射气量成正比关系。在测量时，将已制备的绝缘材料悬挂在杯里，杯底朝上埋在 30~40 cm 深度的坑中，20 天后取出杯中的绝缘材料进蚀刻，用显微镜分析径迹数目和密度，可探测深度为 200 m。

5. α 卡法

α 卡法是一种短期积累测量方法。α 卡是用对氡的子体具有强吸附能力的材料制成的卡片。将卡片放在测量的杯子里，埋在地下聚集土壤中氡子体的沉淀物，数小时后取出卡片，在现场用 α 辐射仪测量卡片上沉淀物放出的 α 射线的强度，便能发现微弱的放射性异常，达到寻找铀矿或解决其他地质问题的目的。卡片法比射气测量灵敏度高，探测深度较大，又比径迹法测量的周期短，因此得到广泛应用。

6. Po-210 法

Po-210 法也是一种累积法测氡技术。其原理为氡之后的放射性核素 ^{210}Pb 的半衰期比较长（约 22 a），能够代表该地较长时期氡浓度的平均值。但 ^{210}Pb 是一个弱辐射体，不易测量，但其后的子体 ^{210}Po 却有较强的 α 辐射。在野外采集岩样，用电化学处理的方法把样品中的放射性核素 ^{210}Po 置换到金属片上，再用辐射仪测量金属片上 ^{210}Po 放出的 α 射线，来确定 ^{210}Po。该方法可以用来发现深部铀矿，寻找构造破碎带，或研究其他地质问题。

7. 活性炭法

活性炭法测量也是一种累积法测氡技术。其原理是，干燥的活性炭对氡有极强的吸附能力。因此，把装有活性炭的取样器埋在土壤里，可以强烈地吸附土壤中的氡。持续一定时间后取出活性炭，测定其放射性，便可以了解该测点氡的情况，据此发现异常并解决有关的地质问题。其特点是，灵敏度高，效率也较高，技术简单成本低，能够区分 ^{222}Rn 和 ^{220}Rn，适用于覆盖较厚，气候干旱的荒漠地区。

8. 热释光法

热释光法是将发光体（热释光体）埋在地下，接受各种放射线的照射，发光体被激发储存了能量，然后加热发光体，使发光体以光的形式把照射能量再释放出来，记录下相应的温度和光强度，就可以绘制出光强与温度的曲线。探测器接受的辐照愈多，其发光强度愈强。热释光法可以了解测点的辐射水平及放射性元素的分布情况，进而解决不同的地质问题。另外，自然界的许多矿物具有热释光现象，通过选取矿物进行热释光测量，可以推算该矿物过去接受辐射的情况，等等。

9. 其他方法

放射化学法可以测量 Ra、Th 和其他元素的含量，比色法可测量 U 和 Th 的含量，荧光法常用于测量 U 的含量。

9.2.5　放射性核素的分布特征

放射性核素的分布,不论是在矿物中,还是在岩石中,甚至在地壳中的分布都极不均匀,具有很大的差异性。在地壳岩石中分布广、辐射强的放射性元素主要为铀、锕铀、钍和它们的衰变产物以及放射性钾。地壳内部所产生的放射成因热 99% 以上也源于这些元素。这 4 种放射性核素占各自同位素的含量分别是,铀为 99.37%,锕铀为 0.73%,钍为 100%,放射性钾为 0.011%。虽然放射性钾在钾同位素中占的比例很小,但在大部分岩浆岩、变质岩和沉积岩中,钾含量是比较高的,因此它对矿物的天然放射性贡献可和铀与钍相比拟。

1. 矿物中的放射性及含量

放射性元素含量在不同种类矿物中的变化幅度极大,如 $n \cdot 10^{-7}\%$(橄榄石、石榴石)至 $n \cdot 10\%$(独居石和铀钍矿物)。根据放射性强度差别,可以把地壳中的各种矿物分为 6 组,见表 9-8。弱放射性的主要是硅铝质造岩矿物(石英、长石、霞石等);具有正常放射性或略为偏高的放射性矿物主要是以暗色矿物为主的造岩矿物(黑云母、闪石、辉长石等);放射性偏高的主要是一些副矿物和金属矿物(磷灰石、异性石、萤石、钛铁矿、磁铁矿等);高放射性的矿物主要为一些较稀有的副矿物(榍石、褐帘石、独居石、锆石等);放射性最高的矿物为内生的铀、钍矿物和表生的钙铀云母、铜铀云母等。

表 9-8　矿物的放射性及含量

放射性程度	代表矿物	含量(质量分数)(%)		Th/U	含量与克拉克值比	
		U	Th		U	Th
最高放射性(铀和钍矿物)	晶质铀矿、沥青铀矿、方钍石等	56~85	20~40	<0.01 铀矿 40~80 钍矿	>10 000	>10 000
	钙铀云母、铜铀云母、板菱铀矿	40~60	<0.01	<0.001	>10 000	—
高放射性(稀有副矿物)	锆石、含钍褐帘石	$4~20\times10^{-2}$	$4~10\times10^{-2}$	<1	100~1 000	10~100
	褐帘石、独居石	$6~20\times10^{-2}$	1~3	>10	100~1 000	100~1 000
偏高放射性(常见副矿物)	榍石、磷灰石、磁铁矿等	$1~10\times10^{-3}$	$3~20\times10^{-3}$	2~5	5~30	2~15
正常放射性(次要造岩矿物)	黑云母、角闪石等	$4~8\times10^{-4}$	$8~18\times10^{-4}$	1.5~2.3	2~3	1~2
弱放射性(主要造岩矿物)	石英、钾长石、酸性斜长石等	$1~3\times10^{-4}$	$2~8\times10^{-4}$	1.8~4.5	0.5~1	0.2~0.5
低放射性(铁镁岩石矿物)	辉石、基性斜长石等	$<(0.1~1.0)\times10^{-4}$	$<(0.1~1.0)\times10^{-4}$	2~5	<0.2	<0.2

2. 岩石中放射性核素

1) 岩浆岩

通常岩浆岩放射性核素的含量以酸性岩为最高，并随着岩石酸性的降低而逐渐降低。但即使岩性和成分相同，不同形成时代、不同产出地区岩石中放射性核素的正常含量也可以有很大的差异。对同一类型的岩浆岩而言，年代愈新，放射性核素含量愈高。一些常见岩浆岩和沉积岩的放射性核素含量见表9-9。

表9-9　岩石中各类放射性核素的平均质量分数(%)

岩石	核素						Th/U 钍铀比
	$^{238}_{92}$U 铀	$^{232}_{90}$Th 钍	$^{226}_{88}$Ra 镭	$^{222}_{86}$Rn 氡	$^{210}_{84}$Po 钋	$^{40}_{19}$K 钾	
酸性岩（花岗岩，流纹岩）	3.5×10^{-4}	1.8×10^{-3}	1.2×10^{-10}	7.6×10^{-16}	2.6×10^{-14}	3.34	5.15
中性岩（闪长岩，安山岩）	1.8×10^{-4}	7.0×10^{-4}	6.0×10^{-11}	3.9×10^{-16}	1.3×10^{-14}	2.31	3.9
基性岩（玄武岩，辉绿岩）	5.0×10^{-5}	3.0×10^{-4}	2.7×10^{-11}	1.7×10^{-16}	5.9×10^{-15}	8.3×10^{-1}	3.75
超基性岩（纯橄榄岩，辉岩）	3.0×10^{-7}	5.0×10^{-7}	1.0×10^{-11}	6.5×10^{-18}	2.2×10^{-16}	3.0×10^{-2}	1.67
沉积岩（页岩，片岩）	3.2×10^{-4}	1.1×10^{-3}	1.0×10^{-10}	6.5×10^{-16}	2.4×10^{-14}	2.28	3.4

2) 沉积岩

沉积岩中放射性核素的含量主要取决于岩石中泥质含量的多少。这是因为黏土具有较大的表面积，在沉积过程中能够吸附较多的铀和钍的化合物，致使沉积岩的放射性增强。另外，随着沉积岩的颜色由浅变深，其放射性不断增强。这是由于在还原条件下，六价的铀被还原成四价，而四价的铀很难被溶解，它们从溶液中被分离出而在沉积岩中富集起来。此外，黑色沉积岩往往含有大量的有机质胶体，有机质胶体容易吸附铀和钍的离子，也有可能造成放射性核素的相对富集。另外，随着含钾矿物或钾盐含量的增加，沉积岩的放射性也会增加。因此，一般来说，黏土、淤泥、泥质页岩、泥质板岩、泥质砂岩、火山岩和钾盐等的放射性核素含量高，砂、砂岩和碳酸盐类次之，石膏、硬石膏和岩盐等放射性最低。

3) 变质岩

变质岩中放射性核素的含量与它们在原岩中的含量及变质过程有关，由于铀、钍等核素在变质过程中容易被分散，故变质岩一般比原岩的放射性核素含量低，但也有可能富集成变质铀矿体。

3. 地壳中放射性核素

据许多学者的放射性地球化学研究成果表明，对于整个地壳来说，放射性元素含量分布并不均一。在纵向上，其显著特点是放射性核素主要分布在地壳浅部，在沉积岩层和花岗岩-变质岩层中铀、钍和钾的含量最大,生成的放射热也最大,到地壳底部的玄武岩层放射性核素含量逐渐降低,而到上地幔层时放射性核素含量骤然降低达到最小。从浅部到深部,铀的含量均大于钍,而且相对量变化不大,但钾的相对量变化较大,在地壳底部急剧减少,如图 9-7 所示。在横向上,若再考虑到地壳不同块段的地球化学分异程度和剥蚀程度不一,则它们的铀、钍和钾的平均含量相差更大。总体上来看,根据前人在地壳大陆部分所获得的数据,铀、钍和钾的克拉克值分别为 2.1×10^{-4} %、7.0×10^{-4} %、1.8 %。

值得说明的是,近地表的总放射性除了与岩石中的天然放射性元素有关外,还与次级宇宙射线有关,而且有时会占有相当的比重。

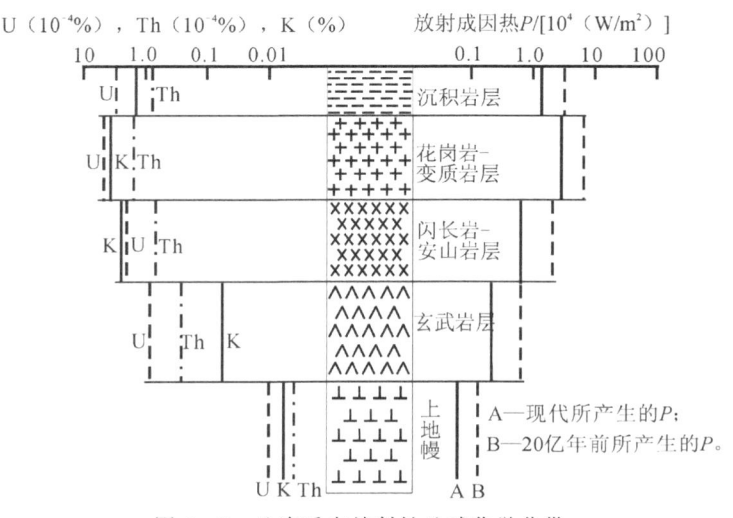

图 9-7　地壳垂向放射性地球化学分带

4. 天然水中放射性核素

天然水中放射性核素含量很少,通常只含铀、镭和氡,很少含钾和钍。水中镭的含量一般为岩石中的千分之一。但自然界也有铀、镭和氡含量较高的水,如流经铀矿床的水。岩石中射气作用放出的氡易渗于水,若岩石遭受破坏,则射气作用增强,此时流经岩石破碎带的水就可以溶解大量氡气。

9.2.6　人工核辐射

利用人工源激发的方法,使原子产生核辐射。这些方法可用来研究岩石和矿物的元素组分以及它们的物理化学性质,这在地质学研究中已得到了广泛的应用。

1. X 射线荧光法

X 射线荧光法是一种人工放射性方法,可用来测定元素的种类和含量。其基本原理是用一定能量的光子、电子、离子等作用其他原子时,原子内层的电子可以被电离出来,或激发到高能态。于是低能壳层(如 K 或 L 层)出现电子空位(这时为激发态),外层能量较高的电子会发生跃迁,充填低能位电子空位,并将多余的能量以 X 射线的形式释放出来。由于各种核素的原子能级是特定的,因此每种元素的核素都有一套确定能量的 X 射线谱,称为特征 X 射线谱,如表 9-10 所示。利用仪器测量各种特征 X 射线的能量和强度,根据射线谱就能确定元素的名称，根据其相对强度可以确定元素的含量。

表 9 - 10   某些元素的特征 X 射线

元素	Na	K	Cr	Fe	Co	Ni	Cu	Mo	Ag
原子序数	11	19	24	26	27	28	29	42	47
Ka 波长/nm	1.191	0.374	0.229	0.193	0.197	0.165	0.154	0.071	0.056
Kb 波长/nm	1.162	0.345	0.208	0.175	0.162	0.150	0.139	0.063	0.049

最常用的方法是利用放射性核素产生的 X、α、β、γ 射线来轰击被研究样品，常用的激发源有 $^{238}_{94}$Pu(钚)和 $^{241}_{95}$Am(镅)等。

2. 活化法

利用核反应把许多稳定的核素变为放射性核素的过程称为活化。一般是用中子、带电粒子、射线等作用到岩石样品上，使样品中的核素发生核反应，将稳定核素变成放射性核素（即样品被活化），如图 9 - 8 所示。然后测量活化后放射性核素的衰变特性（半衰期、射线能量、射线的强弱等），用以间接确定待测样品所含核素的种类与含量。

图 9 - 8   活化过程示意图

利用中子核反应进行活化，称为中子活化。它是利用具有一定能量的中子去轰击岩石样品，然后测定由核反应生成的放射性核素的核辐射特征（各射线能量，半衰期等），从而实现对岩石样品元素种类和含量的定性和定量分析。

例如，用中子活化法可以测试岩石含金的情况，其核反应公式见式（9 - 43）。

$$^{197}_{79}\text{Au} + ^{1}_{0}\text{n} \rightarrow ^{198}_{79}\text{Au} + \gamma \tag{9-43}$$

$^{198}_{79}$Au 是 Au 的放射性同位素，半衰期为 2.696 天，它在衰变中要放出一条特征 γ 射线，其能量为 0.411 MeV，用探测器测量 γ 射线的能量强度，通过标定就可以确定样品中金的含量。最简单的中子源是 Ra-Be 混合制成的中子源。

附录　岩石物性复习参考大纲

（对于岩石物性的全面复习要以下列内容为主，但不限于下列内容）

一、主要名词（名词解释）

第 1 章：尺度效应，地壳尺度，地层尺度，岩石尺度，岩体尺度，矿物尺度。

第 2 章：矿物，矿物的均一性，类质同象，同质多象，岩石，沉积岩，岩浆岩，变质岩，岩石的结构和构造。

第 3 章：真密度，真比重，视密度，视比重，体密度，体比重，堆密度，粒密度，渗透率，孔隙度，有效孔隙度，残余孔隙度，渗透系数，绝对渗透率，有效渗透率。

第 4 章：岩石强度，屈服点，末端效应，抗压强度，抗张强度，抗剪切强度，单轴加载，三轴加载，循环加载，岩石蠕变，岩石疲劳，破裂准则。

第 5 章：应力与应变，泊松比，杨氏模量，体变模量，切变模量，各向异性，各向同性。

第 6 章：平均速度，层速度，叠加速度，波速比，衰减系数，品质因子，损耗比，Voigt 模型，Reuss 模型，Hill 模型，时间平均模型，裂纹模型，球堆模型。

第 7 章：导电体，半导体，电介质，电阻率，视电阻率，电导率，电导，介电常数，极化率，激发极化，自然极化。

第 8 章：磁导率，居里点，磁化强度，剩余磁化强度，感应磁化强度，顺磁性，铁磁性，逆磁性，热剩磁，磁滞回线，碎屑剩磁，化学剩磁，等温剩磁，消磁场。

第 9 章：比热容，热导率，热扩散率，热流密度，地温梯度，热对流，热辐射，热传导，放射性衰变，半衰期，放射系列，放射平衡，α 衰变，β 衰变，γ 衰变。

二、主要知识点（包含选择、填空、判断）

第 1 章：

1. 岩石物性的分类。
2. 岩石物性的基本研究方法。
3. 岩石物性的尺度分级。
4. 岩石物性的尺度效应。
5. 样品的主要采样方式。
6. 自然界岩石的基本特征。

第 2 章：

1. 形成矿物的地质作用。
2. 矿物的分类。
3. 矿物晶体的基本性质。
4. 矿物解理与内部晶体结构的关系。
5. 等轴晶系矿物晶体的对称特点。
6. 7 个晶系的对称特点。
7. 地球上矿物的种数，最常见的矿物。
8. 硅酸盐矿物的基本结构单位。
9. 岩石的成岩旋回。
10. 岩浆岩的主要造岩矿物。
11. 岩浆岩的主要结构特征。
12. 岩浆岩按 SiO_2 含量的分类及代表岩石。
13. 沉积岩的基本形成过程。
14. 沉积岩的分类。
15. 沉积岩中的主要矿物。
16. 沉积岩的主要构造特征。
17. 地球上岩浆岩和沉积岩的分布特征。
18. 变质作用的主要因素。

19. 变质岩的结构和构造。　　　　　20. 典型的变质岩。

21. 岩石的三大成因,每种成因的代表岩石。　22. 三大岩石的基本区别。

第 3 章:

1. 真密度与视密度的区别。　　　　　2. 实验室测定密度的基本方法。

3. 地球、地壳、三大岩石的平均密度。　4. 达西定律。

5. 孔隙度原位测量的主要方法。　　　6. 三大岩孔隙度的一般特征。

7. 稳态法测量渗透率的条件。　　　　8. 绝对渗透率的影响因素。

9. 同一岩石的相对渗透率之和。　　　10. 三大岩渗透率的一般特征。

11. 气体平衡法测量孔隙度的基本原理。　12. 影响岩石渗透率的主要因素。

13. 真密度、视密度,真比重和视比重的计算公式。

14. 伽马法、波速法和重力法测量密度的基本原理。

15. 岩石渗透率的国际单位制单位和混合单位制单位。

第 4 章:

1. 抗压强度的直接测试和间接测试方法。　2. 岩石单轴抗压强度的一般特征。

3. 围限抗压测试的工作原理。　　　　4. 巴西法抗张测试的基本原理和条件。

5. 点载荷法抗压强度的有效和无效实验。　6. 岩石抗剪强度的一般特征。

7. 岩石强度与温度、裂隙和裂纹的关系。　8. 内聚力和内摩擦角。

9. 莫尔-库伦直线型破裂准则的公式和意义。10. 格里菲斯破裂理论。

11. 岩石破坏的最大剪切理论。　　　　12. 稳态蠕变阶段应变与时间的关系。

13. 岩石抗张强度的一般特征。　　　　14. 岩石强度的主要影响因素。

15. 限制性抗剪强度与非限制性抗剪强度的区别。

16. 温度与岩石屈服应力、抗压强度的关系。

17. 格里菲斯理论推导出的单轴抗压强度与抗张强度的关系。

第 5 章:

1. 应力的常用单位。　　　　　　　2. 广义 Hooke 定律及弹性参数。

3. 五个常用的弹性参数。　　　　　4. 弹性参数的实验室测量与原位测量。

5. 介质的各向同性和各向异性。　　6. 岩石弹性参数的一般特征。

7. 切变模量、杨氏模量和体变模量的相对大小。

8. 极端各向异性介质和等轴晶系介质的独立弹性参数。

9. 完全弹性体和液体的泊松比、空气和水的泊松比。

10. 泊松体(泊松比＝0.25)的纵波和横波速度关系。

11. 单轴加载和流体静压时,应力对应变曲线的斜率。

第 6 章:

1. 矿物的最大波速。　　　　　　　2. 地震波速与弹性参数的关系。

3. 地震勘探中的几种波速定义的意义。　4. 地震波速与压力和温度的定性关系。

5. 地震波速与岩石孔隙度的定性关系。　6. 岩石波速的一般特征。

7. 损耗比、品质因子、衰减系数之间的关系。　8. 衰减系数和地震波频率的关系。

9. 超声波法测量岩石波速时对波长的基本要求。　10. 完全弹性体的品质因子。

11. 长石、石英、辉石、角闪石、方解石的纵波速度。　12. 波速的室内及野外测试。

13. 均匀各向同性岩石地震波速(纵波和横波)与密度和拉梅常数的关系。

14. 地震波垂直入射时,波速与地层界面反射系数和透射系数的关系。

15. 衰减系数与矿物成分、压力、孔隙度和黏土含量的关系。

16. 空间平均模型(等应变模型,等应力模型),时间平均模型。

第 7 章:

1. 导电特性参数和极化特性参数的单位。

2. 岩石的电性分类。

3. 硅酸盐矿物介电常数的一般特征。

4. 各种导电性和温度的关系。

5. 半导体和电介质的电导率与温度的关系。

6. 阿尔奇公式。

7. 岩石的介电常数与电场频率的定性关系。

8. 岩石极化的主要方式。

9. 岩石介电常数的一般特征。

10. 岩石原位测量电阻率的主要方法。

11. 实验室电阻率和介电常数的主要测量方法。

12. 金属矿物(如方铅矿、磁铁矿、黄铜矿等)电阻率的一般特征。

13. 造岩矿物(如石英、长石、辉石和角闪石等)电阻率的一般特征。

第 8 章:

1. 物质磁性基本原因。

2. 磁场强度与磁感应强度的区别。

3. 对物质磁性的磁荷观点与分子电流观点。

4. 磁场强度的常用单位。

5. 物质磁化的基本机理。

6. 磁滞回线中参数的意义。

7. 磁性的主要类型和临界温度。

8. 岩石剩磁的主要类型。

9. 感应磁化强度与外场(磁化场)的关系。

10. 热剩磁和碎屑剩磁的地质意义。

11. 岩石中有多种铁磁性矿物时的居里温度。

12. 岩石磁性强弱与矿物的关系。

13. 质子磁力仪和无定向磁力仪的基本原理。

14. 测量岩石磁性的主要方法。

15. 地壳岩石的主要铁磁性(亚铁磁性)矿物。

16. 造岩矿物的磁性特征。

17. 岩石磁化强度的构成。

18. 岩浆岩的 Q 值与岩石基性的关系。

19. 三大岩磁性的一般特征。

20. 岩石磁性在地学中的主要应用。

21. 一般情况下,基性岩、中性岩和酸性岩磁性的相对大小。

第 9 章:

1. 热导率、热扩散率和比热的测量方法。

2. 四种热传递方式。

3. 热场和热学性质参数及单位。

4. 岩石总热导率的构成。

5. 热导率与温度和压力的关系。

6. 大陆地区和洋底的温度梯度。

7. 放射性衰变的三种类型及衰变规律。

8. 地壳的主要热源。

9. 岩石覆盖层中三种射线能穿过的距离。

10. 天然存在的三种放射性铀。

11. γ 射线的主要测量方法。

12. γ 射线的主要放射性子体。

13. 天然水中放射性核素含量的一般特点。

14. 地壳放射性核素的一般分布特征。

15. 稳定核素活化的过程。

16. X 射线荧光法的基本原理。

17. 86 号气态同位素的名称、质量数、化学符号。

18. α、β 衰变后,子体原子序数相对于母体的变化。

19. 基性、中性和酸性岩石的放射性核素含量的相对大小。

20. 沉积岩放射性核素与泥质含量的定性关系。

21. 三大岩热导率、热扩散率和比热的一般特征。

三、计算题主要内容

1. 岩石生成因子的计算。
2. 岩石物性的并联和串联的理论计算。
3. 孔隙度的直接和间接计算。
4. 渗透率及渗透系数的计算。
5. 岩石强度的计算。
6. 岩石破裂的计算。
7. 杨氏模量、切变模量、体变模量、泊松比的计算。
8. 弹性参数的相互计算。
9. 电阻率、介电常数的计算。
10. 热导率的计算。
11. 磁化强度、磁化率的计算。
12. 半衰期、衰变常数的计算。
13. 点载荷试验指数的计算。
14. 巴西法抗张强度的测试计算。
15. 岩石原位杨氏模量的测试计算。

计算题举例:

1. 在绝热条件下,根据已知样品的热导率,通过加热实验来测定未知样品的热导率。在已知样品的热导率为 7.69W/(m·℃),两个测点位置为 0.2 m 和 0.4 m,温度分别为 35 ℃ 和 30 ℃。未知样品两个测点位置为 0.5 m 和 0.6 m,温度分别为 25 ℃ 和 24 ℃。试求出未知样品的热导率。

2. 假定岩石由半径为 1 的矿物小球按立方堆积组成,计算边长为 2 的立方体岩石的孔隙度。

3. 已知岩石的密度为 2.65 g/cm³、纵波和横波速度分别为 3 400 m/s、2 000 m/s,试计算岩石的动杨氏模量和泊松比。(提示:1 GPa$=10^9$ Pa,1 Pa$=1$ N/m²,1 N$=1$ kg·m/s²,杨氏模量单位用 GPa,最后结果精确到小数点后两位。)

4. 用等效模型计算花岗岩的直流电导率。各矿物体积百分比为:石英 30%,钾长石 50%,斜长石 15%,黑云母 5%。各矿物电导率(S/m)为:石英 5.0E-15,钾长石 6.9E-13,斜长石 5.7E-12,黑云母 1.2E-11。(提示:①要求计算结果的格式为:$n.nnE-nn$;②对并联和串联计算结果取算术平均。)

5. 一种多孔介质的渗透率为 1 D,已知渗透系数 $K=pgk/u$(p 为流体密度,g 为重力加速度,k 为渗透率),对于水 $u/p=0.013$ cm²/s,对于油 $u/p=1.8$ cm²/s。求该介质分别对水和油的渗透系数。(提示:1 D$=0.97\times10^{-12}$ m²,重力加速度 $g=9.81$ m/s²。)

6. 试证明饱和岩石样品的比重减干样品的比重等于样品的孔隙度,即 $N=(G_a-G_d)\times100\%$(G_a:饱和样品的比重,G_d:干样品的比重)。(提示:设岩样重量为 W_1、岩样孔隙中水的重量为 W_2、同体积岩样的水重为 W_3、水密度为 B、孔隙体积为 V_1、岩样总体积为 V_2、岩样孔隙度为 N。)

7. 根据岩心室中样品固相体积与标准室连通后的气体压力平衡方程,计算 V_0 和 P_0 为 10 cm³ 和 1 大气压,V_1 和 P_1 分别为 20 cm³ 和 2 大气压,P_2 为 1.8 大气压时样品室中岩石的体积。$P_0(V_0-V_s)+P_1V_1=P_2(V_0-V_s+V_1)$,$V_0$ 和 P_0 为岩心室的体积和压力,V_1 和 P_1 为标准室体积与压力,V_s 为样品固体部分体积,P_2 为最后的平衡压力。

8. 假定含流体砂岩的等效电导率为 2.5×10^{-1} S/m,流体电导率为 1.0×10^2 S/m,砂岩的生成因子常数 $m=2$,求流体在砂岩中的体积百分数。

9. 假定大陆地壳厚为 30 km,并假定大陆地壳体积的 5% 为沉积岩,而大陆表面积的 75% 为沉积岩,试计算大陆沉积岩的平均厚度。

10. 某放射性核素经过 1 亿年的衰变,其剩余的放射性核素是原来的一半,试求该放射性核素的衰变常数(精确到小数点后 10 位)。

11. 设一组由三个水平均匀层组成的层状介质模型，$h_1 = h_2 = h_3 = 1\ 000$ m，$v_1 = 3\ 000$ m/s，$v_2 = 5\ 000$ m/s，$v_3 = 6\ 000$ m/s。分别计算界面 R 以上介质的平均速度、均方根速度，分别以入射角($10°$、$20°$、$25°$、$27°$、$29°$、$30°$等)入射到界面 R，然后在界面 R 发生反射，计算各条射线的射线平均速度。

12. 设某岩石的磁化率为 4×10^{-3}(SI)，地磁场强度为 $50\ \mu$T，剩余磁化强度为 10^{-1} A/m，剩磁强度方向与地磁的夹角为 $30°$，试计算该岩石的总磁化强度(μT)。

13. 设花岗岩的抗张强度为 20 MPa，试利用格里菲斯理论计算其单轴抗压强度。

14. 设均匀各向同性弹性岩石的拉梅常数 λ 和 μ 均为 24 GPa，试计算该岩石的杨氏模量。

四、思考题

1. 列举 15 种以上矿物和岩石的物性，并简述其概念。

2. 简述岩石地震波速的主要影响因素及一般的定性关系。

3. 简述岩石电导率的主要影响因素及一般的定性关系。

4. 简述岩石磁性的主要影响因素及一般的定性关系。

5. 简述岩石孔隙度和渗透率的主要影响因素及一般的定性关系。

6. 简述岩石密度的主要影响因素及一般的定性关系。

7. 简述岩石弹性的主要影响因素及一般的定性关系。

8. 简述岩石强度的主要影响因素及关系。

9. 简述岩石放射性的主要影响因素及关系。

10. 影响岩石剩余磁化强度的因素有哪些？

11. 岩石密度野外测量的主要方法有哪些？其基本原理是什么？

12. 简述在沉积岩中纵波的波速和地层深度的关系，并说明原因。

13. 研究岩石剩磁的意义有哪些？

14. 简述岩石的格里菲思破裂理论的基本思想。

15. 简述岩石的莫尔-库仑破裂准则的基本思想。

16. 简述岩石剩磁在地学研究中的应用。

17. 简述地热学在地学研究中的应用。

18. 简述核物理性质在地质学中的应用。

19. 简述岩石物性与地球物理学的关系。

20. 简述岩石物性与地质学的关系。

参考文献

[1] TOULOUKIAN Y S,JUDD W R,ROY R F. Physical Properties of Rocks and Minerals [M]. New York:McGraw-Hill,1981.

[2] 多尔曼.岩石和矿物的物理性质[M].蒋宏耀,译.北京:科学出版社,1985.

[3] 托鲁基安,贾德,罗伊,等.岩石与矿物的物理性质[M].单家增,李继亮,译.北京:石油工业出版社,1990.

[4] 陈颙,黄庭芳,刘恩儒.岩石物理学[M].北京:中国科学技术大学出版社,2009.

[5] 万明浩,秦顺亭,起凤梧,等.岩石物理性质及其在石油勘探中的应用[M].北京:地质出版社,1994.

[6] 蒋宏耀,张赛珍.岩石和矿物物理性质论文集[M].北京:地震出版社,1988.

[7] 永田武.岩石磁学[M].丁鸿佳,译.北京:地质出版社,1959.

[8] 中华人民共和国地质部.岩石物理力学性质试验规程[M].北京:地质出版社,1988.

[9] 屠厚泽,高森.岩石破碎学[M].北京:地质出版社,1990.

[10] 葛修润,任建喜,蒲毅彬,等.岩土损伤力学[M].北京:科学出版社,2004.

[11] 巴晶.岩石物理学进展与评述[M].北京:清华大学出版社,2013.

[12] 席道瑛,徐松林.岩石物理学基础[M].北京:中国科学技术大学出版社,2012.

[13] 赵军龙.测井方法原理[M].西安:陕西人民教育出版社,2008.

[14] 傅良魁.应用地球物理教程:电法 放射性 地热[M].北京:地质出版社,1991.

[15] 陈骓骎.材料物理性能[M].北京:机械工业出版社,2010.

[16] 罗孝宽,郭绍雍.应用地球物理教程:重力磁法[M].北京:地质出版社,1991.

[17] 何樵登,熊维纲.应用地球物理教程:地震勘探[M].北京:地质出版社,1991.

[18] 刘天佑.地球物理勘探概论[M].北京:地质出版社,2007.

[19] 王卫东.地球物理学导论[M].西安:陕西科学技术出版社,2005.

[20] 周惠兰.地球内部物理[M].北京:地震出版社,1990.

[21] 杨正华,顿铁军.陕西蓝田高岭土可用性特征研究[J].西北地质,1994,15(2):33-37.

[22] 杨正华,朱自尊.高岭石脱羟的动力学参数测定与分析[J].西安:西安地质学院学报,1992,14(增刊):57-58.

[23] 杨天鸿,徐涛,冯启言,等.脆性岩石破裂过程渗透性演化试验[J].东北大学学报(自然科学版),2003,24(10):974-977.

[24] 卢应发,田斌,黄文捷,等.大孔隙率砂岩的试验研究[J].华中科技大学学报(城市科学版),2005,22(2):56-58.

[25] 刘惠芳,于吉顺.电子显微镜图像法测定岩石的孔隙度[J].电子显微学报,2006,25(增刊):358-359.

[26] 王建伟.对皖南地区岩石密度特征的认识[J].安徽地质,1998,8(4):102-105.

[27] 王端平,周涌沂,马泮光,等.方向性岩石渗透率的矢量特性与计算模型[J].岩土力学,2005,26(8):1294-1297.

[28] 杨天鸿,唐春安,李连崇,等.非均匀岩石破裂过程渗透率演化规律研究[J].岩石力学与工程学报,2004,23(5):758-762.

[29] 周遗军,郭友钊,张立为,等.赣东北金矿源岩的区域密度特征及找矿方向[J].地质与勘探,2003,39(4):50-53.

[30] 董杰,王晓东,郝国江,等.河北省区域岩石密度的统计结果及空间分布特征[J].物探与化探,2001,25(5):312-317.

[31] 李磊,郭友钊,徐善法,等.冀北雾迷山组岩石密度特征及沉积环境研究[J].物探与化探,2001,25(5):388-390.

[32] 李玉涛,马占国,贺耀龙,等.煤系地层岩石渗透特性试验研究[J].实验力学,2006,21(2):129-134.

[33] 罗万静,王晓东,李义娟.渗透率的常用确定方法及其相互关系[J].西部探矿工程,2006,1:63-66.

[34] 李传亮.渗透率的应力敏感性分析方法[J].新疆石油地质,2006,27(3):348-350.

[35] 苏瑞文,张灿荣.声波测井用于岩石孔隙度的测定[J].工程论坛,2005,18:161-162.

[36] 杨金海,秦天健,姚茂林,等.天然氡气法测定岩石孔隙度方法研究[J].西南石油学院学报,2000,22(3):18-20.

[37] 刘均荣,秦积舜,吴晓东.温度对岩石渗透率影响的实验研究[J].石油大学学报(自然科学版),2001,25(4):51-53.

[38] 黄福堂,聂锐利,赵保中.温压下岩石孔隙度、渗透率参数测定仪研制及实验研究[J].大庆石油地质与开发,1997,16(1):21-26.

[39] 史謌,沈文略,杨东全.岩石弹性波速度和饱和度、孔隙流体分布的关系[J].地球物理学报,2003,46(1):138-142.

[40] 周涌沂,王端平.岩石方向渗透率的确定方法研究[J].大庆石油地质与开发,2005,24(4):21-24.

[41] 周巍,杨红霞.岩石裂隙对岩石的弹性性质及速度-孔隙率的关系的影响[J].石油地球物理勘探,2005,40(3):334-338.

[42] 赵焕利,刘宝山,李仰春.岩石密度测量在黑龙江伊春地区花岗岩岩体就位机制研究中的应用[J].华南地质与矿产,2006,2:6-12.

[43] 杨建平,金振民,欧新功,等.岩石密度和超高压岩石折返速率[J].岩石学报,2005,21(2):427-437.

[44] 周远田.岩石渗透率与其应力的关系及应用[J].矿物岩石,1999,19(1):33-38.

[45] 梁冰,高红梅,兰永伟.岩石渗透率与温度关系的理论分析和试验研究[J].岩石力学与工程学报,2005,24(12):2009-2012.

[46] 王连国,缪协兴.岩石渗透率与应力、应变关系的尖点突变模型[J].岩石力学与工程学报,2005,24(23):4210-4214.

[47] 李传亮.岩石压缩系数与孔隙度的关系[J].中国海上油气(地质),2003,17(5):355-358.

［48］杨明杰,齐景顺.一种应用于岩石渗透率测试的气体流量计量方法:节流毛细管法［J］.现代测量与实验室管理,2005,2:5－7.

［49］孙占清,缪协兴.影响岩石渗透率的因素分析［J］.矿山压力与顶板管理,2001,2:83－86.

［50］FOLLE S.应用井中重力仪测量洞穴中的岩石密度［J］.朱文杰,译.石油物探译丛,1997, 2:67－75.

［51］梁正召,康春安,李厚祥,等.单轴压缩下横观各向同性岩石破裂过程中的数值模型［J］.岩土力学,2005,26(1):57－62.

［52］HAZZARD J F,YOUNG R P.导致脆性岩石破裂和地震波速变化的数值研究［J］.邢秀芬,李世愚,译.世界地震译丛,2004,6:12－16.

［53］李正光,杨润海,赵晋明,等.地震序列类型的岩石破裂实验研究［J］.地震研究,2005,28 (4):388－392.

［54］杨天鸿,唐春安,李连崇,等.非均匀岩石破裂过程渗透率演化规律研究［J］.岩石力学与工程学报,2004,23(5):758－762.

［55］周国林,谭国焕,李启光,等.剪切破坏模式下岩石的强度准则［J］.岩石力学与工程学报, 2001,20(6):753－762.

［56］孔园波,华安增.裂隙岩石破裂机理研究［J］.煤炭学报,1995,20(1):72－77.

［57］杨果岳,张家生.流体参与下的岩石破裂机制及其分形特征［J］.地质与勘探,2006,42 (3):107－110.

［58］焦明若,唐春安,张国民,等.细观非均匀性对岩石破裂过程和微震序列类型影响的数值试验研究［J］.地球物理学报,2003,46(5):659－666.

［59］赵忠虎,鲁睿,张国庆.岩石破裂全过程中的能量变化分析［J］.矿业研究与研发,2006,26 (5):8－11.

［60］KUKSENKO V,TOMILIN N,DAMASKINSKAYA E,et al.岩石破裂的两阶段模型 ［J］.冯义钧,译.世界地震译丛,2001,6:43－47.

［61］彭自正,牛志仁.岩石破裂度 M_R 及其在地震孕育演化研究中的应用［J］.华南地震,1999, 19(2):20－24.

［62］郝锦绮,冯锐,周建国,等.岩石破裂过程中电阻率变化机理的探讨［J］.地球物理学报, 2002,45(3):426－434.

［63］葛和平,孙岩,朱文斌,等.岩石破裂行为的实验研究［J］.高校地质学报,2004,10(2): 290－296.

［64］孙吉主,周健,唐春安.岩石破裂失稳的前兆规律研究［J］.同济大学学报,1997,25(6): 734－739.

［65］郭自强,郭子祺,钱书清,等.岩石破裂中的电声效应［J］.地球物理学报,1999,42(1): 74－83.

［66］俞茂宏,昝月稳,范文,等.20世纪岩石强度理论的发展［J］.岩石力学与工程学报,2000, 19(5):545－550.

［67］何沛田,黄志鹏.层状岩石的强度和变形特性研究［J］.岩土力学,2003,24:1－5.

［68］刘洋,赵明阶.超声波预测岩石强度的一种方法［J］.西部探矿工程,2006,7:17－19.

［69］梁利喜,许强,刘向君,等.基于测井资料研究裂缝性储层的岩石强度特征［J］.西部探矿

工程,2005,增刊:130-131.

[70] 谢和平,鞠杨,黎立云.基于能量耗散与释放原理的岩石强度与整体破坏准则[J].岩石力学与工程学报,2005,24(17):3003-3010.

[71] 曹文贵,赵明华,刘成学.基于统计损伤理论的莫尔-库仑岩石强度判据修正方法之研究[J].岩石力学与工程学报,2005,24(14):2403-2408.

[72] 周国林,谭国焕,李启光,等.剪切破坏模式下岩石的强度准则[J].岩石力学与工程学报,2001,20(6):753-762.

[73] 周应华,周德培,杨涛,等.节理岩体抗剪切参数的实验分析[J].西南交通大学学报,2005,40(1):73-76.

[74] 田军.经验型岩石强度准则的探讨[J].金属矿山,2001,2:23-25.

[75] 樊晓梅.三轴压缩下岩石强度特性双剪切理论的分析[J].本溪冶金高等专科学校学报,2002,4(1):40-43.

[76] 周宏伟,谢和平,左建平.深部高地应力下岩石力学行为研究进展[J].力学进展,2005,35(1):91-99.

[77] 杨米加,贺永年.试论破坏后岩石的强度[J].岩石力学与工程学报,1998,17(4):379-385.

[78] 尤明庆.岩石的强度与强度准则[J].岩石力学与工程学报,1998,17(5):602-604.

[79] 朱浮声.岩石强度理论与本构关系[J].力学与实践,1997,5:8-13.

[80] 臧德,苏林王.岩石的压拉与强度准则之间关系的探讨[J].淮南工业学院学报,2001,21(3):13-15.

[81] 杨圣奇,苏承东,明平美,等.岩石强度尺寸效应的研究方法和机理的研究[J].焦作工学院学报(自然科学版),2002,21(5):324-326.

[82] 郭中华,朱珍德,杨志祥,等.岩石强度特性的单轴压缩试验研究[J].河海大学学报,2002,30(2):93-96.

[83] 李传亮,孔祥言.岩石强度条件分析的理论研究[J].应用科学学报,2001,19(2):103-106.

[84] 卫宏,张玉三,李太任,等.岩石显微空隙粒度分布的分形特征和岩石强度的关系[J].岩石力学与工程学报,2000,19(3):318-320.

[85] 刘斌.不同温压下岩石弹性波速度、衰减及各向异性与组构的关系[J].地学前缘,2000,7(1):247-257.

[86] 姜永东,鲜学福,粟健.单一岩石变形特性及本构关系的研究[J].岩石力学,2005,26(6):941-945.

[87] 倪红梅,朱运华.单轴压缩下岩石材料体积效应的数值模拟[J].辽宁工程技术大学学报,2006,25(1):45-47.

[88] 葛洪魅.多相岩石弹性特征的试验研究及其在地层评价中的一些应用[J].国际地震动态,2002,2:1-2.

[89] 姚璐,张若京,许震宇,等.含微裂纹岩石的弹性模型在水力压裂中的应用[J].工程力学,2001,增刊:678-682.

[90] 黄先波.利用钻孔声波推算岩石的弹性模量[J].测量与地质,2002,2:34-35.

[91] 李静. 略谈如何较准确地测试岩石弹性模量[J]. 西部探矿工程,1998,2:33.

[92] 汤连生,张鹏程. 水化学损伤对岩石弹性模量的影响[J]. 中山大学学报(自然科学版),2000,39(5):126-128.

[93] 任勇,孙艾茵. 岩石弹性变形中孔隙度变化的研究[J]. 新疆石油地质,2005,26(3):336-338.

[94] 任勇,何伟,钱立军,等. 岩石弹性变形中孔隙度变化公式及其应用[J]. 大庆石油地质与开发,2005,24(3):41-42.

[95] 贺振华,邓英尔,刘树根,等. 岩石弹性参数对渗流测试分析的影响[J]. 天然气工业,2006,26(6):44-46.

[96] 张培源,张晓敏,汪天庚. 岩石弹性模量与弹性波速的关系[J]. 岩石力学与工程学报,2001,20(6):785-788.

[97] 周巍,杨红霞. 岩石裂隙对岩石的弹性性质及速度-孔隙度关系的影响[J]. 石油地球物理勘探,2005,40(3):334-338.

[98] 李生杰. 岩性、孔隙度及其流体变化对岩石弹性性质的影响[J]. 石油与天然气地质,2005,26(6):760-764.

[99] 张文,陈信平. 莺歌海盆地岩石弹性参数研究[J]. 中国海上油气(地质),2001,15(4):264-268.

[100] 张中杰,滕吉文,贺振华. EDA 介质中地震波速度、衰减与品质因子方位异性研究[J]. 中国科学(E 辑),1999,29(6):569-574.

[101] 闫桂京,陈建文,吴志强. 地层岩性与地震波速度的关系分析[J]. 海洋地质动态,2005,21(9):17-21.

[102] 杨正华,朱光明,周小伟. 中国大陆科学探井岩性的 VSP 地震特征分析[J]. 现代地质,23(6):1153-1159.

[103] 杨正华,张文波,王卫东,等. 浅析地震波用于隧道病害的诊断与预测[J]. 灾害学,2004,19(1):27-30.

[104] 杨正华,朱光明,袁伟. 六种岩性海底地震波透射能量 AVA 特征研究[J]. 石油地球物理勘探,2011,46(4):501-505.

[105] 杨正华,王保利,黄翼坚. 物理模型实验中一种特殊震相的分析讨论[J]. 地球物理学进展,2013,28(2):1-7.

[106] 罗运先,赵宪生,吴雄英,等. 地震波速度的纵、横向变化分析[J]. 成都理工大学学报(自然科学版),2005,32(5):525-529.

[107] 贺振华,李亚林,张帆,等. 定向裂缝对地震波速度和振幅影响的比较:实验结果分析[J]. 物探化探计算技术,2001,23(1):1-5.

[108] 万志超,滕吉文,张秉明. 各向异性介质中地震波速度分析的研究现状[J]. 地球物理学进展,1997,12(3):35-44.

[109] 张秉明,滕吉文,万志超. 横向各向同性介质中地震波速度分析及其意义[J]. 地球物理学进展,1997,12(1):53-60.

[110] 孙君秀,谢亦汉,张友南. 华北太古宙长英质岩石的地震波速度及其在地壳中的位置[J]. 地震学报,2000,22(6):622-631.

［111］杨仁虎,曹俊兴,贺振华.计算岩石波速空间平均的极限近似模型[J].地球物理学进展,2006,21(2):426-429.

［112］刘丽娟,闫桂京,陈建文.流体对地震波速度的影响[J].海洋地质动态,2005,21(9):8-12.

［113］苏晓捷,闫桂京,陈建文.岩石孔隙及泥质含量对地震波速度的影响[J].海洋地质动态,2005,21(9):3-7.

［114］CASTAGNA J P.应用 AVO 进行岩石物性成像[J].易维启,译.国外油气勘探,1994,6(1):72-80.

［115］温丹,施行觉.结合内时理论研究岩石衰减与应变振幅的关系[J].实验力学,2004(19)1:19-23.

［116］陈进宇,杨晓松.地壳岩石矿物电导率实验研究进展[J].地球物理进展,2017,32(6):2281-2294.

［117］李艳萍,高小其.电导率的测定及其在地震监测和水质分析中的应用[J].内陆地震,2001,15(1).

［118］张云霞,戴明刚,万芬,等.高温高压下地幔矿物岩石电导率影响因素研究进展.地球物理学进展[J].2013,28(3):1336-1345.

［119］刘江琳,白武明,孔祥儒,等.高温高压下花岗岩、玄武岩和辉橄岩电导率的变化特征[J].地球物理学报,2001,44(4):528-533.

［120］黄晓葛,王欣欣,陈祖安,等.上地幔矿物和岩石电导率的实验研究.地球科学,2017,47(5):518-529.

［121］WANG K W,SUN J M,GUAN J T,et al. Percolation Network Modeling of Electrical Properties of Reservoir Rock[J]. Applied Geophysics,2005,4:223-229.

［122］杨晓志,夏群科,于慧敏,等.大陆下地壳高电导率的起源:矿物中的结构水[J].地球科学进展,2006,21(1):31-38.

［123］谢然红,冯启宁,高杰,等.低电阻率油气层物理参数变化机理研究[J].地球物理学报,2002,45(1):139-146.

［124］胡俊,鲜国勇,魏红燕.低阻储层岩石物性研究[J].西南石油学院学报,2002,24(2):17-19.

［125］王建,吕成远,胡永华,等.地层条件下岩石电性特征实验研究[J].石油勘探与开发,2004,31(1):113-115.

［126］高杰,冯启宁,孙友国.电极型复电阻率测井方法及其应用[J].石油学报,2003,24(4):62-64,68.

［127］郝锦绮,冯锐,李晓芹,等.对样品含水结构的电阻率 CT 研究[J].地震学报,2000,22(3):305-309.

［128］邓少贵,谢关宝,范宜仁,等.多浓度下泥质岩电学性质实验研究[J].石油地球物理勘探,2003,38(5):543-546.

［129］张辉,伍伟杰,刘军利,等.复电阻率测井在陆相沉积油田的应用前景[J].断块油气田,2002,9(6):32-35.

［130］杨振威,许江涛,赵秋芳,等.复电阻率法(CR)发展现状与评述[J].地球物理学进展,2015,30(2):899-904.

[131] 柳江琳,白武明,孔祥儒.高温高压下岩石的电性研究[J].地震学报,1999,21(1):89-97.

[132] 郝国江,董杰,梅新忠,等.河北省区域岩石电性统计特征[J].物探与化探,2001,25(5):336-343.

[133] 龚育龄,熊章强.近场源激电及甚低频电磁法在金矿勘探中的应用[J].华东地质学院学报,1999,22(1):45-50.

[134] 管登高,王树根.矿物材料对电磁波的吸收特性及其应用[J].矿产综合利用,2006,5:17-20.

[135] 高楚桥,章成广,毛志强.润湿性对岩石电性的影响[J].地球物理学进展,1998,13(1):60-72.

[136] 毕研斌,任玉田,石红萍,等.碎屑岩储层岩石电性水驱实验[J].大庆石油学院学报,2005,29(5):29-31.

[137] 高楚桥,李先鹏,吴洪深,等.温度与压力对岩石物性的电性影响实验研究[J].测井技术,2003,27(2):110-112.

[138] 陈峰,修济刚,安金珍,等.用动态岩石电阻率变化各向异性探测岩石破裂前兆和确定主破裂扩展方向[J].地震学报,2000,22(2):210-213.

[139] 梁亚林.用视电阻率和自然伽马预测煤层岩石强度[J].煤炭科技,2000,4:1-2.

[140] 宋维琪,关继腾,房文静.注水过程中岩石电性变化规律的理论研究[J].石油地球物理勘探,2000,35(6):757-762.

[141] 叶丽娜.浅议磁感应强度与磁场强度的关系[J].甘肃广播电视大学学报,2013,23(3):6-8.

[142] 郭友钊,董杰,陈达,等.河北省区域岩石磁性的统计特征[J].物探与化探,2001,25(5):328-343.

[143] 魏喜,刘颖,宋柏荣,等.辽河油田碎屑储层的岩石磁性研究[J].石油物探,2005,44(1):90-93.

[144] 刘庆生,刘树根.塔北雅克拉油田储层岩石的磁性与矿物学特征及其意义[J].科学通报,1997,42(24):2639-2641.

[145] 邓军,张世红,孙忠实,等.岩石磁性与低温成矿作用关系探讨[J].地学前缘,2002,9(4):313-318.

[146] 许顺山,陈柏林.应用岩石磁性组构研究动力变形作用[J].地球学报,1998,19(1):19-24.

[147] 程小顺,张国鸿.用电磁法测量结果求取相对磁导率区分磁异常性质的研究[J].安徽地质,2013,23(1):71-73.

[148] 樊金生,张云明,郭文波,等.用质子仪测定岩(矿)石标本几个问题[J].物探与化探,2012,36(2):250-252.

[149] 张世红.论岩石磁性地层学的概念、方法和应用[J].地学前缘,2000,7(2):498.

[150] 成正国.用MP-4高精度质子仪测定岩(矿)石标本磁性[J].物探与化探,1992,16(2):150-152.

[151] 余惠祥.质子旋进磁力仪测定岩(矿)石标本磁参数的新方法[J].地质与勘探,1992,28

(12):34 – 39.

[152] 于雯,李雄耀,王世杰.低温低压条件下辉石粉末的热导率实验分析:对月球及火星表面热环境研究的指示[J].岩石学报,2016,32(1):99 – 106.

[153] 熊道锟.地壳运动的机制及动力来源[J].四川地质学报,2006,26(1):1 – 6.

[154] 沈显杰,张文仁,陆秀文,等.地热-Ⅱ型稳定分棒式热导仪-岩石热率精密测量装置[J].岩石学报,1987,1:86 – 95.

[155] 陈云仙,陆昌伟.顶杆法热膨胀仪材料研究中的应用[J].分析测试技术与仪器,1999,5(2):111 – 114.

[156] 刘东付,邵春华,胡再凯.富含放射性矿物剖面岩性解释及泥质校正[J].新疆石油地质,2005,26(3):307 – 309.

[157] 王志战,翟慎德,周立发,等.核磁共振录井技术在岩石物性分析方面的应用研究[J].石油实验地质,2005,27(6):619 – 623.

[158] 迟清华,鄢明才.华北地台岩石放射性元素与现代大陆岩石圈热结构和温度分布[J].地球物理学报,1998,41(1):38 – 48.

[159] 金春爽,汪集,王永新,等.天然气水合物地热场分布特征[J].地质科学,2004,39(3):416 – 423.

[160] 吴文广.环境放射性污染的危害与防治[J].广东化工,2010,37(7):194 – 195.

[161] 王广才,侯胜利,刘成龙,等.某区放射性环境地质评价研究[J].工程地质学报,2006,14(1):96 – 100.